Bert Bielefeld (Hrsg.)

Gebäudetechnik

BAS

Bert Bielefeld (Hrsg.)

Gebäudetechnik

BIRKHÄUSER
BASEL

Inhalt

Elektroplanung _163

Vorwort

Der Entwurf in der Architektur ist ein kreativer und ggf. auch von abstrahierten Leitgedanken geprägter Prozess. Schon bald nach den ersten Überlegungen und Ideen sind jedoch konstruktive und gebäudetechnische Bedingungen zu berücksichtigen. Heutige Komforterwartungen im Bereich Wärme, Luft, Wasser, Licht, Medienversorgung etc. sorgen dafür, dass die Planung der Haus- bzw. Gebäudetechnik keine ergänzende Dienstleistung, sondern integraler Bestandteil des Planungsprozesses ist. Durch die hohe Vernetzung der Bauteile untereinander und die komplexen Systeme, welche heute ein Gebäude versorgen und steuern, ist es für Architekten unabdingbar, die Technik und damit einhergehende Denkweisen zu verstehen. Das vorliegende Kompendium der gebäudetechnischen „Basics"-Bände ermöglicht hierzu einen Einstieg in die verschiedenen Disziplinen und bietet dem Leser einen Gesamtüberblick, welcher für spezifischere Fachpublikationen vorausgesetzt wird.

Basics Raumkonditionierung beschäftigt sich mit den Themen Wärme und Luft, um in Gebäuden eine Behaglichkeit für Nutzer bzw. Bewohner zu schaffen. Die Konditionierung von Innenräumen geht dabei weit über die rein technische Umsetzung von Heizungs- und Lüftungsanlagen hinaus. Zunächst werden die grundsätzlichen Behaglichkeitsanforderungen dargestellt, die sich je nach Funktion, Nutzung und klimatischen Bedingungen stark voneinander unterscheiden können. Die Prinzipien bei der Bedarfsermittlung und Bedarfsdeckung machen deutlich, dass bereits in einem frühen Stadium der Projektplanung die Weichen für die spätere technische Umsetzung gestellt werden müssen, um den Energiebedarf möglichst klein zu halten. Im Folgenden werden mechanische und natürliche Lüftungsvarianten dargestellt und in einen sinnvollen Kontext zur Systemfindung gestellt. Die Temperierung wird systematisch von der Energiebereitstellung und der eventuellen Energiespeicherung über die Verteilung im Gebäude bis hin zur Übergabe im Raum erklärt und schlussfolgernd in einen Zusammenhang mit der Lüftung gesetzt.

Basics Wasserkreislauf im Gebäude beschäftigt sich mit den Strukturen der Trinkwasserversorgung und der Abwasserentsorgung bzw. -vermeidung. Als Schnittstelle zwischen Trinkwasser und Abwasser sind die Verteilung, der Verbrauch und die Entsorgung innerhalb von Gebäuden ein wichtiger Bestandteil der Planung von Architekten. Die Anordnung von Ver- und Entsorgung in Installationssträngen und die technischen Erfordernisse haben Einfluss auf die Verortung von Sanitär- und Küchenbereichen im Grundriss. Zudem ist die Vermeidung eines hohen Wasserverbrauchs ein wichtiges Thema in der technischen Gebäudeplanung.

Schrittweise wird der Weg durch das Haus entlang der Stationen mit ihren spezifischen Aufgaben und Anforderungen beschrieben, sodass die Leser die Zusammenhänge vollständig verstehen und in ihre eigenen Entwürfe einbringen können.

Basics Elektroplanung beschreibt ein Fachgebiet der Haustechnik, welches normalerweise von spezialisierten Fachplanern bearbeitet wird. Bestand vor einiger Zeit die Elektroinstallation eines Gebäudes im Wesentlichen noch aus der Versorgung mit Strom und Licht über Leitungen, Steckdosen und Schalter, so sind heutzutage komplex vernetzte Bauteile und intelligente Gebäudesteuerungen zu planen, welche konstruktive Bauteile wie Fenster und Türen an die Gebäudeautomation anschließen, aber auch bedarfsgerecht Licht, Luft und Wärme über die Haustechnik bereitstellen. Die Komplexität von Elektroplanungen in Gebäuden hat nicht zuletzt aufgrund der stetig steigenden Nutzeranforderungen und der energetischen Einsparung exponentiell zugenommen. Um die Leitgedanken im Entwurf und die Schnittstellen zu allen weiteren Fachgebieten von Beginn an berücksichtigen zu können, werden neben den technischen Systemen vor allem das Verständnis für Zusammenhänge und die Kenntnis der Bandbreite der eingesetzten Installationen dargestellt.

Basics Lichtplanung schlägt die Brücke zwischen der Elektroplanung und architektonischen Entwurfsprozessen, da natürliches und künstliches Licht Architektur als Ganzes oder im Detail in Szene setzt, Raumnutzungen ggf. überhaupt erst ermöglicht und somit ein wesentliches Gestaltungselement ist. Die Anforderungen an die Lichtplanung sind so vielfältig wie die Bedürfnisse der Nutzer. Intelligente Lösungen im Entwurf vereinen Gestaltungsansprüche, Funktionen und Technik zu einer ganzheitlichen Lösung, um dadurch auch den Energiebedarf des Gebäudes zu reduzieren bzw. über sinnvolle natürliche Belichtung sogar teilweise komplett zu vermeiden. *Basics Lichtplanung* vermittelt neben den physikalischen Eigenschaften des Lichts und der technischen Umsetzbarkeit insbesondere die Zusammenhänge und Verständnisgrundlagen, um Licht im Entwurfsprozess als Gestaltungselement zielgerichtet nutzen zu können.

Das Zusammenspiel dieser Themenbereiche schafft einen Überblick über die Einzelthemen wie auch über die Vernetzungen und Abhängigkeiten der einzelnen Fachdisziplinen untereinander. Das Kompendium schafft einen Einstieg und ein grundlegendes Verständnis für die gemeinsame Arbeit von Architekten und Fachplanern, welche Gebäudestruktur, Funktion und Technik zu einer ganzheitlichen Lösung verzahnen, um auf diese Weise den Nutzern eine möglichst behagliche, effiziente und trotz ihrer komplexen Technik intuitiv nutzbare Umgebung zu schaffen.

Bert Bielefeld, Herausgeber

Oliver Klein, Jörg Schlenger

Raum-konditionierung

Einleitung

Die Körpertemperatur des Menschen

Während manche Lebewesen in der Lage sind, ihre Körpertemperatur der Umgebung anzupassen, benötigt der Mensch zum Überleben eine annähernd konstante Körpertemperatur von 37 ± 0,8 °C. Da die Außentemperatur den Klimazone, Tages- und Jahreszeit entsprechenden Schwankungen unterlegen ist, versucht der menschliche Körper diese Temperatur durch eine unbewusst ablaufende Thermoregulation aufrechtzuerhalten. Dies geschieht, indem er, abhängig von der Umgebungstemperatur und dem Aktivitätsgrad, über die Hautoberfläche mehr oder weniger Wärme abgibt. Steigt beispielsweise die Körpertemperatur, lassen Schweißdrüsen Feuchtigkeit auf der Haut austreten und geben so durch Verdunstung Wärme an die Umgebung ab. Sinkt die Körpertemperatur, zieht sich die Haut zur Verringerung ihrer Wärmeabgabefläche zusammen, und die Haare auf der Haut stellen sich auf („Gänsehaut"). Darüber hinaus erzeugt der Körper bei Bedarf zusätzliche Wärme durch Muskelzittern.

Klimaeinflüsse und Kompensation

Allerdings sind dieser Thermoregulation auch Grenzen gesetzt, d. h., die menschliche Haut kann diese Aufgabe nur bedingt erfüllen. Kleidung als zusätzliche „Wärmedämmung", die sogenannte „zweite Haut", und Gebäude, die „dritte Haut", schaffen hier Abhilfe.

In der Entwicklung der Menschheitsgeschichte war die Nutzung des Feuers sicherlich der wichtigste Schritt des Menschen in die Unabhängigkeit von Klimabedingungen und Jahreszeiten. Sie war nicht nur der Einstieg in das fossile Zeitalter, d. h. eine auf ständigen Nachschub von Energieträgern angewiesene Energieumwandlung, sondern sie stellt durch die Möglichkeit der Versorgung der „dritten Haut" mit künstlicher Wärme und Licht im Prinzip auch die Urform der Raumkonditionierung dar. Die mit der Nutzung fossiler Energien verbundenen Probleme der Umweltzerstörung und des Klimawandels sind uns heute bekannt und allgegenwärtig.

Energieoptimierte Raumkonditionierung

Versteht man unter dem Begriff der Raumkonditionierung die Herstellung eines für das Wohlbefinden des Menschen notwendigen, von allen äußeren Einflüssen unabhängigen Innenraumklimas durch Temperieren (Heizen oder Kühlen), Beleuchten und die Zufuhr von ausreichend Frischluft (Lüften), so kann dies unter Einsatz entsprechender Technik zu einer vom Ort losgelösten und letztlich gleichförmigen Architektur führen. Solche Gebäude sind im Extremfall hermetisch mit Glasfassaden abgeschlossen, unter hohem Technikeinsatz voll klimatisiert und praktisch baugleich in allen Klimaregionen dieser Welt zu finden. Neben auftretenden Befindlichkeitsstörungen der Nutzer ist jedoch auch der sehr hohe Energiebedarf für Heizung, Kühlung und Beleuchtung als Nachteil zu nennen. Die Tatsache, dass 50% der Gesamtenergie weltweit in Gebäuden verbraucht wird, zeigt, dass energieoptimierte Raumkonditionierung auf andere Art und Weise funktionieren muss.

Ein Gebäude sollte immer so konzipiert sein, dass nur geringe zusätzliche Energieströme zur Sicherstellung der Behaglichkeit erforderlich sind. Dies geschieht durch die Ausschöpfung aller zur Verfügung stehenden baulichen (passiven) Maßnahmen unter Berücksichtigung der örtlichen Bedingungen, bevor auf technische (aktive) Maßnahmen zur Raumkonditionierung zurückgegriffen wird. > Kap. Entwurfsprinzipien

Entscheidend für ein energieoptimiertes Gesamtkonzept zur Raumkonditionierung ist immer die sinnvolle Kombination passiver und aktiver Maßnahmen, wobei auch die technischen Komponenten aufeinander abgestimmt sein müssen. Daher sollen im Folgenden die Grundprinzipien und deren gegenseitige Abhängigkeiten erläutert werden, damit für jedes Bauprojekt eine individuelle und ausgewogene Raumkonditionierung entwickelt werden kann.

Entwurfsprinzipien

BEHAGLICHKEITSANFORDERUNGEN

Thermische Behaglichkeit

Der Begriff Behaglichkeit beschreibt ein Gefühl des Wohlbefindens, das von einer Vielzahl von Faktoren beeinflusst wird. Im Bereich der Gebäudetechnik ist damit in der Regel die thermische Behaglichkeit gemeint. Sie bezeichnet einen Zustand, in dem sich die Wärmebilanz des Körpers im Gleichgewicht mit dem Umgebungsklima befindet. Der Nutzer empfindet das Umgebungsklima weder als zu warm noch als zu kalt.

Bedeutung der Behaglichkeit

Thermische Behaglichkeit ist kein Luxus, sondern ein wichtiges Kriterium für die bestimmungsgemäße Nutzbarkeit eines Gebäudes. Die Aufenthaltsqualität in einem Gebäude hat vielfältige Auswirkungen auf die Konzentrations- und Leistungsfähigkeit sowie den Krankenstand (z. B. in Bürogebäuden). In Produktionsbereichen kann fehlende Behaglichkeit frühzeitige Ermüdungserscheinungen mit den entsprechenden Konsequenzen für die Arbeitssicherheit hervorrufen. Die Gewährleistung eines der Nutzung angemessenen Innenraumklimas ist daher ein wesentliches Qualitätsmerkmal eines gelungenen Gebäudekonzeptes.

Einflussfaktoren

Das Behaglichkeitsempfinden hängt von einer Vielzahl von Einflussfaktoren ab, die in Abbildung 1 dargestellt sind.

Bei der Gebäudeplanung lassen sich in der Regel nur die physikalischen Bedingungen beeinflussen, von denen einige im Folgenden detaillierter beschrieben werden. Aber auch Kleidung und Tätigkeit der Nutzer wirken sich deutlich auf das Behaglichkeitsempfinden aus. Beide gehören wie auch die Adaptions- und Akklimatisationsfähigkeit der Nutzer zur Gruppe der „intermediären“ Faktoren und werden sowohl von physikalischen als auch von physiologischen Bedingungen beeinflusst.

In bestimmten Fällen können auch weitere Faktoren eine bedeutende Rolle für den Gebäudeentwurf spielen, deren Kenntnis wie auch die bewusste Auslegung eines Gebäudekonzeptes für eine bestimmte Nutzergruppe häufig unverzichtbar für die Planung sind. Zum Beispiel empfinden ältere Menschen oftmals höhere Lufttemperaturen als behaglich, was bei der Planung eines Altenwohnheimes durch entsprechend höhere Raumlufttemperaturen zu berücksichtigen ist.

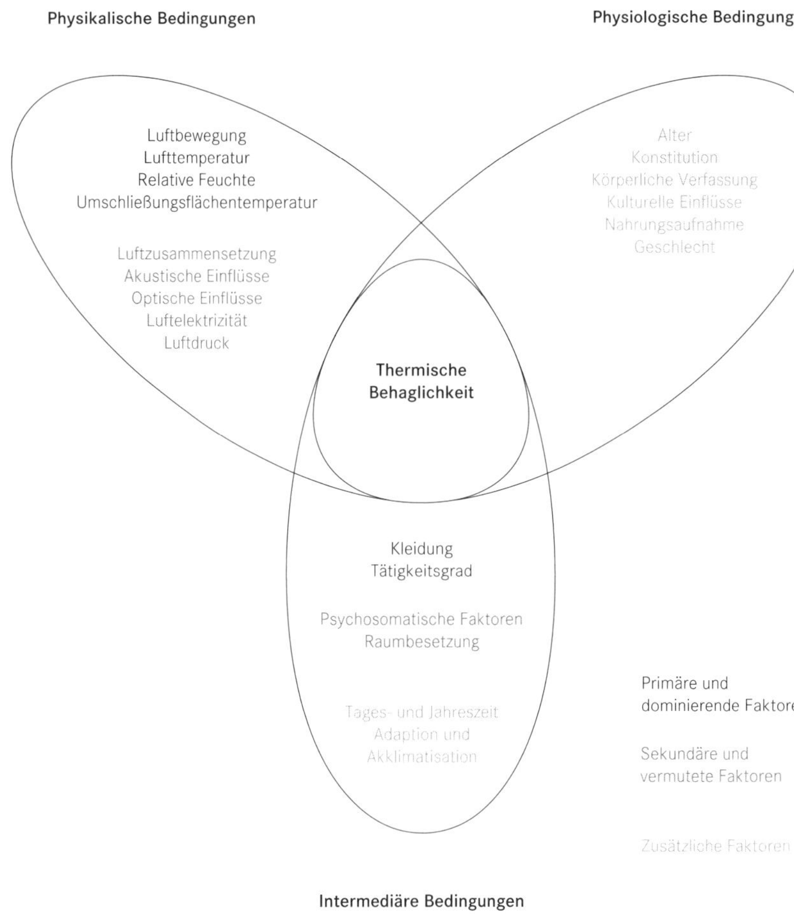

Abb. 1: Einflussfaktoren auf thermische Behaglichkeit

Physikalische Bedingungen

Der bedeutendste physikalische Faktor ist neben der Lufttemperatur vor allem die mittlere Temperatur der Umschließungsflächen. Wie jeder andere Körper steht auch der menschliche permanent im Wärme-Strahlungsaustausch mit den ihn umgebenden Oberflächen. Abhängig von der Entfernung und dem Temperaturunterschied zwischen zwei

Luft- und Strahlungstemperatur

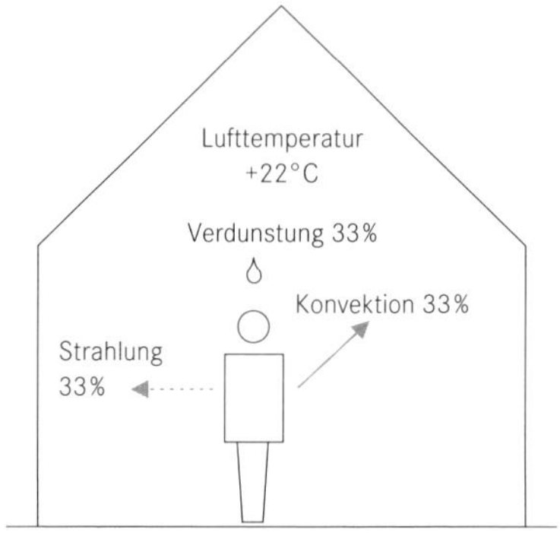

Abb. 2: Wärmeabgabeprinzipien des menschlichen Körpers

Körpern wird mehr oder weniger Wärme in die eine oder andere Richtung abgegeben bzw. aufgenommen und die Wärmebilanz des Körpers somit beeinflusst. ○

Leichte Unterschiede zwischen Luft- und Strahlungstemperaturen werden vom menschlichen Körper häufig noch als angenehm empfunden. Wird der Unterschied zwischen Luft- und Strahlungstemperatur oder auch der Unterschied zwischen den Strahlungstemperaturen verschiedener Oberflächen jedoch zu groß, führt dies zu Unbehaglichkeit. So kommt es, dass man den Aufenthalt in der Nähe einer sehr warm oder sehr kalt strahlenden Oberfläche (z. B. ein schlecht wärmegedämmtes Bauteil oder Fenster) trotz angenehmer Raumlufttemperaturen als unbehaglich empfindet. > Abb. 3 ■

Operative Temperatur

Da der menschliche Körper keine absoluten Temperaturen, sondern lediglich einen mehr oder weniger starken Wärmeverlust oder -gewinn

○ **Hinweis:** Bei geringer körperlicher Aktivität, normaler Bekleidung und üblichen Raumtemperaturen erfolgt jeweils etwa ein Drittel der Wärmeabgabe des menschlichen Körpers über Strahlung, Konvektion und Verdunstung (siehe Abb. 2).

■ **Tipp:** Bei überwiegend sitzenden Tätigkeiten wie in Büros oder Wohnbereichen führen insbesondere zu warme Decken- sowie kühle Wand- oder Fensterflächen schnell zu Unbehaglichkeiten. Die Temperaturdifferenz zwischen den Oberflächen und der Raumluft sollte nicht mehr als 3 Kelvin (K) betragen. Dabei können innerhalb gewisser Grenzen niedrige Oberflächentemperaturen durch höhere Lufttemperaturen ausgeglichen werden und umgekehrt.

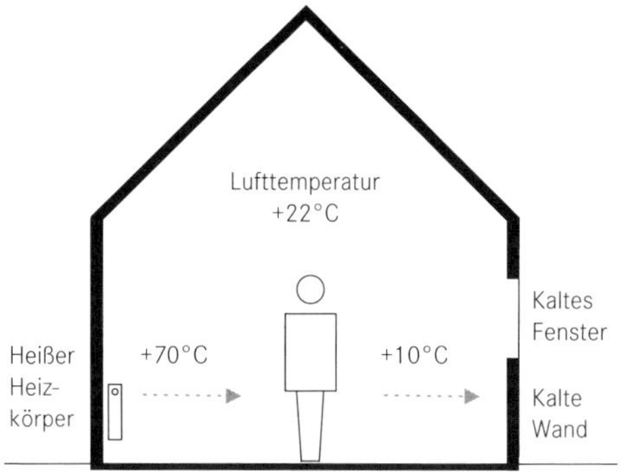

Abb. 3: Unbehaglichkeit durch asymmetrische Strahlungstemperaturen

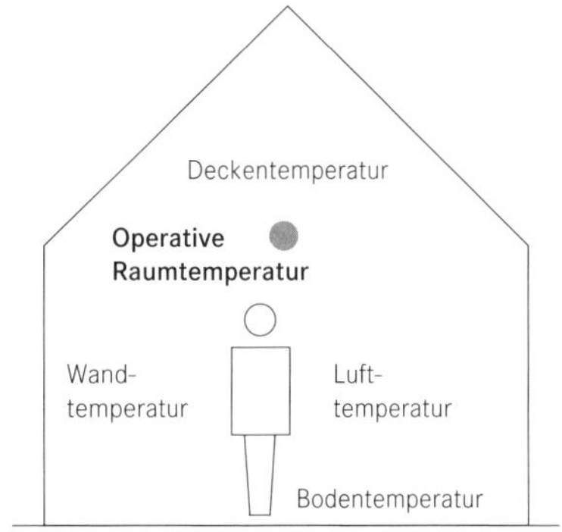

Abb. 4: Einflussgrößen auf die operative Raumtemperatur

über die Haut empfinden kann, hängt das Temperaturempfinden des Menschen vom Wärmeaustausch mit der Luft und den umgebenden Raumoberflächen ab. Diese gemeinsame Wirkung von Luft- und Strahlungstemperatur auf das menschliche Empfinden wird durch die sogenannte „operative Temperatur“ (oder „Empfindungstemperatur“) ausgedrückt, die sich als maßgebliche Planungsgröße für Behaglichkeitsbewertungen etabliert hat. > Abb. 4

Die operative Raumtemperatur kann an verschiedenen Stellen im Raum je nach Abstand zu den einzelnen Raumflächen unterschiedlich sein. Zu Planungszwecken wird sie als Mittelwert der Lufttemperatur sowie der mittleren Strahlungstemperaturen aller Raumoberflächen berechnet und zur Bewertung der thermischen Raumzustände eingesetzt. ○

○ **Hinweis:** Die empfohlenen Bereiche operativer Temperaturen variieren nicht nur in Abhängigkeit der Nutzung, sondern auch im internationalen Vergleich. Für Europa finden sich Empfehlungen in der Europäischen Norm EN 15251 z. B. für leichte, sitzende Tätigkeiten von etwa 20–26 °C. Andere Länder verfügen häufig über eigene Regelwerke, deren Empfehlungen hiervon unter Umständen abweichen.

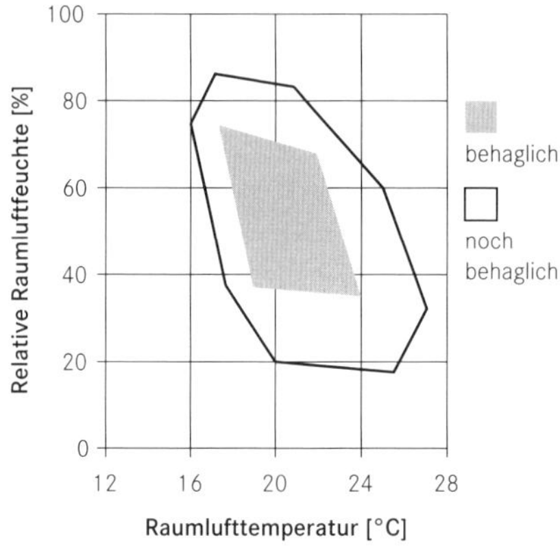

Abb. 5: Einfluss der Raumluftfeuchte auf das Behaglichkeitsempfinden in Abhängigkeit von der Raumlufttemperatur (nach Leusden/Freymark)

Luftfeuchte

Eine weitere Einflussgröße auf das Behaglichkeitsempfinden ist die relative Luftfeuchte, da ein Teil der Wärmeabgabe des menschlichen Körpers über Verdunstung erfolgt. Abhängig von der Feuchte können bestimmte Temperaturverhältnisse bei ansonsten gleichen Randbedingungen also als unterschiedlich warm oder kalt empfunden werden. > Abb. 5

Neben inneren Feuchtelasten (Personen und Pflanzen im Raum) wird die relative Raumluftfeuchte einerseits durch die Außenluftfeuchte (also das Klima) beeinflusst. Andererseits verändert sich die relative Feuchte mit Schwankung der Raumlufttemperatur. So führt beispielsweise das Erwärmen der kalten Außenluft im Winter in der Regel zu niedrigen relativen Raumluftfeuchten. ○

○ **Hinweis:** Für die meisten Nutzungen (z. B. leichte, sitzende Tätigkeiten in Wohnungen oder Büros) wird häufig eine relative Feuchte um 50% (± 15%) empfohlen. Es ist jedoch zu bedenken, dass nur wenige Raumkonditionierungssysteme (z. B. Vollklimaanlagen) überhaupt die Möglichkeit bieten, die Raumluftfeuchte beliebig zu beeinflussen.

Unabhängig von der Feuchtigkeit kann auch die Bewegung der Luft die thermische Behaglichkeit maßgeblich beeinflussen. Sowohl eine zu hohe Luftgeschwindigkeit als auch Verwirbelungen (hoher Turbulenzgrad der Luftströmung) können zu Zugerscheinungen führen. Das Behaglichkeitsempfinden hängt außerdem von der Temperatur der Luft ab: Je niedriger die Lufttemperatur, desto eher wird eine Luftbewegung als störend empfunden, ein warmer Luftstrom wird eher toleriert. Je höher die Lufttemperaturen, desto unproblematischer sind stärkere Verwirbelungen. ■

Luftbewegung

Obwohl die Zusammensetzung der Luft in Erdnähe im Allgemeinen konstant ist, beeinflusst sie ebenfalls das allgemeine Behaglichkeitsempfinden. Gründe hierfür sind der unter Umständen stark variierende Grad der Verunreinigung und der temperaturabhängige Gehalt an Wasserdampf. ○

Luftzusammensetzung

Verunreinigungen der Luft können außerhalb und innerhalb eines Gebäudes entstehen. Während die äußeren Einwirkungen meist durch den Gebäudestandort (Straßenverkehr usw.) und die Anordnung von Lüftungsöffnungen beeinflusst werden, sind bei den inneren Einwirkungen insbesondere die Emissionen des Gebäudes (Ausdünstungen von verwendeten Baustoffen, anderen Materialien im Gebäude oder besonderen Nutzungen) sowie die der im Gebäude anwesenden Menschen (Kohlendioxidgehalt der ausgeatmeten Luft, Wasserdampf, Gerüche usw.) zu nennen. Durch Vermeidung dieser Emissionen bzw. durch entsprechenden Luftaustausch sind für die unterschiedlichen Luftbestandteile bestimmte Grenzwerte einzuhalten, um Unbehaglichkeiten oder gar gesundheitliche Schäden zu vermeiden.

Eine besondere Bedeutung kommt dabei der Kohlenstoffdioxid-Konzentration der Raumluft zu, die durch die Atmung der im Raum befindlichen Personen angereichert und bereits bei Anteilen im Promillebereich problematisch wird. Entgegen der weit verbreiteten Meinung ist also in der Regel nicht ein Mangel an Sauerstoff (O_2), sondern ein CO_2-Überschuss die Ursache für „schlechte“ oder „verbrauchte“ Luft und

Kohlenstoffdioxidgehalt der Luft

■ **Tipp:** Für leichte, sitzende Tätigkeiten in Wohnungen oder Büros wird häufig empfohlen, die mittlere Luftgeschwindigkeit durch eine entsprechende Anzahl ausreichend großer Luftauslässe auf etwa 0,2 m/s bei geringer Turbulenz (ca. 5%) zu begrenzen. Lokale Unbehaglichkeiten durch höhere Werte z. B. in unmittelbarer Nähe von Luftauslässen sind zu berücksichtigen. Genauere Informationen finden sich beispielsweise in der Europäischen Norm EN 15251.

○ **Hinweis:** Trockene Luft besteht aus 78,1% Stickstoff (N_2), 20,93% Sauerstoff (O_2), 0,03% Kohlenstoffdioxid (CO_2) sowie 0,94% Argon und weiteren Edelgasen. Darüber hinaus enthält das „Gesamtgemisch Luft“ wechselnde Anteile an Wasserdampf sowie Verunreinigungen in Form von Stickoxid, Schwefeldioxid, Abgasen, Staub, Schwebstoffen und diversen Mikroorganismen.

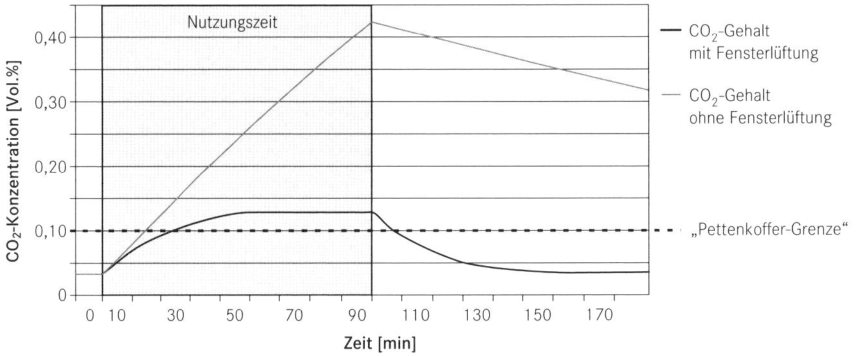

Abb. 6: CO_2-Anreicherung in einem Klassenraum (150 m^3, 30 Personen) während und nach einer Nutzungszeit (90 Min.) mit und ohne Lüftung über gekippte Fenster (3-facher Luftwechsel)

damit maßgeblich für den erforderlichen Luftaustausch. Abbildung 6 zeigt die Anreicherung von CO_2 während der Nutzungszeit am Beispiel eines ○ Klassenraums.

Zusätzliche Schadstoffe

Ist die Atemluft darüber hinaus mit zusätzlichen Schadstoffen, z. B. durch Rauchen, Emissionen verwendeter Materialien oder durch bestimmte Herstellungsprozesse an Arbeitsplätzen belastet, besteht ein zusätzlicher Außenluftbedarf. Dieser wird durch die Schadstoffkonzentration bestimmt, d. h., Schadstoffe müssen durch entsprechenden Luftaustausch innerhalb zulässiger Grenzwerte gehalten werden.

○ **Hinweis:** Der sogenannte „Pettenkoffer-Maßstab“, aufgestellt vom Münchener Arzt und Hygieniker Max von Pettenkoffer, besagt, dass der CO_2-Gehalt der Raumluft den Wert von maximal 0,10% nicht überschreiten sollte. Diese vergleichsweise hohe Anforderung wird in den meisten europäischen Ländern als Behaglichkeitskriterium für die Raumluftqualität angewendet. Durch ausreichende Lüftungsmöglichkeiten muss eine Überschreitung dieses Grenzwertes vermieden werden.

○ **Hinweis:** Die Adaptionsfähigkeit wird seit kurzem in der Planung von Gebäuden berücksichtigt. In neuen Regelwerken, wie beispielsweise der europäischen Norm EN 15251, werden die empfohlenen Behaglichkeitsbereiche daher in Abhängigkeit von zurückliegenden Außenlufttemperaturen definiert. Es ist zu erwarten, dass auch andere Länder in Zukunft ihre Planungsgrundlagen an diese neuen Erkenntnisse anpassen.

Tab. 1: Beispiel für die Wärmeabgabe von Personen bei unterschiedlichen Aktivitätsgraden in Anlehnung an DIN 1946-2

Tätigkeit	Gesamtwärmeabgabe je Person Anhaltswerte W
Statische Tätigkeit im Sitzen wie Lesen und Schreiben	120
Sehr leichte körperliche Tätigkeit im Stehen oder Sitzen	150
Leichte körperliche Tätigkeit	190
Mittelschwere bis schwere körperliche Tätigkeit	über 270

Intermediäre Bedingungen

Nutzeraktivität

Bei körperlicher Anstrengung erhöht sich der Energieumsatz im menschlichen Körper und damit das Bedürfnis, Wärme an die Umgebung abzugeben. > Tab. 1 Bei geringer Bewegung wird wenig Energie umgesetzt, und die Wärmeabgabe darf nicht zu groß sein. Der Aktivitätsgrad des Nutzers hat daher ebenfalls maßgeblichen Einfluss auf das Behaglichkeitsempfinden. Die als behaglich empfunden Temperaturen sind umso höher, je niedriger der Aktivitätsgrad ist. Zudem akzeptieren Menschen bei geringer körperlicher Aktivität (z. B. ruhige, sitzende Schreibtischtätigkeit) in der Regel weniger Abweichungen von der „idealen Temperatur" als bei erhöhter Aktivität (Sport, körperliche Arbeit usw.).

Bekleidung

Unabhängig von der körperlichen Aktivität beeinflusst die Bekleidung die Wärmeabgabe und damit die Wärmebilanz des Körpers. Je geringer der Bekleidungsgrad, desto größer die Wärmeabgabe des menschlichen Körpers an die Luft und die ihn umgebenden Oberflächen. So werden in Barfuß- oder Nacktbereichen (z. B. in Duschen oder Saunalandschaften) häufig erhöhte Lufttemperaturen und zusätzlich warme Oberflächen (z. B. Fußbodenheizungen) vorgesehen, um Unbehaglichkeiten zu vermeiden. Umgekehrt nimmt mit steigendem Bekleidungsgrad die Empfindlichkeit gegenüber Schwankungen des Umgebungsklimas aufgrund der Isolationswirkung der Kleidung ab.

Anpassungsvermögen

Die Fähigkeit des menschlichen Körpers, sich kurz, mittel- oder langfristig an bestimmte Klimasituationen (z. B. Hitzeperioden) zu gewöhnen, bezeichnet man als Adaption bzw. Akklimatisation. Diese Anpassungsfähigkeit kann dazu führen, dass zunächst unbehagliche Bedingungen nach einer bestimmten Zeit als angenehmer oder zumindest weniger störend empfunden werden.

BEDARFSERMITTLUNG

Die ganzjährige Sicherstellung eines der Nutzung entsprechenden, behaglichen Raumklimas im Sinne der beschriebenen Kriterien ist eine der Hauptanforderungen an Gebäude. Diese Anforderung gilt für die unterschiedlichsten Klimazonen gleichermaßen, wogegen sich die erforderlichen Maßnahmen deutlich unterscheiden können.

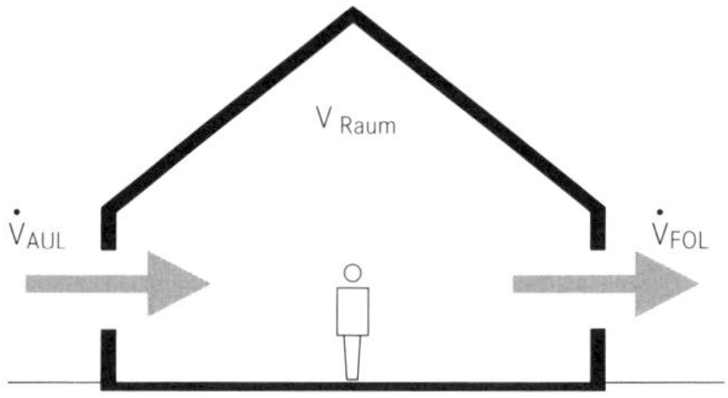

Abb. 7: Luftwechselzahl (LW)

Lüftungsbedarf

Zur Sicherung einer hygienischen Luftqualität im Innern eines Gebäudes ist es erforderlich, die Raumluft in bestimmten Zeiträumen auszutauschen, also verbrauchte Luft und Schadstoffe abzuführen und durch Frischluft zu ersetzen. Diese Aufgabe erfüllen in der Regel öffenbare Fenster in der Außenwand, aber oftmals auch mechanische Lüftungsanlagen. > Kap. Lüftungssysteme Wie oft dabei das gesamte Raumluftvolumen innerhalb eines Zeitraums, z. B. innerhalb einer Stunde, durch Frischluft ersetzt werden sollte, gibt die Luftwechselzahl (LW) an. > Abb. 7 ○

Erforderlicher Mindestluftwechsel

Wie häufig die Luft in einem Raum ausgetauscht werden muss, um eine gesunde Raumluft zu gewährleisten, ist vor allem in Abhängigkeit von der jeweiligen Nutzung eines Raums zu sehen. Die in der Literatur angegebenen Luftwechselzahlen weichen jedoch unter Umständen deut-

○ **Hinweis:** Frischluft ist Luft aus einer schadstoffunbelasteten, natürlichen Umgebung. Sie ist in der Lüftungstechnik von der Außenluft zu unterscheiden, da diese außerhalb der Gebäudehülle angesaugt wird, wo die Luft durchaus warm und belastet sein kann. Die CO_2-Konzentration und eventuell vorhandene Luftverunreinigungen sind im Allgemeinen in der Außenluft aber geringer als in der Innenluft. Der Bedarf an Frischluft wird also in der Regel durch die Zufuhr von Außenluft gedeckt, und deshalb wird im Folgenden der Begriff Außenluft verwendet.

● **Beispiel:** Bei einem mit einer Person belegten Wohnraum von 20 m² Grundfläche und einer lichten Raumhöhe von 2,50 m, also 50 m³ Raumvolumen, wäre es gemäß Tabelle 3 ausreichend, die Luft des Raumes innerhalb einer Stunde zur Hälfte durch frische Außenluft zu ersetzen (LW = 0,5/h). Wie lange man dafür beispielsweise ein Fenster geöffnet halten muss, zeigt Tabelle 7 (Seite 44). Wäre der Raum mit zwei Personen belegt, wäre ein Außenluftvolumenstrom$\dot{V}^*$ von 50 m³/h und damit eine Luftwechselrate von 1,0/h erforderlich, d. h., die Raumluft müsste pro Stunde einmal komplett durch Außenluft ersetzt werden.

lich voneinander ab und sind deshalb nur als Durchschnittswerte bei typischen Raumgrößen, Belegungsdichten und Schadstoffbelastungen zu verstehen. Sie sind jedoch insbesondere für die Vorplanung von Interesse. > Tab. 2

Außenluftvolumenstrom

Die erforderliche Menge der dem Raum zuzuführenden frischen Außenluft pro Zeiteinheit, der sogenannte Außenluft-Volumenstrom $\dot{V}$ (meist angegeben in m^3/h) sollte besser in Abhängigkeit der zu erwartenden Schadstoffbelastung durch Personen und sonstigen Emissionen berechnet werden. Aus dem so ermittelten Volumenstrom und dem Raumvolumen kann eine Luftwechselrate als zusätzliche Planungsgröße berechnet werden.

In Räumen, deren Luft nicht wesentlich durch Schadstoffemissionen von Baustoffen oder besonderen Nutzungen belastet ist, ist in der Regel der Personenbezug maßgebend.

Wie bereits erläutert, > Kap. Entwurfsprinzipien, Behaglichkeitsanforderungen gilt als Frischluftbedarf eines Menschen ein Luftaustausch, bei dem die empfohlene Obergrenze für die CO_2-Konzentration in der Raumluft nicht überschritten wird. Der erforderliche Außenluftvolumenstrom hängt also von der Nutzungsart, der zu erwartenden Schadstoffbelastung des Raumes und von der Anzahl der Personen im Raum ab. In der Praxis werden die Werte Tabellen entnommen. > Tab. 3

●

Abweichende Volumenströme

Der Luftwechsel sollte, insbesondere bei niedrigen Außentemperaturen, möglichst nur das hygienisch erforderliche Maß erfassen, da erhöhte Außenluftzufuhr immer auch höhere Lüftungswärmeverluste verursacht. > siehe unten Umgekehrt kann ein erhöhter Luftwechsel bei zu hohen Raumlufttemperaturen auch gezielt zum Abtransport überschüssiger Wärme eingesetzt werden.

Tab. 2: Richtwerte Luftwechselzahl LW

Art des Raumes	LW in 1/h
Wohnräume	0,6–0,7
Toiletten	2–4
Büros	4–8
Kantinen	6–8
Gaststätten	4–12
Kinos	4–8
Hörsäle	6–8
Sitzungszimmer	6–12
Warenhäuser	4–6

Tab. 3: Empfohlene Mindestaußenluftvolumenströme in Anlehnung an DIN EN 13779 und DIN 1946-2

Raumart	Außenluftvolumenstrom $\dot{V}_{AUL\,min}$	
	personenbezogen in $m^3/(h \times Person)$	Flächenbezogen in $m^3/(h \times m^2)$
Wohnräume	25	-
Kinos, Konzertsäle, Museen, Lesesäle, Sporthallen, Verkaufsräume	20	10–20
Hörsäle, Klassen-, Seminar- und Konferenzräume	30	15
Einzelbüros	40	4
Großraumbüros	60	6
Gaststätten	30	8

Temperierungsbedarf

Temperierungsbedarf (Heizwärme- und Kühlenergiebedarf) entsteht immer durch ein Ungleichgewicht der Energiebilanz eines Gebäudes oder Raumes.

Energiebilanz eines Raumes

Raumtemperaturen sollen in einem der Nutzung entsprechenden, behaglichen Bereich liegen. Über Transmission (Wärmestrom durch die Gebäudehülle aufgrund von Temperaturunterschieden zwischen innen und außen) und Lüftung (Luftaustausch zwischen innen und außen über unkontrollierbare Undichtigkeiten der Gebäudehülle sowie über kontrollierte natürliche oder mechanische Lüftung) wird einem Gebäude Wärme entzogen. Solare Einstrahlung durch transparente Bauteile und die Wärmeabgabe von Geräten und Personen im Innern führen dem Gebäude Wärme zu. > Abb. 8

Je nach Gebäudestandort kann es daher trotz einer auf das jeweilige Klima angepassten Bauweise (z. B. hochwärmegedämmte Gebäudehülle, Sonnenschutz usw.) notwendig sein, dem Gebäude oder dem Raum zumindest zeitweise künstlich (durch Gebäudetechnik) Wärme zuzuführen bzw. überschüssige Wärme zu entziehen, um die gewünschte Soll-Innenraumtemperatur zu erreichen. Da dies immer mit zusätzlichem Energiebedarf verbunden ist, sollte es das Ziel sein, diesen zusätzlichen Temperierungsbedarf durch eine intelligente, den örtlichen Gegebenheiten angepasste Architektur und Gebäudetechnik zu vermeiden bzw. so gering wie möglich zu halten. > Kap. Entwurfsprinzipien, Bedarfsdeckung

Heizwärmebedarf

Die Wärmeverluste eines Gebäudes bzw. Raumes müssen also, wenn die solaren und internen Gewinne nicht ausreichen, durch einen entsprechenden Wärmenachschub eines Heizsystems ausgeglichen werden. > Abb. 9 Über das Jahr gesehen, ergibt die Summe der Wärmeverluste, unter Berücksichtigung entsprechender Wärmegewinne, den Jahresheizwärmebedarf eines Gebäudes. Um die thermische Qualität eines Gebäudes beurteilen zu können, wird üblicherweise der Jahresheizwärmebedarf pro

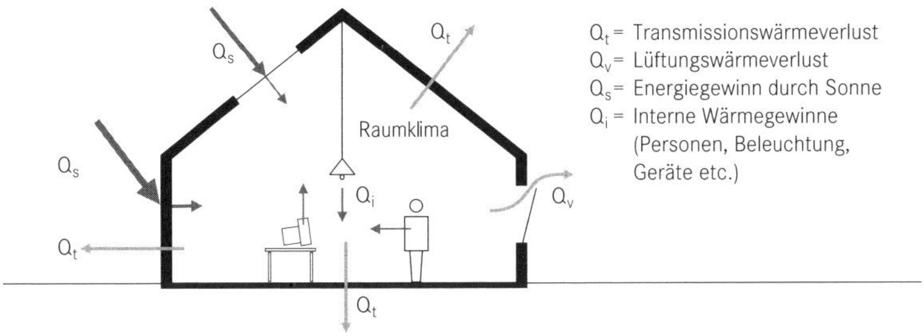

Abb. 8: Einflussgrößen auf die Wärmebilanz eines Gebäudes

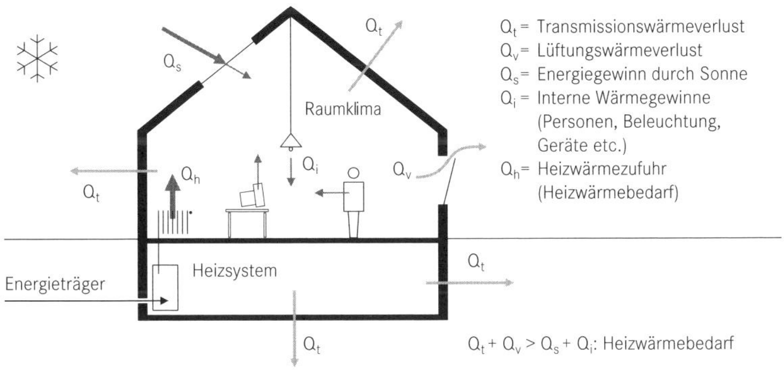

Abb. 9: Entstehung von Heizwärmebedarf

Quadratmeter Nutzfläche [kWh/(m²a)] errechnet. Dieser Energiekennwert erlaubt es, Gebäude nach den entsprechenden nationalen Energiestandards zu charakterisieren und energetisch einzuordnen. ○

○ **Hinweis:** Der Jahresheizwärmebedarf liefert keine Aussagen über die tatsächliche Energiemenge, die an das Gebäude übergeben werden muss. Um diesen sogenannten Endenergiebedarf Q_e, meist ablesbar am Energiemengenzähler (Gaszähler, Stromzähler usw.), zu ermitteln, muss eine eventuell mit der Heizung gekoppelte Warmwasseraufbereitung ebenso berücksichtigt werden wie der Wirkungsgrad der Heizungsanlage inklusive entsprechender Verluste über die Wärmeverteilung und die zum Betrieb der Anlage erforderliche Hilfsenergie (in der Regel Strom für Pumpen usw.). Zur Beurteilung des Gesamtenergiebedarfs einschließlich der Umweltauswirkungen eines Gebäudes muss darüber hinaus noch der verwendete Brennstoff mitbilanziert werden. Dies geschieht entweder über die Ermittlung des CO_2-Ausstoßes oder über die Ermittlung des Gesamtprimärenergiebedarfs (siehe Kap. Entwurfsprinzipien, Bedarfsdeckung, Umweltauswirkungen).

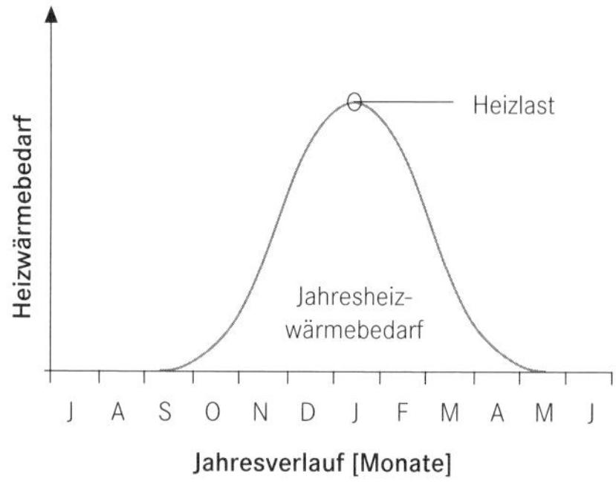

Abb. 10: Heizlast und Jahresheizwärmebedarf (Mitteleuropa)

Tab. 4: Norm-Innenraumtemperaturen für beheizte Räume (nach DIN EN 12831 Bbl.1), falls vom Bauherrn nicht andere Werte gefordert werden

Gebäude- bzw. Raumtyp	**Operative Temperatur [°C]**
Wohn- und Schlafräume	+ 20,0
Büroräume, Sitzungszimmer, Ausstellungsräume, Haupttreppenräume, Schalterhallen	+ 20,0
Hotelzimmer	+ 20,0
Verkaufsräume und Läden allgemein	+ 20,0
Unterrichtsräume allgemein	+ 20,0
Theater- und Konzerträume	+ 20,0
WC-Räume	+ 20,0
Bade- und Duschräume, Bäder, Umkleideräume, Untersuchungszimmer (generell jede Nutzung für den unbekleideten Bereich)	+ 24,0
Beheizte Nebenräume (Flure, Treppenräume)	+ 15,0

Heizlast

Zur Dimensionierung einer Heizungsanlage (Wärmeerzeuger und Wärmeabgabesysteme) muss zudem die Heizlast, also die maximale Heizleistung ermittelt werden. Sie gibt an, welche Wärmemenge (in W bzw. kW) einem Gebäude im ungünstigsten Fall, also am kältesten Tag des Jahres, zugeführt werden muss, um die Wärmeverluste auszugleichen und die erforderlichen Norm-Innenraumtemperaturen sicherzustellen. > Tab. 4 und Abb. 10

Kühlenergiebedarf

Kühlenergiebedarf entsteht, wenn die Wärmegewinne (infolge von solarer Einstrahlung und innerer Wärmelasten) größer werden als die

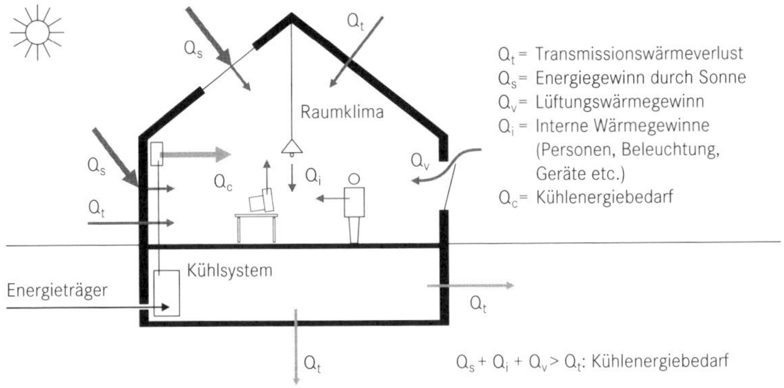

Abb. 11: Entstehung von Kühlenergiebedarf

Wärmeverluste (infolge von Lüftungs- und Transmissionsverlusten) und der Wärmeüberschuss nicht ausreichend in thermisch wirksamen Speichermassen gepuffert werden kann. > Kap. Entwurfsprinzipien, Bedarfsdeckung Die Raumtemperaturen steigen, und eine Überschreitung der maximal gewünschten Raumtemperaturen kann nur noch durch aktive, also gebäudetechnische Maßnahmen vermieden werden. > Abb. 11 ○

Berechnung des Kühlenergiebedarfs

Aufgrund der recht komplexen physikalischen Zusammenhänge der Einflussgrößen ist eine exakte Vorhersage des zu erwartenden Kühlenergiebedarfes schwierig. Da korrekterweise neben den Veränderungen der äußeren und inneren Lasten auch die Ein- und Ausspeichervorgänge der Bauteilmassen berücksichtigt werden müssen, sind hierzu in der Regel dynamische Simulationsprogramme erforderlich, die in kritischen oder schwierigen Fällen eine genaue Analyse einer Situation in stündlichen Simulationsschritten erlauben.

Kühllast

Im Planungsalltag wird daher häufig auf eine genaue Vorhersage des Kühlenergiebedarfes verzichtet und stattdessen eine sogenannte Kühllastberechnung vorgenommen. Diese wird anhand von statischen (also unveränderlichen) Zuständen durchgeführt. Sie ermöglicht insbesondere eine Abschätzung der maximalen Kühllast, die zur Auslegung der Anlage

○ **Hinweis:** Bei hohen Außenlufttemperaturen können nicht nur die Wärmegewinne infolge solarer Einstrahlung und innerer Lasten (Personen, Geräte und Beleuchtung), sondern auch die Wärmegewinne über Lüftung und schlecht wärmegedämmte Bauteile zu einem Kühlenergiebedarf führen.

Tab. 5: Beispiele für innere Wärmelasten

	Leistung im Betrieb
Computer mit Bildschirm	150 W
Laserdrucker	190 W
Person, sitzende Tätigkeit	120 W
Beleuchtung	10 W/m² Grundfläche

hilfreich sein kann. Häufig führt diese vereinfachte Betrachtungsweise jedoch zu überdimensionierten Anlagen und ersetzt daher nicht eine genauere Betrachtung durch einen Fachplaner.

Für die erste Auswahl von Kühlsystemen im Gebäudeentwurf ist es hilfreich, die ungefähre Wärmelast eines Raumes abschätzen zu können und diese mit der Leistungsfähigkeit verschiedener Kühleinrichtungen zu vergleichen. Tabelle 5 zeigt überschlägige Werte häufiger Wärmelasten ● in einem Büroraum.

Es ist zu prüfen, in welchem Maße der bei einer vereinfachten Kühllastberechnung ermittelte Bedarf auch durch Speichermassen und Lüftung kompensiert werden kann. Dies führt in der Regel zu einer wirtschaftlicheren Dimensionierung der Anlage.

BEDARFSDECKUNG

Vermeidungsprinzip

Um den Energiebedarf eines Gebäudes möglichst gering zu halten, wird neben der für Heizung, Kühlung und Lüftung benötigten Endenergie auch der nutzungsspezifische Bedarf (z. B. elektrische Verbraucher wie

● **Beispiel:** Für ein Einzelbüro mit 10 m² Grundfläche kann die zu erwartende Kühllast auf folgende Weise überschlägig ermittelt werden:
Nach Tabelle 5 ergibt sich eine zu erwartende innere Spitzenlast von 560 W (150+190+120+100) bzw. 56 W/m², bezogen auf die Grundfläche von 10 m². Da aber Lasten wie der Drucker oder die Beleuchtung nicht durchgehend anfallen, dürfte dieser Wert für die Betrachtung etwas zu hoch liegen. Eine Abminderung der Betriebszeiten für Drucker und Beleuchtung auf beispielsweise 50% führt zu einer inneren Wärmelast von 41,5 W/m². Zusätzlich muss die solare Einstrahlung über die Fassade berücksichtigt werden.

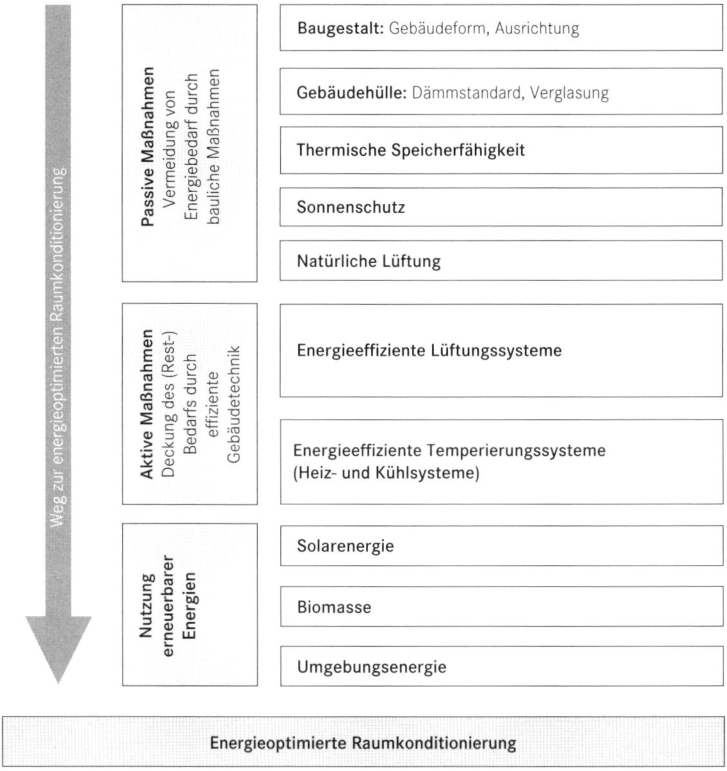

Abb. 12: Maßnahmen zur energieoptimierten Raumkonditionierung

Computer, Maschinen usw.) betrachtet. Zur Vermeidung von Energiebedarf und zur Deckung der notwendigen Energiemenge können aktive und passive Maßnahmen unterschieden werden. > Abb. 12

Passive Maßnahmen

Passive Maßnahmen ermöglichen ohne (nennenswerten) Energieeinsatz die gewünschte Beeinflussung der Wärmegewinne und -verluste. Zwar kann nicht immer der gewünschte Zielzustand erreicht werden, jedoch wirken die passiven Maßnahmen in die gewünschte Richtung und reduzieren damit den Bedarf aktiver Maßnahmen (d. h. den Energiebedarf). Es stehen verschiedene passive Maßnahmen zur Verfügung, die zum Teil von grundlegenden architektonischen Aspekten abhängen und daher bereits in einem sehr frühen Planungsstand zu bedenken sind.

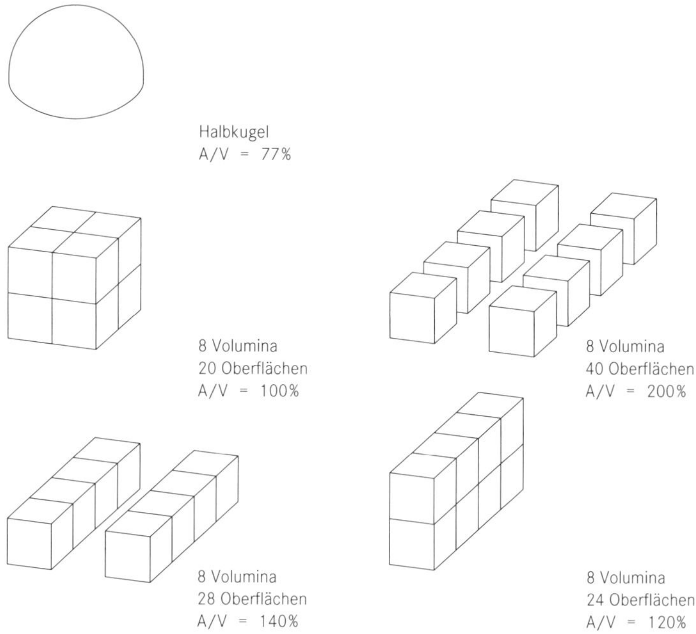

Abb. 13: Oberflächenanteile gleicher Volumina (ohne Bodenflächenanteil)

Gebäudeform

Ein Gebäude steht über seine Hülle in Verbindung mit der Außenwelt. Die Größe dieser Wärme übertragenden, thermischen Hülle bestimmt somit auch die Menge an Wärme, die übertragen wird. Daher ist die Gebäudeform ein ganz wesentlicher Entwurfsparameter für die Energiebilanz eines Gebäudes. Die energetische Kenngröße für die Gebäudekubatur ist das sogenannte A/V-Verhältnis, also das Größenverhältnis zwischen Wärme übertragender Gebäudehüllfläche und dem von ihr eingeschlossenen Gebäudevolumen. > Abb. 13

Beim Gebäudeentwurf sind in der Regel verschiedene Parameter wie Raumhöhen, Tageslichtversorgung in tiefen Räumen oder funktionale Zusammenhänge zu berücksichtigen, welche die energetischen Optimierungsmöglichkeiten der Kubatur einschränken. Grundsätzlich führen jedoch die Auflösung einer Bauaufgabe in mehrere voneinander getrennte Baukörper (Einzelgebäude usw.) sowie die ausgeprägte Strukturierung von Grundrissen (Kammstrukturen usw.) zu vergleichsweise großen Hüllflächen und somit ungünstigen energetischen Voraussetzungen. Energetisch besser sind daher kompakte Formen sowie eine möglichst geringe Anzahl von Baukörpern.

Ausrichtung und Zonierung

Über die Ausrichtung und Zonierung eines Gebäudes können solare Gewinne zu Gunsten von Energieeinsparung und Behaglichkeit vorteilhaft genutzt werden. In einem Wohngebäude mit überwiegendem Heizwärmebedarf (z. B. in Nordeuropa) sollten die Räume mit den höchsten Temperaturanforderungen (z. B. Wohnräume) mit großen Glasflächen zur Sonne hin orientiert sein, um maximal von solaren Gewinnen profitieren zu können. Räume mit niedrigeren Temperaturen (z. B. reine Schlafräume) können von der Sonne abgewendet werden. Einen thermisch hoch belasteten Raum (z. B. Besprechungsraum mit hoher Personenbelegungsdichte) hingegen sollte man nach Möglichkeit von der Sonne abgewandt orientieren, um zusätzliche Überhitzung und eventuelle Kühllasten durch solare Einstrahlung zu vermeiden. Zonen mit untergeordneter Nutzung und geringeren Anforderungen an Temperaturen und Behaglichkeit (z. B. Erschließungsbereiche) können zudem so um die Hauptnutzungsbereiche angeordnet werden, dass sie als Pufferzonen zwischen Innen- und Außenklima wirken.

Dämmstandard

Die Wärmedämmung stellt eine thermische Barriere zwischen dem Innen- und Außenraum eines Gebäudes dar. Der Dämmstandard ist somit ein Maß für die thermische Qualität der Wärme übertragenden Gebäudehülle. In moderaten Klimazonen, in denen die Außentemperaturen im Tages- und Jahresverlauf nur wenig schwanken, nimmt die Bedeutung des Dämmstandards zwar ab, dies sind jedoch seltene Ausnahmefälle. In der Regel kann sowohl für warme als auch für kalte Regionen ein guter Dämmstandard als hilfreich bei der Vermeidung von Heiz- bzw. Kühlenergiebedarf gesehen werden.

Eine besondere Bedeutung kommt dabei den transparenten Bauteilen (Fenster, Oberlichter usw.) zu, da der Dämmstandard eines Fensters in der Regel schlechter ist als der eines lichtundurchlässigen Bauteils. Je nach Fensterqualität und Gebäudestandort können die Vorteile solarer Gewinne bei großen Fenstern durch die erhöhten Wärmeverluste im Winter zunichte gemacht werden.

Thermische Speicherung

Jedes Material hat die mehr oder weniger ausgeprägte Fähigkeit, Wärme zu speichern und diese zeitverzögert wieder abzugeben. Abhängig von den Materialien der Bauteile, die einen Raum umschließen (Wände, Boden, Decke), kann mehr oder weniger Wärme gespeichert und zeitversetzt wieder abgegeben werden. Beton oder Kalk-Sandstein z. B. speichert mehr Wärme als Holz oder Gipskarton. Man spricht hier auch von der „thermischen Masse" eines Raumes oder eines Gebäudes. > Abb. 14

Die thermische Masse hat zwar keinen direkten Einfluss auf die Wärmegewinne und -verluste, sie ist jedoch von großer Bedeutung für die Heiz- bzw. Kühllast, also den Energiebedarf eines Gebäudes zu einem bestimmten Zeitpunkt: Große thermische Massen können mehr Wärme aus der Raumluft einspeichern oder abgeben und somit Heiz- oder Kühlbedarf vermeiden. Zusätzlich verbessern große thermische Massen in der Regel die Behaglichkeit, da die Oberflächentemperaturen bei steigenden Lufttemperaturen langsamer ansteigen und umgekehrt bei fallenden Temperaturen langsamer abfallen.

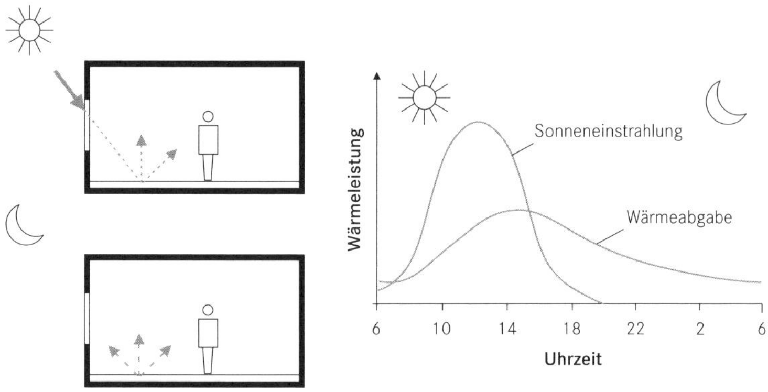

Abb. 14: Prinzip der thermischen Speicherung

Sonnenschutz

Der Sonnenschutz eines Gebäudes ist eine der bedeutendsten passiven Maßnahmen zur Raumkonditionierung. Die Sonneneinstrahlung in das Gebäude hat, wie bereits erläutert, einen wesentlichen Einfluss auf den Energiebedarf. Der Sonnenschutz muss daher die entgegengesetzten Ziele maximaler solarer Einstrahlung bei kalter Witterung und Überhitzungsvermeidung bei warmem Wetter bestmöglich ausbalancieren können. ○

Sonnenschutzmaßnahmen sind nach starren und flexiblen Maßnahmen zu unterscheiden. Die starren Maßnahmen wie Fenstergröße,

○ **Hinweis:** Weitere Informationen zur Gestaltung von Fenstern und Sonnenschutzelementen finden sich in *Basics Fassadenöffnungen* von Roland Krippner und Florian Musso, erschienen im Birkhäuser Verlag 2008.

■ **Tipp:** Abhängig von der Nutzung, können solare Einstrahlungen ganzjährig zu kritischen Situationen führen. Dies ist z. B. bei modernen Bürobauten mit hohen inneren Lasten häufig der Fall. In Verbindung mit einem guten Dämmstandard haben diese Gebäude selbst bei gemäßigtem Klima (z. B. in Deutschland) oft an nur wenigen Tagen im Jahr überhaupt Heizwärmebedarf. In solchen Fällen ist beispielsweise der Einsatz von großflächigen Verglasungen besonders kritisch zu prüfen, um Überhitzungen im Sommer zu vermeiden.

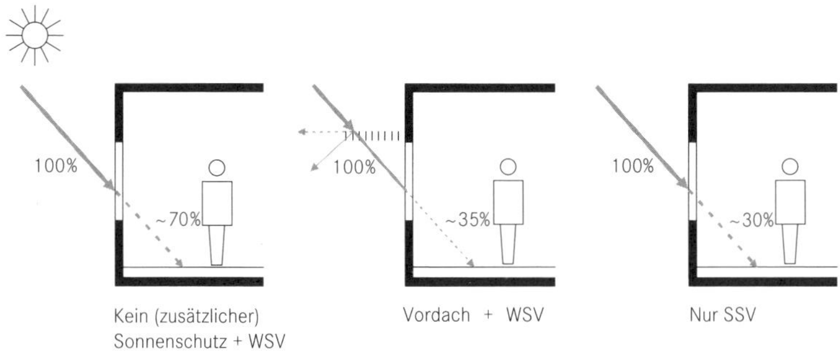

Abb. 15: Wirkungsweise von starren Sonnenschutzsystemen in Kombination mit Wärmeschutzverglasung (WSV) bzw. Sonnenschutzverglasung (SSV)

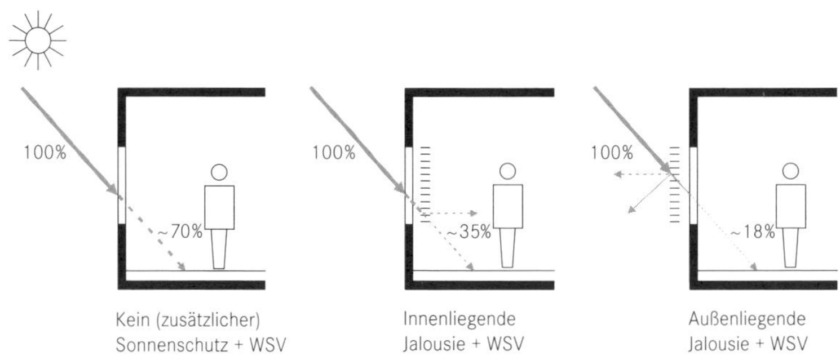

Abb. 16: Wirkungsweise von Sonnenschutzsystemen in Kombination mit Wärmeschutzverglasung (WSV)

Orientierung, bauliche Verschattung (durch das eigene oder andere Gebäude, Vordächer, Bäume usw.) und der Gesamtenergiedurchlassgrad des verwendeten Glases können weder jahres- noch tageszeitlich variiert werden, wodurch sich Nachteile gegenüber flexiblen Systemen ergeben. > Abb. 15 ■

Flexible Maßnahmen (Jalousien, Rollos usw.) bieten die Möglichkeit, kurzfristig zu beeinflussen, wie viel Strahlung in den Raum gelangt. Damit kann der Heizwärmebedarf im Winter so weit wie möglich reduziert und gleichzeitig eine Raumüberhitzung (bzw. Erhöhung des Kühlenergiebedarfs) im Sommer vermieden werden. Flexible Systeme sind aus diesem Grund gegenüber starren Systemen zu bevorzugen. Abbildung 16 zeigt die Wirkungsweise von flexiblen Sonnenschutzsystemen.

Natürliche Lüftung

Die natürliche Lüftung ist ebenfalls als passive Maßnahme zur Raumkonditionierung zu werten. Neben der Möglichkeit, den Außenluftbedarf eines Gebäudes ohne Energieeinsatz für die Luftbeförderung zu decken, bietet sie auch die Möglichkeit, warme Luft aus dem Gebäude abzuführen und damit die Kühllasten zu reduzieren. Welche Besonderheiten bei der Planung von natürlichen Lüftungskonzepten zu beachten sind und wann natürliche Lüftung an ihre Grenzen stößt, wird im Kapitel Lüftungssysteme genauer beschrieben.

Aktive Maßnahmen

Der Energiebedarf eines Gebäudes, der durch die beschriebenen passiven Maßnahmen nicht abgedeckt werden kann, muss durch aktive Maßnahmen unter Zuführung von Energie gedeckt werden. Grundsätzlich kann der Einsatz aktiver Systeme auch Vorteile, wenn auch an anderer Stelle, bieten. Jedes Konzept muss deshalb mit all seinen Bestandteilen und Energieträgern als Einheit betrachtet werden.

Effizienzsteigerung

Bei der Deckung des verbleibenden Energiebedarfes eines Gebäudes ist darauf zu achten, dass die eingesetzten Komponenten möglichst effizient arbeiten, also bei der Energiebereitstellung, -verteilung und -übergabe an den Raum möglichst geringe Verluste entstehen. Für jede dieser Aufgaben gibt es eine Vielzahl von möglichen Komponenten mit entsprechenden Vor- und Nachteilen. Jedoch lassen sich die Komponenten nicht beliebig miteinander kombinieren. Auch hier ist also ein ganzheitlicher Planungs- und Denkansatz erforderlich, um die Erschließung bestimmter Potenziale nicht durch Fehlentscheidungen auszuschließen. Ein Beispiel für die Effizienzsteigerung von Heizsystemen zeigt Abbildung 17.

Energieübergabe

Die Wahl der Übergabesysteme hängt insbesondere von den Faktoren „Strahlungsanteil“ und „Regelträgheit“ ab.

Ein Heiz- oder Kühlkörper gibt seine Energie teilweise über Strahlung, teilweise über Konvektion („Mitführung“ der Wärme über die Luft) an den Raum ab. Durch den starken Einfluss der Oberflächentemperaturen eines Raumes auf die operativen Raumtemperaturen und damit auf das Behaglichkeitsempfinden im Raum sind strahlende Wärmeübergabesysteme in der Regel vorteilhaft. > Kap. Entwurfsprinzipien, Behaglichkeitsanforderungen

Die Geschwindigkeit, mit der ein Übergabesystem auf Veränderungen der Regelung (z. B. durch Öffnen oder Schließen eines Ventils) reagieren kann, bezeichnet man als „Regelträgheit“. Diese Eigenschaft ist insbesondere dann von Bedeutung, wenn Räume wechselnden Nutzungen oder thermischen Lasten ausgesetzt sind.

Bei Räumen mit häufig wechselnden Bedingungen und hohen Behaglichkeitsanforderungen werden daher häufig Kombinationen aus trägen Strahlungsflächen zur Grundlastdeckung und schnell regelbaren Luftsystemen zur Spitzenlastdeckung verwendet, die ihre jeweiligen Nachteile

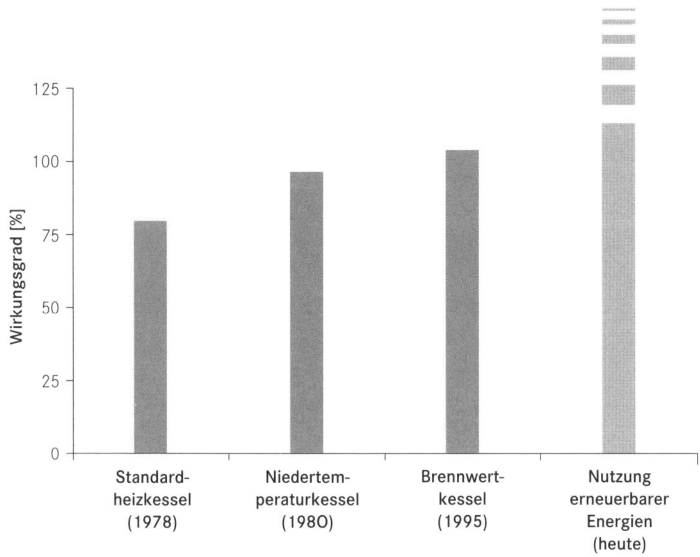

Abb. 17: Effizienzsteigerung (heizwertbezogener Wirkungsgrad) von Heizsystemen

gegenseitig kompensieren und ihre Vorteile zu einem leistungsfähigen, effizienten System ergänzen. Solche Lösungen bedingen allerdings verhältnismäßig hohe Investitionskosten bei der Errichtung. > Kap. Temperierungssysteme, Wärme- und Kälteübergabe

Verteilung

Transport und Verteilung der Energie vom Erzeuger zur Übergabestelle ist ebenfalls von Bedeutung für das Gesamtkonzept. Zunächst ist zu bedenken, dass jeder Transport von Luft oder Wasser durch Leitungen und Kanäle mit Verlusten behaftet ist: Es sind dies einerseits Reibungsverluste, die an den Innenseiten der Leitungen entstehen, andererseits

● **Beispiel:** Ein Besprechungsraum wird im Winter durch ein Heizsystem auf der gewünschten Temperatur gehalten. Mit Beginn einer Besprechung hält sich in dem Raum jedoch eine Vielzahl von Personen auf, die Körperwärme abgeben, sodass eine zusätzliche Heizleistung nicht mehr erforderlich ist. Hier sollte das Heizsystem in der Lage sein, unmittelbar seine Leistung zu reduzieren, um Überhitzung und unnötigen Energieverbrauch zu vermeiden.

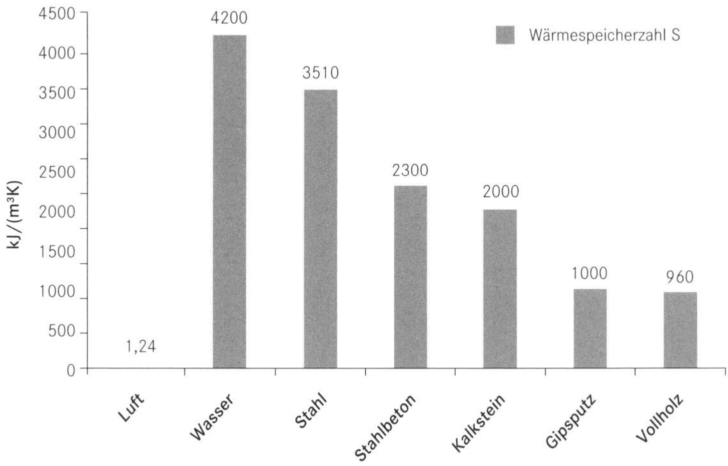

Abb. 18: Vergleich der Wärmespeicherfähigkeit verschiedener Stoffe und Materialien

aber auch Temperaturverluste, sodass an der Übergabestelle unter Umständen nicht mehr das ursprüngliche Temperaturniveau vorhanden ist. Es gilt daher, Leitungswege generell möglichst kurz zu halten und möglichst gut zu dämmen, um die genannten Verluste zu minimieren.

Wahl des Transportmediums

Die Wahl des Transportmediums ist von entscheidender Bedeutung. Wasser und andere Flüssigkeiten können bei gleichem Volumen viele Male soviel Wärme speichern wie Luft. > Abb. 18

Unter Berücksichtigung der für Luft- und Wasserbeförderung erforderlichen elektrischen Ventilator- bzw. Pumpenleistung zeigt sich, dass der Energietransport über das Medium Wasser wesentlich effizienter ist als über Luft. Aus Sicht der erforderlichen Hilfsenergie für Wärme- oder Kältetransport sind also Wasser führende Systeme gegenüber reinen Luftsystemen zu bevorzugen. Luftgeführte Systeme können jedoch sinnvoll sein, wenn beispielsweise nur geringe Heiz- oder Kühllasten zu decken sind und eine Lüftungsanlage aus anderen Gründen ohnehin zum Einsatz kommt. > Kap. Temperierungssysteme, Wärme- und Kälteverteilung

Energiebereitstellung

Bei der Bereitstellung ist zunächst die Frage des Energieträgers zu klären. Neben der Bedarfslage (Wärme, Kälte, Strom usw.) wird die Entscheidung vor allem auch durch die Verfügbarkeit beeinflusst. Bei fossilen Energieträgern betrifft dies im Wesentlichen die vorhandenen Anschlussmöglichkeiten (Gas, Strom, Fernwärme usw.), bei erneuerbaren Energien insbesondere die Nutzungsmöglichkeiten (Solarstrahlung,

Geothermie, Biomasse usw.). Unter Umständen sind auch Lagermöglichkeiten (Öl, Holz usw.) zu berücksichtigen. > Kap. Temperierungssysteme, Energiebereitstellung

Neben der Verfügbarkeit eines Energieträgers ist das Lastprofil (also die zeitliche Veränderung des Energiebedarfs) von entscheidender Bedeutung bei der Auswahl des Erzeugers: Der Bedarf kann durch unterschiedliche klimatische Bedingungen oder Nutzungen je nach Jahres- oder Tageszeit stark unterschiedlich sein. Solche Bedarfsschwankungen können maßgeblichen Einfluss auf die Gesamteffizienz eines Systems haben.

In diesem Zusammenhang ist auch auf die Gleichzeitigkeit von Energieangebot und -nachfrage und auf die eventuell daraus erforderlichen Speichermöglichkeiten zu achten: Eine Solaranlage zur Brauchwassererwärmung beispielsweise arbeitet nur bei Sonneneinstrahlung, also bei Tage. Der Warmwasserbedarf eines Wohnhauses ist aber infolge des üblichen Nutzungsprofils morgens und abends wesentlich größer als tagsüber. Die tagsüber gewonnene Wärme muss daher in einem Speicher gepuffert werden, um zu den Hauptbedarfszeiten zur Verfügung zu stehen.

Fossile und erneuerbare Energieträger

Während für die Luftbeförderung in einer mechanischen Lüftungsanlage im Wesentlichen Strom als Energieträger zum Einsatz kommt, stehen bei der Erzeugung von Wärme und Kälte häufig verschiedene Energieträger zur Auswahl, die ihre Aufgabe in unterschiedlichen Wärme- oder Kälteerzeugern erfüllen können. Hierbei sind zunächst fossile Energieträger und erneuerbare Energien zu unterscheiden.

Fossile Energieträger

Fossile Energieträger (z. B. Erdöl, Erdgas und Kohle) sind über lange Zeiträume durch biologische und physiologische Vorgänge im Erdinnern und an der Erdoberfläche entstanden, sodass sie nicht in naher Zeit nachproduziert werden können. Ihr Bestand auf der Erde kann also nicht erneuert werden, die Vorräte sind endlich. Diese Energieträger basieren auf Kohlenstoffdioxidverbindungen (CO_2), die bei der Verbrennung in die Atmosphäre entweichen und als wesentliche Ursache für die globale Erderwärmung gelten.

In der Vergangenheit ist die Energieversorgung von Gebäuden nahezu ausschließlich durch die Nutzung fossiler Energieträger erfolgt, weswegen die erforderliche Technik weit entwickelt ist und gute Wirkungsgrade aufweisen kann. Trotz dieser positiven Entwicklungen ist die Energieversorgung von Gebäuden immer noch ein Hauptverursacher der weltweiten CO_2-Emissionen, und die verstärkte Nutzung erneuerbarer Energien ist dringend erforderlich.

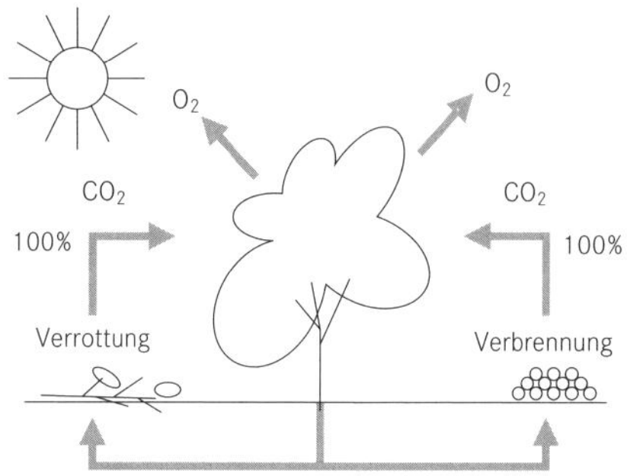

Abb. 19: CO_2-neutrale Verbrennung nachwachsender Rohstoffe

Erneuerbare Energieträger

Erneuerbare Energien werden Energiequellen genannt, die nach menschlichen Maßstäben unerschöpflich und nachhaltig sind: Sie können ohne dauerhafte Auswirkungen auf die Umwelt gewonnen werden. ○

Als erneuerbare Energiequellen in diesem Sinne werden insbesondere Sonnenenergie (Solarstromerzeugung oder Solarthermie), Wasserkraft, Windenergie, Geothermie und Bioenergie (Biomasse wie z. B. Holz und Biogas wie z. B. Faulgase aus Kläranlagen) verstanden. Die Verbrennung von Biomasse und Biogas setzt zwar ebenfalls CO_2 in Verbrennungsprozessen in die Atmosphäre frei, doch ist dieses Kohlenstoffdioxid während des Pflanzenwachstums im Vorfeld aus der Atmosphäre gebunden worden und würde beim natürlichen Verrottungsprozess der Pflanze ohnehin wieder freigesetzt. Die Verbrennung biologischer Energieträger wird daher als CO_2-neutral bezeichnet. > Abb. 19

Entscheidend ist also nicht generell die Freisetzung von CO_2, sondern die Vermeidung von CO_2-Emissionen, die ohne den Verbrennungsprozess nicht entstanden wären und die Atmosphäre belastet hätten.

○ **Hinweis:** Der Begriff „nachhaltig" stammt ursprünglich aus der Forstwirtschaft und bezeichnet das Prinzip, in einem Gebiet nur so viele Bäume zu schlagen, wie im gleichen Gebiet in jedem Jahr nachwachsen. Allgemeiner formuliert, bedeutet der Begriff, ein natürliches System ausschließlich so zu nutzen, dass es in seinen wesentlichen Eigenschaften langfristig erhalten bleibt.

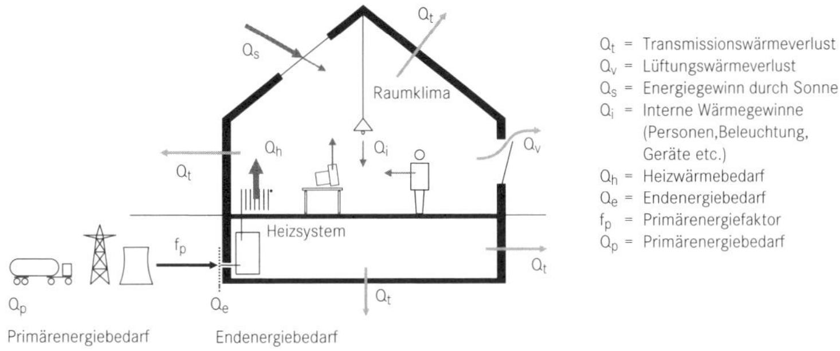

Abb. 20: Erweiterte Energiebilanz zur Deckung des Heizwärmebedarfs (Nutz-, End- und Primärenergie)

Auch die technischen Systeme für die Nutzung erneuerbarer Energien im Gebäudebereich haben in den letzten Jahren wesentliche Effizienzsteigerungen erlebt und gelten aufgrund mittlerweile langjähriger Erfahrungen als zuverlässig.

Umweltauswirkungen

Die Betrachtung des Gebäudeenergiebedarfs wurde lange Zeit nur auf den im Gebäude entstehenden Bedarf (z. B. Heizwärme) beschränkt. Zur Beurteilung der Umweltauswirkungen ist diese Betrachtungsweise jedoch nicht ausreichend, da einerseits die Anlagenverluste im Gebäude (z. B. Verluste im Heizkessel bei der Erwärmung des Heizwassers und Verluste beim Transport des Heizwassers vom Kessel zum Heizkörper) nicht berücksichtigt wurden. Andererseits geht auch auf dem Weg von der Energiegewinnung bis zur Anlieferung am Gebäude Energie verloren. Aus diesem Grund wird heute unterschieden zwischen dem Nutzenergiebedarf im Gebäude, dem Endenergiebedarf an der Gebäudegrenze und dem Primärenergiebedarf, der den Bedarf an natürlich vorkommenden Energieträgern beschreibt. > Abb. 20

Primärenergiefaktoren

Der erforderliche Aufwand für die Endenergiebereitstellung einschließlich der Vorketten (Materialvorleistungen und Hilfsenergien) für die Förderung, Aufbereitung, Umwandlung, den Transport und die Verteilung eines Energieträgers wird über den Primärenergiefaktor definiert. > Tab. 6

Die Stromproduktion erfolgt in der Regel auf verschiedene Weise, z. B. in Kohle-, Wasser- oder Atomkraftwerken. Abhängig von den Anteilen der zur Stromerzeugung genutzten fossilen und erneuerbaren Energieträger sowie der Kernkraft wird daher ein Primärenergiefaktor für den „StromMix“ berücksichtigt, der von Land zu Land unterschiedlich sein

Tab. 6: Beispiel für Primärenergie- und CO_2-Emissionsfaktoren in Europa (unter Verwendung der DIN V 18599)

Energieträger		Primärenergiefaktoren (nicht erneuerbarer Anteil) $[kWh_{Prim}/kWh_{End}]$	CO_2-Emissionsfaktoren (CO_2-Äquivalent) $[g/kWh_{End}]$
Brennstoffe	Heizöl EL	1,1	303
	Erdgas H	1,1	249
	Flüssiggas	1,1	263
	Steinkohle	1,1	439
	Braunkohle	1,2	452
	Holz	0,2	42
Nah-/Fernwärme (zu 70%) aus Kraft-Wärme-Kopplung	Fossiler Brennstoff	0,7	217
	Erneuerbarer Brennstoff	0,0	
Nah-/Fernwärme aus Heizwerken	Fossiler Brennstoff	1,3	408
	Erneuerbarer Brennstoff	0,1	
Strom	Allg. Strom-Mix	2,0[1)]	480
Umweltenergie	Solarenergie, Umgebungswärme	0,0	

[1)] Stand 2015. Infolge der Erhöhung des Anteils mit Hilfe erneuerbarer Energien erzeugten Stroms wird dieser Faktor in Zukunft weiter sinken.

kann, sodass die Nutzung von Strom günstiger oder ungünstiger bewertet werden kann.

CO_2-Emissionsfaktoren

g/kWh_{End}

Ähnlich den Primärenergiefaktoren wurden CO_2-Emissionsfaktoren ermittelt, welche die Menge emittierter Treibhausgase (in Gramm) je verbrauchter kWh Endenergie beziffern. Die Einheit hierfür ist g/kWh_{End}. Dabei werden nicht nur CO_2-Emissionen selbst, sondern auch andere Schadstoffe berücksichtigt und gemäß ihrer Auswirkung auf den Treibhauseffekt zu einem „CO_2-Äquivalent" zusammengefasst. > Tab. 6 Durch

O **Hinweis:** Die Einheit des Primärenergiefaktors ist $[kWh_{Prim}/kWh_{End}]$. Der Faktor gibt also an, wie viele kWh Primärenergie (also welche Menge eines bestimmten Energieträgers, z. B. Kohle) für die Bereitstellung einer kWh Endenergie (z. B. Strom oder Wärme) erforderlich sind.

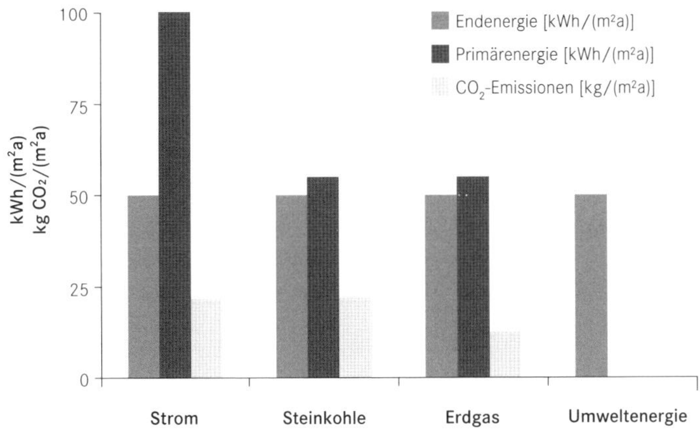

Abb. 21: Beispiel des Primärenergiebedarfes und der CO_2-äquivalenten Emissionen eines Gebäudes (Endenergiebedarf 50 kWh/(m^2a)) bei Einsatz verschiedener Energieträger

Multiplikation dieser Faktoren mit dem Energiebedarf eines Gebäudes können die Auswirkungen der Gebäudeenergieversorgung auf die globale Erderwärmung ermittelt werden.

Abbildung 21 zeigt beispielhaft die Auswirkungen der Energieträgerwahl auf den Primärenergiebedarf und die CO_2-äquivalenten Emissionen eines Gebäudes.

Wie Abbildung 21 zeigt, ist zur Deckung eines Endenergiebedarfes von 50 kWh pro Quadratmeter Wohnfläche und Jahr beim Einsatz von Strom die doppelte Menge Primärenergie wie bei Verwendung von Umweltenergie erforderlich. Bei Gas oder Kohle ist es nur die 1,1-fache Menge, also 10% mehr. Umweltenergie hingegen ist fast primärenergieneutral. Ähnliches gilt für die CO_2-Emissionen.

Im Rahmen der lokalen Möglichkeiten sollte der Verbrauch von Strom und fossilen Energieträgern daher so weit wie möglich vermieden werden.

Lüftungssysteme

Wie bei der Erörterung der Behaglichkeitsanforderungen gesehen, sind insbesondere Faktoren wie die Lufttemperatur, die Luftgeschwindigkeit, die Luftfeuchte und die Luftreinheit bzw. Luftzusammensetzung maßgebend für das Behaglichkeitsempfinden im Raum. Diese Faktoren werden durch die Lüftung stark beeinflusst, wodurch dem Lüftungssystem eines Gebäudes eine besondere Bedeutung zukommt.

Die Hauptaufgabe der Lüftung besteht darin, die mit Gerüchen, Wasserdampf, Kohlendioxid und eventuell mit Schadstoffen angereicherte Luft aus Räumen abzuführen, durch frische Atemluft zu ersetzen und darüber hinaus eine gute und gleichmäßige thermische Umgebung im Raum zu erzeugen bzw. zu erhalten.

In der Raumlufttechnik wird grundsätzlich zwischen der natürlichen (freien) Lüftung und der mechanischen Lüftung unterschieden. Die Grenzen zwischen freier und mechanischer Lüftung (z. B. raumlufttechnische Anlagen, auch RLT-Anlagen genannt, bis hin zu Klimaanlagen) sind fließend und in der Praxis sowie im Sprachgebrauch nicht immer eindeutig. Eine mögliche Einteilung von Lüftungssystemen zeigt Abbildung 22.

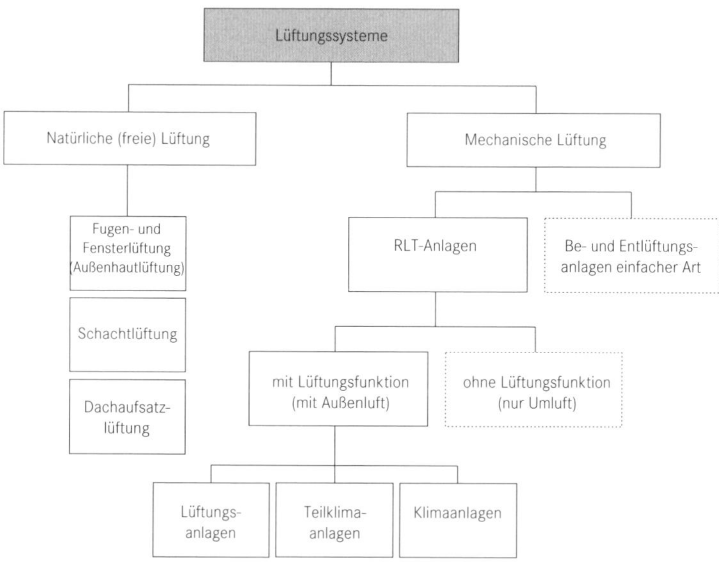

Abb. 22: Lüftungssysteme

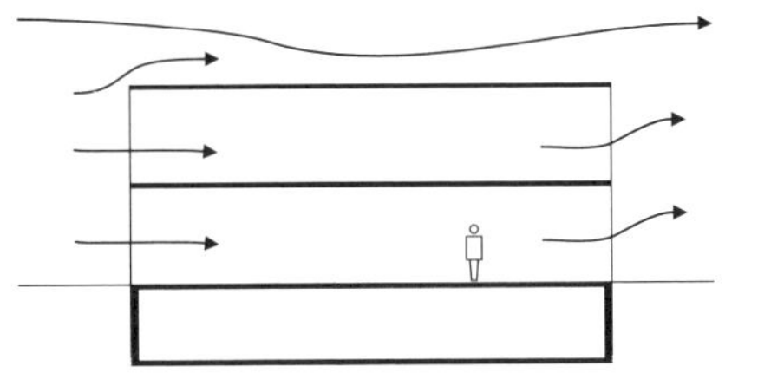

Abb. 23: Lüftung durch Wind

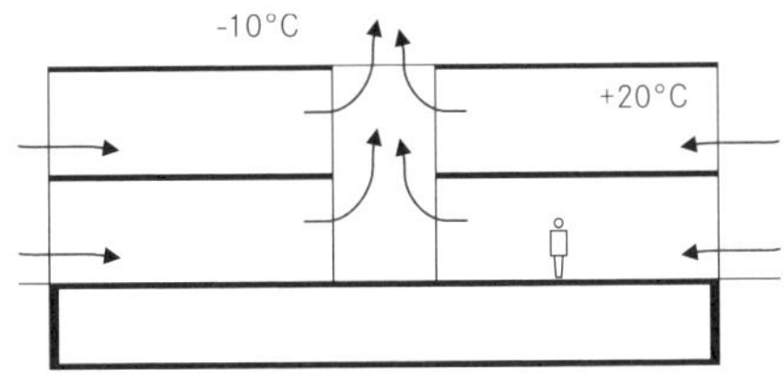

Abb. 24: Lüftung durch Thermik

NATÜRLICHE LÜFTUNG

Bei der natürlichen (freien) Lüftung entsteht die Luftbewegung im Raum ausschließlich durch Druckunterschiede am und im Gebäude, die durch Wind > Abb. 23 oder Temperaturunterschiede (Thermik) > Abb. 24 verursacht werden.

Wie in Abbildung 22 dargestellt, wird die natürliche Lüftung in drei Kategorien eingeteilt:

- Fugen- und Fensterlüftung (Außenhautlüftung)
- Schachtlüftung
- Dachaufsatzlüftung

Der geförderte Luftvolumenstrom hängt jeweils stark von der Witterung, der Temperatur im Raum sowie der Anordnung, der strömungsgerechten Ausbildung und Größe der Lüftungsöffnungen ab.

Fugenlüftung

Der Begriff Fugenlüftung bezeichnet den Luftwechsel, der durch Undichtigkeiten im Gebäude, vorwiegend durch Fenster- und Türfugen, verursacht wird. Diese Art von Lüftung bringt eine Reihe von Problemen mit sich.

Bei windstiller Lage und geringen Temperaturunterschieden kann der hygienisch erforderliche Luftwechsel nicht mehr gewährleistet sein. Darüber hinaus ist die Fugenlüftung durch den Nutzer in der Regel nicht beeinflussbar, und durch unkontrollierte dauerhafte Lüftung entstehen erhöhte Wärmeverluste, die sogar zu schwerwiegenden Bauschäden führen können. Um dies zu vermeiden und einen an den Bedarf angepassten Luftwechsel zu ermöglichen, muss die Außenhaut von energiesparenden Gebäuden, einschließlich der Fenster, so dicht wie möglich sein und darf keine unkontrollierten Fugen aufweisen. Der Außenluftbedarf muss also anders gedeckt werden.

Tab. 7: Luftwechselzahlen bei Fensterlüftung

Art der Fensterlüftung	Luftwechsel
Fenster, Türen geschlossen (nur Fugenlüftung)	0 bis 0,5/h
Einseitige Lüftung, Fenster gekippt, keine Rollläden	0,8 bis 4,0/h
Einseitige Lüftung, Fenster halb offen	5 bis 10/h
Einseitige Lüftung, Fenster ganz offen[1] (Stoßlüftung)	9 bis 15/h
Querlüftung (Stoßlüftung über gegenüberliegende Fenster und Türen)	bis 45/h

[1] Ein einfacher Luftwechsel ist bereits nach 4 Minuten Stoßlüftung erreicht.

Fensterlüftung

Üblicherweise erfolgt die natürliche Lüftung von Gebäuden oder Räumen durch Fenster oder sonstige regulierbare Öffnungen (z. B. Klappen), die entweder bei Bedarf kurzfristig (Stoßlüftung) oder über einen längeren Zeitraum hinweg geöffnet gehalten werden (Dauerlüftung). Bei den meisten Gebäuden ist auf diese Weise im größten Teil des Jahres die Lüftung eines Raumes auf behagliche Weise möglich.

Im Winter und im Hochsommer ist die Fensterlüftung je nach Klimazone aufgrund der hohen Wärmeverluste bzw. Wärmelasten problematisch und nur für die kurzzeitige Stoßlüftung geeignet.

Fensterarten

Für eine gute Lüftungsfunktion sind Schiebe- und Schwingflügelfenster besser geeignet als Kippflügel, da bei ihnen Zu- und Abluftquerschnitt gleich groß und beliebig einstellbar sind. > Abb. 25

Strömungsverhältnisse

Die Strömungsverhältnisse bei der Fensterlüftung unterscheiden sich im Winter und Sommer nach der Temperaturdifferenz zwischen Innen- und Außenraum. > Abb. 26

Querlüftung

Über öffenbare Fenster in nur einer Außenwand ist nur ein einseitiger Luftaustausch möglich. Idealerweise erfolgt die Lüftung daher durch Querlüftung, also über gegenüberliegende Fenster. In Wohnungen sollte daher eine ausreichende Querlüftung, zumindest aber eine Lüftung übereck gewährleistet sein. > Abb. 27

Luftwechselzahlen

Auf diese Art und Weise sind durch Fenster- oder Fugenlüftung die in Tabelle 7 aufgeführten und als grobe Anhaltswerte zu verstehenden Luftwechselzahlen zu erreichen.

Die durch Fenster- oder Fugenlüftung zu erwartenden Luftwechselraten schwanken sehr stark in Abhängigkeit von den auftretenden Windgeschwindigkeiten und der Gebäudegeometrie. Der Größe von natürlich belüfteten Räumen oder Gebäuden sind daher Grenzen gesetzt. So sollte bei einseitiger Fensterlüftung und einer lichten Raumhöhe von bis zu 4 m die Raumtiefe nicht mehr als das 2,5-fache der Raumhöhe betragen, bei Querlüftung nicht mehr als das 5-fache. > Abb. 28

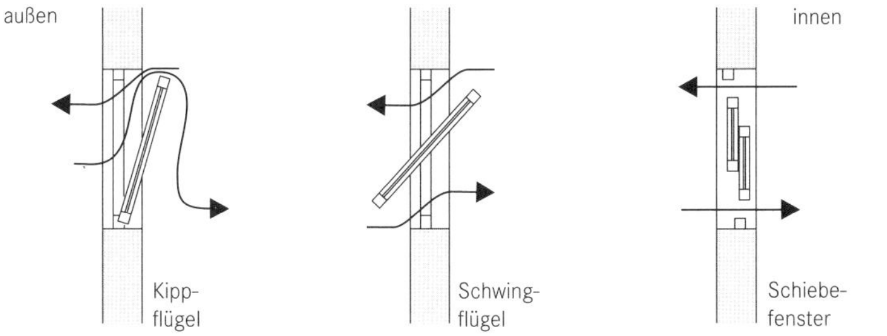

Abb. 25: Fensterarten

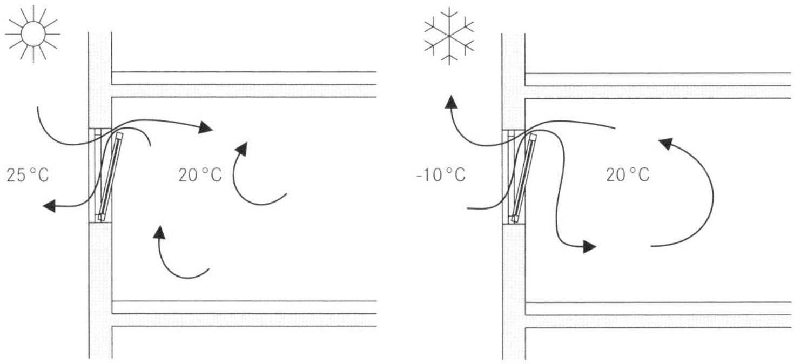

Abb. 26: Strömungsverhältnisse bei Fensterlüftung (Sommer und Winter)

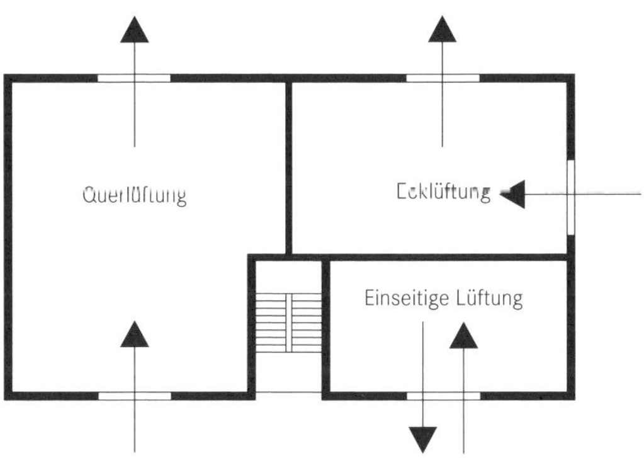

Abb. 27: Luftführung im Grundriss

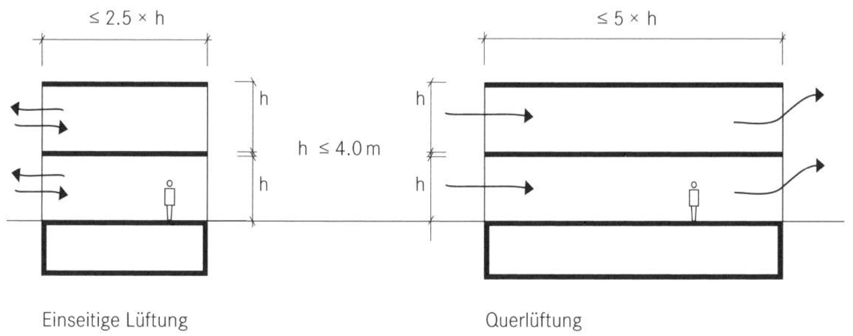

Abb. 28: Maximale Raumtiefen bei Fensterlüftung

Einen Überblick über entsprechende Richtgrößen für die Planung von natürlichen Lüftungssystemen liefert Tabelle 8.

Nutzerverhalten

Darüber hinaus hängt der Luftwechsel, der durch Fensterlüftung erreicht werden kann, auch stark vom Nutzerverhalten ab. Zwar ist es durchaus von Vorteil, dass der Nutzer die Luftzufuhr direkt beeinflussen kann, aber oft wird in der Praxis zu viel oder zu wenig gelüftet. Ein kontrollierter Luftwechsel lässt sich also durch eine nutzergesteuerte Fensterlüftung nicht erreichen. ■

■ **Tipp:** Die Planung von Atrien bietet die Möglichkeit, auch Räume von tiefen Gebäuden mit Licht und Luft zu versorgen. Außerdem wirken sie im Sinne einer natürlichen Lüftung wie ein Schornstein: Die erwärmte Luft steigt auf und entweicht über Öffnungen im Dach. Dabei wird die verbrauchte Luft durch den sich ergebenden Unterdruck aus den angrenzenden Räumen abgezogen. Falls das Atrium mit Glas überdacht sein sollte, ist zur Vermeidung von Wärmestau im Sommer für genug vertikale Abluftöffnungen zu sorgen (siehe Abb. 29).

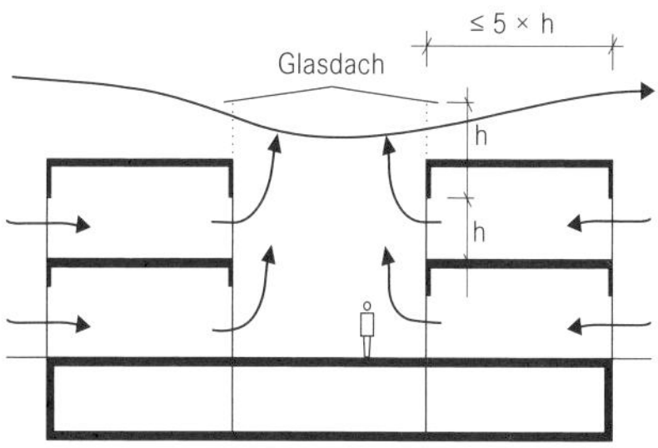

Abb. 29: Atriumlüftung

Tab. 8: Richtgrößen für Raumtiefen und Lüftungsquerschnitte (nach deutscher Arbeitsstättenrichtlinie)

System	Lichte Raumhöhe (h)	Raumtiefe maximal	Jeweils Zu- und Abluftquerschnitt in cm² je m² Bodenfläche
Einseitige Lüftung	bis 4,0 m	2,5 × h	200
Querlüftung	bis 4,0 m	5,0 × h	120
Querlüftung mit Dachaufsätzen und Öffnungen in einer Außenwand oder in zwei gegenüberliegenden Außenwänden	über 4,0 m	5,0 × h	80

Schachtlüftung

Eine weitere Form der natürlichen Lüftung ist die Schachtlüftung. Sie beruht sowohl auf dem Prinzip des thermischen Auftriebs, > Abb. 24, Seite 43 also eines Temperaturgefälles zwischen Raumluft und Außenluft am oberen Ende des Schachtes, als auch auf der Sogwirkung des den Schachtkopf tangierenden Windes. > Abb. 30

Entfallen diese Voraussetzungen, z. B. bei gleichen Außen- und Innentemperaturen im Sommer sowie bei Windstille, ist diese Art der

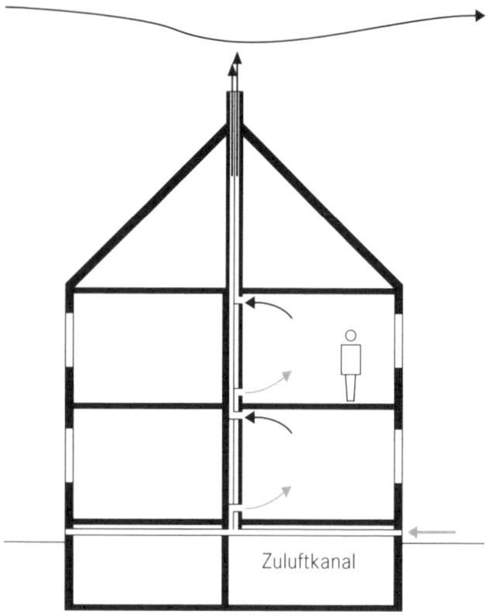

Abb. 30: Schachtlüftung

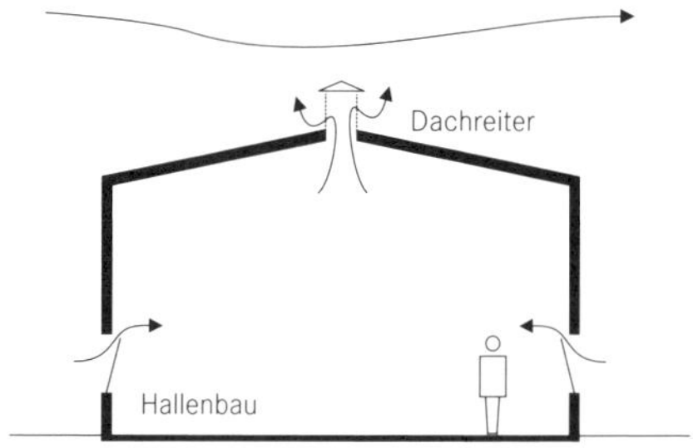

Abb. 31: Dachaufsatzlüftung mit Dachreiter

Lüftung ohne Ventilator aber wirkungslos. Schachtlüftung ist deshalb nur für Räume geeignet, bei denen in erster Linie Wasserdampf abzuführen ist (z. B. Badezimmer und Waschküche). Dieser kann über Putzflächen kurzfristig aufgenommen und bei ausreichendem Auftrieb wieder freigesetzt werden. Wichtig ist, dass jeder zu belüftende Raum einen eigenen Schacht erhält, damit jederzeit ausreichend Luft nachströmen kann und Geruchsbelästigungen aus anderen Räumen ausgeschlossen werden können.

Dachaufsatzlüftung

Unter Dachaufsatzlüftung versteht man die Form der natürlichen Lüftung, die sich durch Aufsätze wie Dachreiter, Dachlaternen und sonstige Entlüftungsöffnungen im Dach von Gebäuden einstellt. > Abb. 31

Die Lüftungsfunktion beruht, wie bei der Schachtlüftung, in erster Linie auf dem thermischen Auftrieb durch Temperaturunterschiede zwischen Innen- und Außenraum. Dachaufsatzlüftungen kommen vor allem bei hohen Räumen mit einer lichten Raumhöhe ab ca. 4 m, > Tab. 8 also insbesondere bei (Industrie-) Hallen, zur Anwendung. Die Dachaufsatzlüftung erzeugt keine Betriebskosten, verursacht aber im Winter hohe Wärmeverluste. Heute verwendet man daher in diesen Fällen mechanische Lüfter mit Wärmerückgewinnung.

MECHANISCHE LÜFTUNG

Zur mechanischen Lüftung zählen sowohl Be- und Entlüftungsanlagen einfacher Art (z. B. Schachtlüftungen mit Ventilator oder Außenwandlüfter) als auch Raumlufttechnische (RLT)-Anlagen, welche die Luft meist zentral maschinell aufbereiten und über Luftverteilsysteme (Luftkanäle, Schächte) den Räumen zur Verfügung stellen. > Abb. 22, Seite 42

RLT-Anlagen

Raumlufttechnische Anlagen gibt es mit und ohne Lüftungsfunktion. Anlagen ohne Lüftungsfunktion sind Systeme, die im reinen Umluftbetrieb arbeiten, ohne dass eine Lufterneuerung stattfindet. Sie kommen hauptsächlich bei der industriellen Fertigung zum Einsatz und werden hier nicht weiter betrachtet.

RTL-Anlagen mit Lüftungsfunktion

Raumlufttechnische Anlagen mit Lüftungsfunktion haben die Erneuerung der Raumluft und deren Filterung zur Aufgabe. Sie arbeiten stets mit einem Außenluftanteil und einer Abluft- oder Fortlufteinrichtung, sodass die Raumluft ständig erneuert werden kann. Wird die Raumluft nicht durch Geruchs- oder Schadstoffe belastet, kann ein Teil der Abluft als Umluft in einer Mischkammer der Außenluft beigemischt werden. Zusätzlich können thermodynamische Luftbehandlungsfunktionen wie Heizen, Kühlen, Be- und Entfeuchten übernommen werden. Dabei wird je nach Behandlung der Zuluft unterschieden:

- Lüftungsanlagen haben keine oder nur eine thermodynamische Luftbehandlungsfunktion (z. B. nur Heizen)
- Teilklimaanlagen haben zwei oder drei thermodynamische Luftbehandlungsfunktionen (z. B. Heizen und Kühlen oder Heizen, Kühlen und Entfeuchten)
- Klimaanlagen haben alle vier thermodynamischen Luftbehandlungsfunktionen (Heizen, Kühlen, Be- und Entfeuchten)

RTL-Zentralen

Zentrale RLT-Anlagen erfordern immer Geräte zur Luftaufbereitung, welche ab einer bestimmten Größe in eigenen Räumen (RLT-Zentralen) untergebracht werden müssen. In Abhängigkeit der zu erwartenden Nutzung, des Außenklimas und des angestrebten Raumklimas ist zu-

○ **Hinweis:** Wärmerückgewinnungseinrichtungen entziehen der Abluft Wärmeenergie und führen diese der zur Belüftung eingebrachten Außenluft wieder zu. Damit kann wertvolle Heiz- und Kühlenergie einspart werden, die sonst zur Temperierung der Zuluft erforderlich wäre.

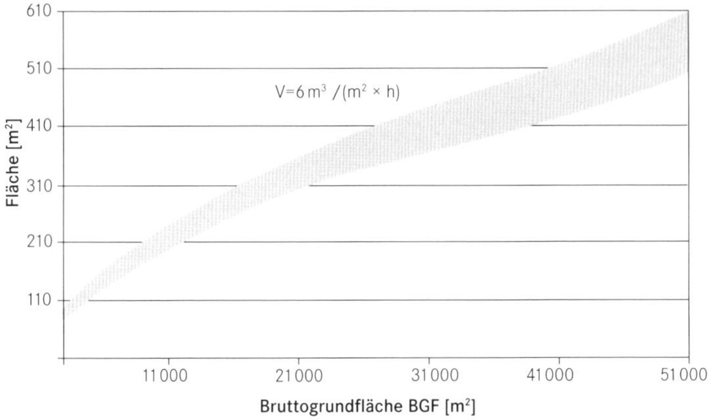

Abb. 32: Diagramm zur überschlägigen Ermittlung des Flächenbedarfs von RLT-Zentralen in Verwaltungsgebäuden bei in Großraumbüros üblichem Außenluftvolumenstrom (nach VDI 2050 Blatt 1)

nächst der Bedarf an zuzuführender Außenluft zu ermitteln. > Kap. Entwurfsprinzipien, Bedarfsermittlung

Ist der erforderliche (Außen-)Luftvolumenstrom $\dot{V}$ bekannt (> Tab. 3, Seite 24), kann der Platzbedarf für eine RLT-Zentrale anhand der VDI Richtlinie 2050 überschlägig ermittelt werden. > Abb. 32

Verteilung

Erfolgt die Luftaufbereitung zentral, muss die Verteilung der Luft im Gebäude über Kanäle vorgenommen werden, vertikal meist in Schächten sowie horizontal im Deckenbereich. Auch hierfür ist der erforderliche Platz bei der Planung zu berücksichtigen. O

Gestaltung und Platzbedarf von Lüftungskanälen

Die Form eines Lüftungskanals wird durch die Strömungseigenschaften und den vorhandenen Platz bestimmt. Runde Querschnitte sind preiswert und strömungsgünstig, benötigen aber mehr Platz als recht-

O **Hinweis:** Alternativ zur zentralen Luftaufbereitung können über dezentrale Lüftungssysteme die Schacht- und Kanalflächen minimiert werden. Mit dezentralen Lüftungsgeräten kann jeder Raum nicht nur direkt mit der notwendigen Außenluft versorgt werden, sondern auch durch Kühlung oder Erwärmung der Zuluft den individuellen Bedürfnissen entsprechend temperiert werden (siehe Kap. Temperierungssysteme, Wärme- und Kälteverteilung).

O **Hinweis:** Eine Zu- und Abluftanlage erfordert jeweils einen separaten Zu- und Abluftkanal. Dies muss bei der Platzvorhaltung berücksichtigt werden. Dabei sollte jedoch vermieden werden, dass sich Zu- und Abluftleitungen kreuzen und abgehängte Decken zwei Leitungen übereinander aufnehmen müssen, denn dadurch kann sich die lichte Höhe eines Raumes unter Umständen erheblich reduzieren, und dies kann zur Einhaltung erforderlicher Mindestraumhöhen höhere Baukosten verursachen.

● **Beispiel:** Berechnung des erforderlichen Zuluftkanalquerschnitts zur Versorgung eines Raumes mit einer Luftmenge von 1200 m^3/h bei einer Luftgeschwindigkeit von 3 m/s im Kanal:

$$A = \dot{V}/(v \times 3600)$$
$$= 1200\,m^3/h\,/(3\,m/s \times 3600\,s/h)$$
$$= 0{,}1111\,m^2 = 1111{,}11\,cm^2$$

Soll ein rechteckiger Zuluftkanal im platzsparenden Seitenverhältnis von 1 : 3 Verwendung finden, ist dessen Querschnitt auf folgende Art zu ermitteln:

$b/h = 1/3$
$b = 3 \times h$
$A = b \times h = 3 \times h^2$
$h = \sqrt{(A/3)}$
$= \sqrt{(1111{,}11\,cm^2/3)}$
$= 19{,}24\,cm = \underline{20\,cm}$ gewählte Höhe des Kanals.
$b = 3 \times h$
$= 3 \times 20\,cm = \underline{60\,cm}$

Würde ein runder Kanalquerschnitt gewählt, würde sich ein Durchmesser des Rohres von 40 cm und ein entsprechend höherer Platzbedarf ergeben (siehe Abb. 33).

eckige Querschnitte. Letztere werden deshalb häufiger verwendet und sind in Seitenverhältnissen von 1:1 (quadratisch) bis maximal 1:10 (flach rechteckig) verfügbar. Um die Druckverluste und den entstehenden Luftschall möglichst zu minimieren, sollten abrupte Richtungswechsel der Kanäle vermieden werden. Darüber hinaus wird auch durch schwere Kanäle sowie große Querschnitte mit niedriger Luftgeschwindigkeit der Luftschall reduziert.

In Zuluftkanälen wird die Luft üblicherweise mit Geschwindigkeiten von v = 3–5 m/s transportiert (und z. B. im Wohnungsbau mit v = 1,5 m/s oft noch darunter). Aufgrund dieser Annahmen und den vorher berechneten Luftmengen kann so der erforderliche Kanalquerschnitt überschlägig nach folgender Formel berechnet werden:

$$A = \frac{\dot{V}}{v \times 3600}\ [m^2]$$

Dabei ist: A: Kanalquerschnitt in m^2; $\dot{V}$: Luftvolumenstrom (Luftmenge) in m^2/h; v: Luftgeschwindigkeit im Kanal in m/s (= 3600 × m/h).

Dämmung ●

Aus Schallschutzgründen, zur Minimierung von Wärmeverlusten im Heizbetrieb sowie zur Vermeidung von Kondenswasserbildung im Kühlbetrieb müssen Luftkanäle gedämmt werden. Hierbei ist eine Dämmstärke von ca. 5 cm üblich. Dies ist bei der Schachtdimensionierung zusätzlich zu berücksichtigen. Hinzu kommt noch 5–10 cm Montagespielraum rund um den Kanal. > Abb. 33

○ Brand- und Schallschutz

Darüber hinaus müssen bei der Planung von Luftkanalnetzen besondere Maßnahmen für den Brand- oder Schallschutz berücksichtigt werden, da Lüftungskanäle oft Brandabschnitte oder Nutzungseinheiten

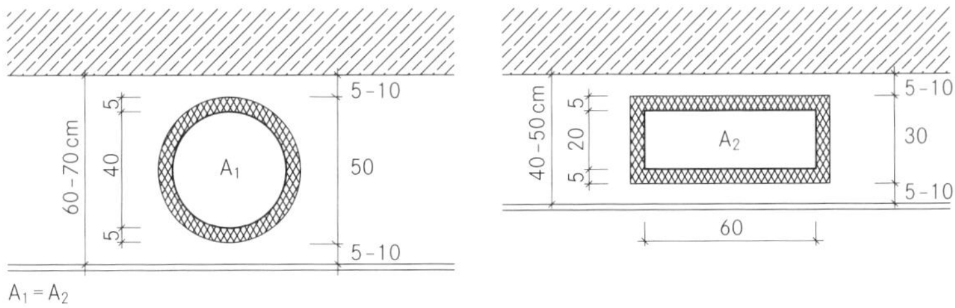

Abb. 33: Platzbedarf unterschiedlicher Kanalformen bei gleicher Querschnittsfläche

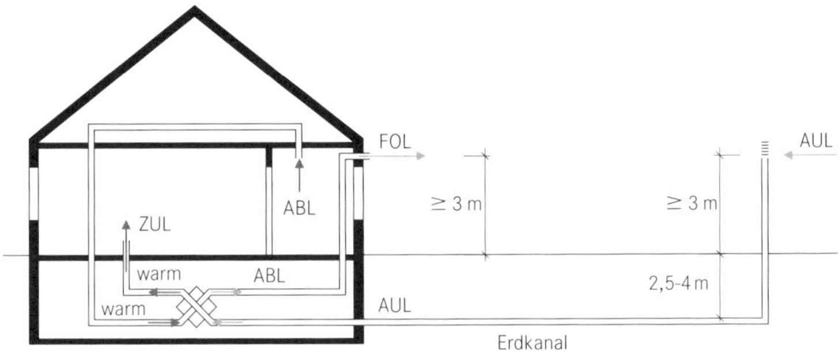

Abb. 34: Zu- und Abluftanlage mit Wärmerückgewinnung und Erdkanal

verbinden müssen. Entsprechende Brandschutzklappen oder Schalldämpfer sind mit größeren Außenabmessungen als der eigentliche Kanal einzuplanen und müssen gegebenenfalls zu Wartungszwecken zugänglich sein.

Fortluft- und Außenluftkanäle

Außenluftansaugöffnungen und Fortluftaustrittsöffnungen sollten mit einem Regen-, Vogel- und Insektenschutz versehen werden und mindestens 3 m über der Erdoberfläche liegen. > Abb. 34 Die Luftansaugung über einen in ca. 2,5–4 m Tiefe verlegten Erdkanal stellt eine effektive Maßnahme zur Energieeinsparung dar, da durch die ausgeglichene Temperatur des Erdreichs die Außenluft im Sommer vorgekühlt und im Winter vorgewärmt wird. > Kap. Temperierungssysteme, Energiebereitstellung

Wärmerückgewinnung

Ebenso lässt sich die in der Abluft vorhandene Wärme durch Wärmerückgewinnung über einen Wärmetauscher der Frischluft wieder zufügen. Im Wärmetauscher kreuzen sich warme Ab- und kalte Zuluft ohne eine Vermischung der beiden Luftströme, sodass ein Schadstoffübertrag verhindert wird. Der Wirkungsgrad liegt je nach Wärmetauschertyp bei bis zu 90%. > Abb. 34

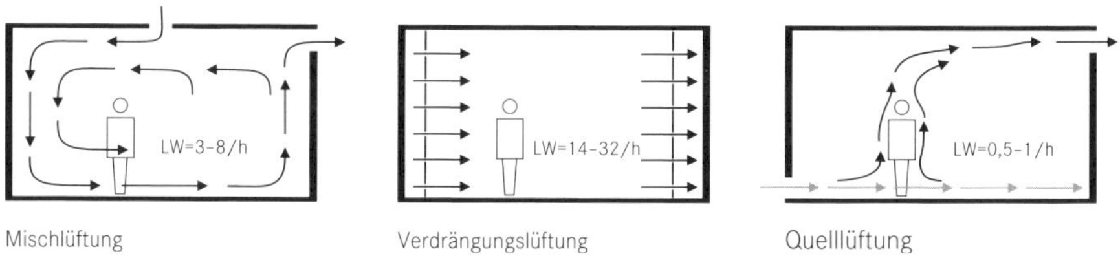

Abb. 35: Luftführung im Raum und erreichbare Luftwechselraten (LW)

Luftführung im Raum

Entscheidend für den Komfort im Raum ist die Art und Weise, wie die aufbereitete Luft verteilt wird. Grundsätzlich sind drei Arten der Luftführung zu unterscheiden: > Abb. 35

- Mischlüftung
- Verdrängungslüftung
- Quelllüftung

Mischlüftung

Die Mischlüftung ist die typische Raumströmung. Die Zuluft wird im Decken- oder Wandbereich mit relativ hoher Geschwindigkeit eingeblasen und vermischt sich mit der ruhenden Raumluft.

Verdrängungslüftung

Die Verdrängungslüftung ist eine Raumlufttechnik für Sonderzwecke. Hierbei wird die Zuluft über eine gesamte Wand- oder Deckenfläche eingeführt und auf der gegenüberliegenden Seite abgeführt. Typische Anwendungen sind Operationssäle und Reinräume, da sich durch die Art der Lüftung Zuluft und Raumluft nicht vermischen und so extrem reine Umgebungsbedingungen geschaffen werden können.

Quelllüftung

Als besonders energiesparende und komfortable Lüftungsart ist die Quelllüftung hervorzuheben. Dabei wird Luft mit 2–3 K Untertemperatur und niedriger Luftgeschwindigkeit (< 0,2 m/s) in Bodennähe dem Raum zugeführt. Auf diese Weise verteilt sich die Luft am Boden des Raums und bildet einen „Frischluftsee“. Durch Wärmequellen im Raum wie Personen oder Computer steigt die Frischluft infolge des thermischen Auftriebs nach oben und versorgt jede Person mit ausreichend Frischluft. Der Luftwechsel kann so auf das hygienisch erforderliche Minimum (LW 0,5–1,0/h) reduziert und der Energiebedarf gesenkt werden. Die Quelllüftung funktioniert unabhängig von Raumtiefe und Volumen eines Gebäudes und kann daher bei sehr tiefen Gebäuden und Hallen mit hohem Luftbedarf und geringer Kühllast (bis ca. 35 W/m²), z. B. in Theatern oder Sporthallen, aber auch in Büroräumen eingesetzt werden.

SYSTEMFINDUNG

Jedes Lüftungssystem ist mit einer Reihe von Vor- und Nachteilen verbunden. > Tab. 9 Grundsätzlich ist es so zu wählen, dass die der Nutzung entsprechende Frischluftmenge dem Gebäude oder Raum möglichst energieeffizient und mit hohem Komfort zugeführt werden kann.

Wenn möglich, sollte der natürlichen Lüftung der Vorzug gegeben werden, da der Einsatz einer mechanischen Lüftung fast immer mit höheren Bau- und Betriebskosten verbunden ist. Hinzu kommen der erhöhte Platzbedarf für die Geräte und Luftkanäle zur Luftverteilung im Gebäude bzw. Raum sowie Maßnahmen zum Brand- und Schallschutz. Dem steht allerdings häufig ein höherer Nutzwert durch ein behaglicheres Raumklima sowie die Möglichkeit der Wärmerückgewinnung entgegen.

Gründe für den Einsatz einer mechanischen Lüftung

Die Installation einer mechanischen Lüftung sollte nur erfolgen, wenn funktionelle (bauliche und nutzungsbedingte) Gründe dies erforderlich machen oder insgesamt Energieeinsparungen zu erwarten sind:

Tab. 9: Eigenschaften von Lüftungssystemen

	Vorteile	Nachteile
Natürliche Lüftung	Keine Energie für Antrieb und Luftaufbereitung notwendig	Wirksamkeit abhängig von den klimatischen Randbedingungen (Windgeschwindigkeit und Temperaturen)
	Reduktion des umbauten Raums (keine Luftkanäle, Zentralen usw.)	Funktion abhängig von Gebäudestruktur und Raumtiefen
	Geringer Investitions- und Wartungsaufwand	Hohe Wärmeverluste im Winter
	Optimaler Außenbezug (bei Fensterlüftung)	Wärmerückgewinnung nicht oder nur schwer zu realisieren
	Hohe Nutzerakzeptanz	
Mechanische Lüftung	Gute Regelbarkeit	Hohe Investitions-, Betriebs- und Wartungskosten
	Wärmerückgewinnung möglich	Erhöhter Platzbedarf für Geräte und Luftleitungen
	Geeignet für alle thermodynamischen Luftbehandlungsfunktionen (Heizen, Kühlen, Be- und Entfeuchten)	Geringe Nutzerakzeptanz, insbesondere bei fehlender Regelungsmöglichkeit durch den Nutzer
	Filtereinsatz bei Luftverunreinigungen möglich	

- Fensterlose oder innenliegenden Räumen erfordern eine Außenluftzufuhr.
- Die Installation ist bei Gebäuden ab einer Höhe von ca. 40 Metern geboten, denn bei diesen könnten starke Zugerscheinungen bei geöffnetem Fenster infolge von Winddruck oder Thermik auftreten. Diese würden den Aufenthalt in den oberen Geschossen unmöglich machen, wenn nicht durch konstruktive Maßnahmen wie Doppelfassaden gegengesteuert wird.
- Gebäude in Gegenden mit starker Geruchs- oder Geräuschbelastung oder Abgasemissionen machen den Einbau sinnvoll.
- Räume mit großen Raumtiefen, bei denen eine ausreichende Lufterneuerung durch freie Lüftung nicht mehr sichergestellt werden kann, erfordern eine mechanische Lüftung. > Abb. 28, Seite 46
- Bei Theatern, Kinos und anderen Versammlungsstätten ist wegen nicht vorhandener oder nur verhältnismäßig geringer Fensterflächen – verbunden mit hoher Personenbelegung – eine natürliche Lüftung nicht möglich.
- Räume mit vorgeschriebenen Raumluftzuständen bezüglich Keimpegel, Temperatur, Feuchte usw., z. B. Operationsräume, Museen oder besondere Produktionsstätten (Mikroprozessoren usw.), machen eine mechanische Lüftung notwendig.
- Räume mit hohen thermischen Lasten (z. B. Rechenzentren), bei denen eine Kühlung erforderlich ist, machen eine Installation sinnvoll.
- Wie erwähnt kann eine mechanische Lüftung als Maßnahme zur Energieeinsparung sinnvoll sein. Lüftungsanlagen, insbesondere mit Wärmerückgewinnung, reduzieren die Lüftungswärmeverluste und sind vor allem bei Passivhäusern unverzichtbarer Bestandteil des Energiekonzepts.

Temperierungssysteme

Aufgabe eines aktiven Temperierungssystems ist es, unter Verwendung eines Energieträgers die für die Schaffung eines behaglichen Raumklimas eventuell zusätzlich notwendige Wärme oder Kälte möglichst energieeffizient zu erzeugen und einem Raum zuzuführen. > Kap. Entwurfsprinzipien, Behaglichkeitsanforderungen

Ein solches Temperierungssystem besteht in seiner Gesamtheit aus dem Energieträger, einem technischen System zur Wärme- oder Kälteerzeugung, eventuell einer Speicherung, der Verteilung und der Übergabe – verbunden mit bedarfsgerechter Regelung und dem zu temperierenden Objekt (Gebäude oder Raum). > Abb. 36

Alle Elemente eines aktiven Temperierungssystems müssen zueinander passen, damit das System den Leistungsbedarf > Kap. Entwurfsprinzipien, Bedarfsermittlung des Gebäudes jederzeit auf effiziente Weise decken kann.

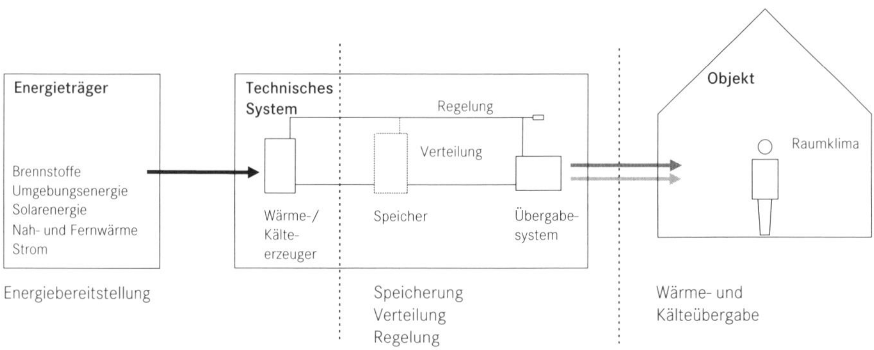

Abb. 36: Aktives Temperierungssystem

○ **Hinweis:** Die Leitung, in der das Wasser vom Erzeuger zum Übergabesystem fließt, wird „Vorlauf" genannt, die rückführende Leitung „Rücklauf". Die in diesen Leitungen herrschenden Temperaturen sind eine wichtige Kenngröße für die Kombinationsfähigkeit von Wärme- bzw. Kälteerzeugern mit Übergabesystemen.

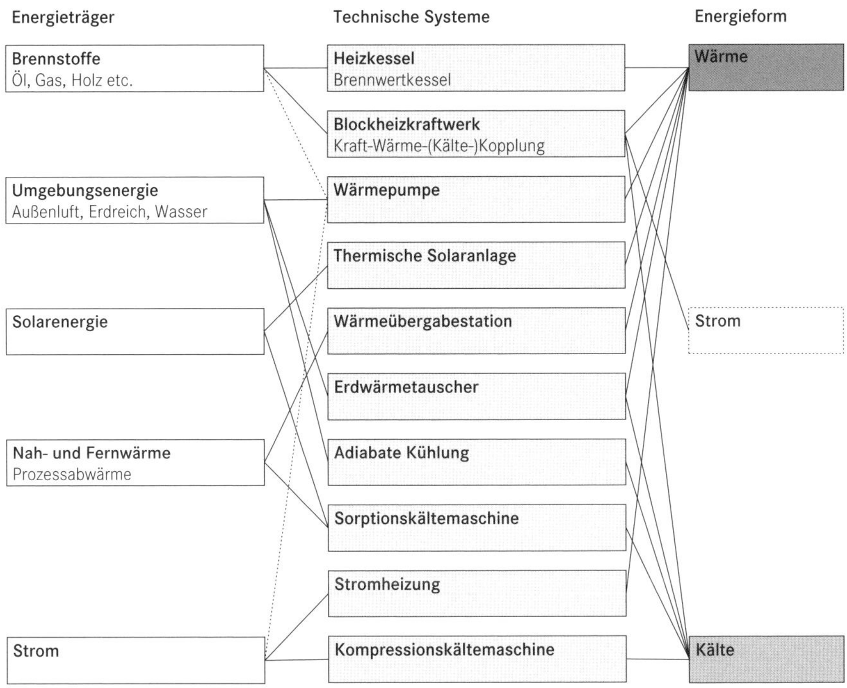

Abb. 37: Energieträger und geeignete Systeme zur Energiebereitstellung (Auswahl)

ENERGIEBEREITSTELLUNG

Die Bereitstellung von Wärme und Kälte im Gebäude ist abhängig von den verfügbaren Energieträgern. Abbildung 37 zeigt Kombinationsmöglichkeiten verschiedener Energieträger mit ausgewählten Systemen zur Energiebereitstellung.

Brennstoffe

Die Nutzung fossiler Brennstoffe wie Erdöl, Erdgas oder Kohle dient im Bereich der Raumkonditionierung vor allem der Wärmeerzeugung.

Aufgrund der Umweltauswirkungen (Primärenergie und CO_2-Emissionen) ist die Verbrennung von fossilen Energieträgern allerdings kritisch zu bewerten. CO_2-neutrale Brennstoffe sind zu bevorzugen. > Kap. Entwurfsprinzipien, Bedarfsdeckung

Heizkessel

Weltweit wird die Wärmeversorgung von Gebäuden überwiegend durch die Verbrennung von Brennstoffen in zentralen Heizkesseln sichergestellt. Die dabei freigesetzte Wärme wird über einen Wärmetauscher an einen Wärmeträger, meist Wasser, abgegeben und im Gebäude verteilt (Gebäudezentralheizung).

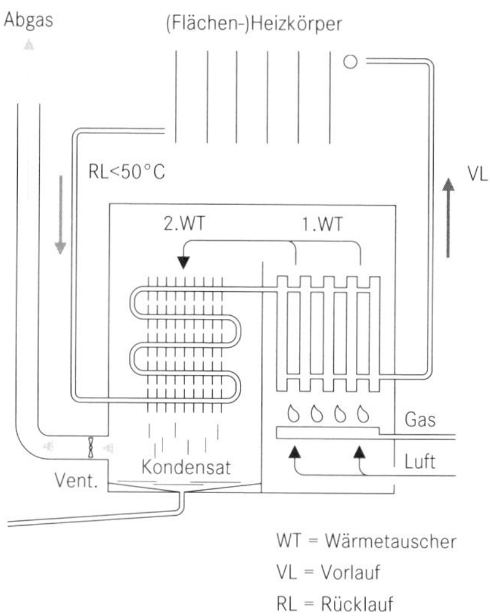

Abb. 38: Prinzip Brennwertkessel

Brennwertkessel

Der effizienteste Heizkessel ist der sogenannte Brennwertkessel, der den Abgasen zusätzlich Wärme entzieht und dadurch hohe Wirkungsgrade erzielen kann. Als Brennstoff kommen vor allem Gas oder Öl in Frage, mittlerweile gibt es aber auch Systeme, die den Betrieb mit Holzpellets (in Stäbchenform gepresstes Brennmaterial aus Holz) als Brennstoff erlauben. > Abb. 38 Brennwertkessel sind wegen der erforderlichen niedrigen Rücklauftemperaturen des Heizwassers am besten mit Flächenheizungen zu kombinieren.

○ **Hinweis:** Brennwertkessel eignen sich aufgrund der niedrigen Systemtemperatur auch gut zur Ergänzung durch thermische Solaranlagen. Aufgrund der niedrigen Abgastemperatur erfordert der Schornstein für die Abgase eines Brennwertkessels meist ein kondensatbeständiges Innenrohr und ein Gebläse, da die thermische Auftriebwirkung zu schwach ist.

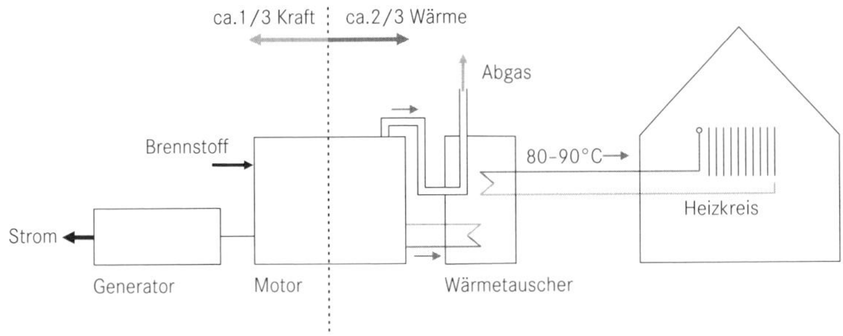

Abb. 39: Prinzip der Kraft-Wärme-Kopplung mit BHKW

Kraft-Wärme-Kopplung/ Blockheizkraftwerke

Neben der Verbrennung von fossilen oder biologischen Brennstoffen zur Wärmeerzeugung kann auch die bei anderen Vorgängen anfallende Wärme für Gebäude verwendet werden. Ein wichtiges Beispiel ist die Nutzung der bei der Stromerzeugung anfallenden Wärme.

Stromerzeugung erfolgt in den meisten Fällen wie die Wärmeerzeugung durch Verbrennungsprozesse, die heiße Abgase produzieren. Durch die Übergabe dieser Abwärme z. B. an ein Wassersystem werden aus dem Verbrennungsprozess zwei Energieformen gewonnen: Strom (Kraft) und Wärme. Man spricht daher von „Kraft-Wärme-Kopplung" (KWK). Bezogen auf die Menge des eingesetzten Brennstoffes lassen sich sehr gute Wirkungsgrade erzielen, da ein Großteil der im Brennstoff enthaltenen Energie nutzbar gemacht wird.

Das KWK-Prinzip kann sowohl in großen Heizkraftwerken als auch in mittleren (z. B. Versorgung einer Wohnsiedlung) oder kleinen Stromerzeugern (z. B. Versorgung eines einzelnen Gebäudes) angewandt werden. Die mittleren oder kleinen Strom- und Wärmeerzeuger werden Blockheizkraftwerke (BHKW) genannt und liefern Wärme meist in Form von warmem Wasser mit Temperaturen von 80–90 °C. > Abb. 39 Als Brennstoffe kommen vor allem Erdgas und leichtes Heizöl, aber auch Biogas und Biobrennstoffe (z. B. Rapsöl) zum Einsatz.

Die bei der KWK gewonnene Wärme kann wie solar erzeugte Wärme > siehe unten: Solarenergie mit Hilfe von Sorptionskältemaschinen zur Kühlung eingesetzt werden. Man spricht dann von „Kraft-Wärme-Kälte-Kopplung" (KWKK).

Umgebungsenergie

Es gibt verschiedene Möglichkeiten, das Energiepotenzial einer Gebäudeumgebung zum Kühlen oder Heizen zu nutzen. Neben dem Temperaturniveau der Außenluft oder der Raumabluft werden insbesondere die relativ konstanten Temperaturen in unterschiedlichen Tiefen des

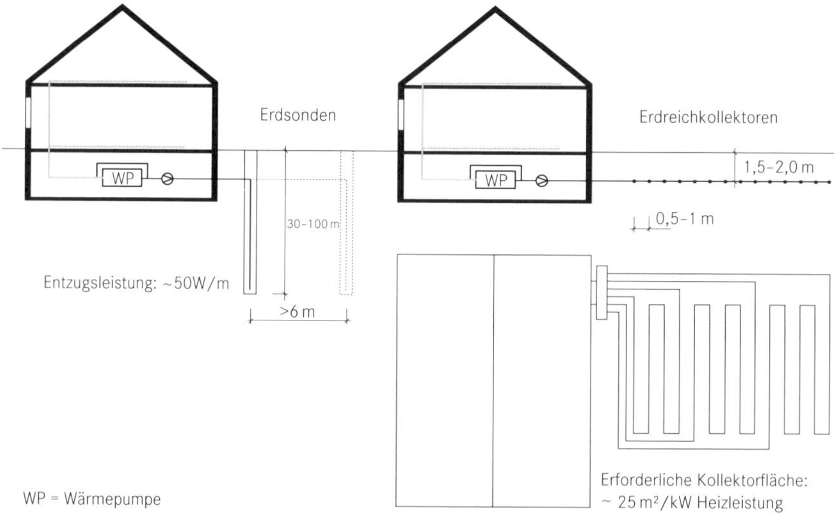

Abb. 40: Beispiel für Erdwärmenutzung zu Heizzwecken

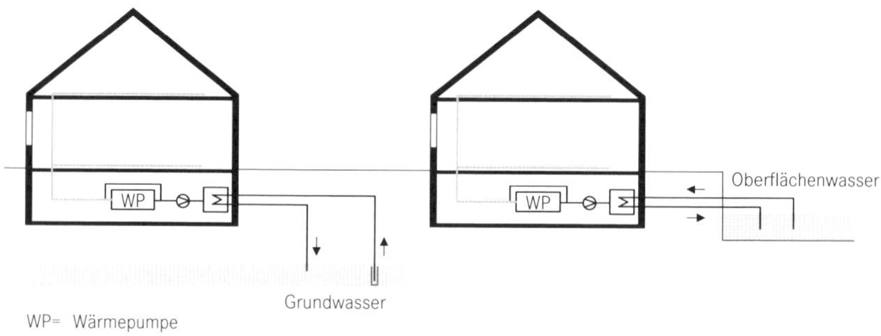

Abb. 41: Beispiel für Grundwasser- und Oberflächenwassernutzung zu Heizzwecken

Erdreiches, im Grundwasser sowie in nahe gelegenen Wasservorkommen genutzt. > Abb. 40 und 41

Die aus diesen Quellen gewonnene Energie kann im Winter zum Heizen und im Sommer zum Kühlen von Gebäuden genutzt werden. Zum Heizen muss das Temperaturniveau jedoch in der Regel mit Hilfe weiterer Energiezufuhr angehoben werden.

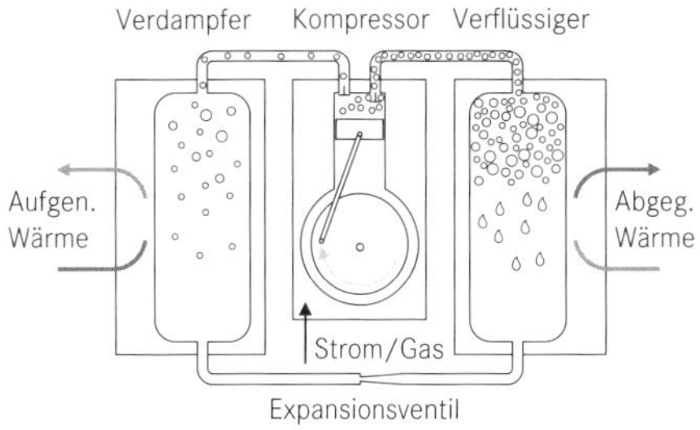

Abb. 42: Prinzip Wärmepumpe/Kompressionskältemaschine

Dies geschieht mit Hilfe sogenannter Wärmepumpen, die nach dem gleichen Prinzip wie ein Kühlschrank arbeiten. > Abb. 42 Neben einer Umweltwärmequelle ist zusätzlich der Einsatz von Strom oder Gas erforderlich, um die Temperatur auf das gewünschte Niveau anzuheben und die Anlage effizient zu betreiben. — Wärmepumpen

Die Verwendung von Gas bietet primärenergetische Vorteile gegenüber Strom. > Kap. Entwurfsprinzipien, Bedarfsdeckung ■

Erdwärmenutzung („Geothermie“) erfolgt meist über Erdreichkollektoren oder Erdsonden in Verbindung mit Wärmepumpen. Die Erdwärme kann aber auch auf einfache Art und Weise zur Vorkonditionierung der Außenluft genutzt werden, indem die Luft durch sogenannte Luft-Erdwärmetauscher in das Gebäude geleitet wird. Im Winter wird sie dabei vorgewärmt, im Sommer kann die warme Außenluft abgekühlt werden, bevor sie in das Gebäude gelangt, und so dazu beitragen, Heiz- und Kühlenergie einzusparen. > Abb. 43 ○ — Erdwärmetauscher

Neben der oben beschriebenen Nutzung von Grund- und Oberflächenwasser als natürliche Energiequelle zum Heizen und Kühlen kann Wasser auch unmittelbar zur Kühlung von Gebäuden eingesetzt werden. — Adiabate Kühlung

■ **Tipp:** Je höher die Temperatur der Wärmequelle beziehungsweise je kleiner die Temperaturdifferenz zwischen Wärmequelle und Heizkreislauf ist, umso effizienter arbeitet eine Wärmepumpe. Wärmepumpen als Wärmeerzeuger sind also vor allem dann sinnvoll, wenn sie mit niedrigen Systemtemperaturen und großen Heizflächen wie z. B. Fußbodenheizungen kombiniert werden.

○ **Hinweis:** Der zusätzliche Strömungswiderstand, dem die Luft im Rohrsystem eines Erdwärmetauschers ausgesetzt ist, macht in der Regel den Einsatz einer mechanischen Lüftungsanlage erforderlich.

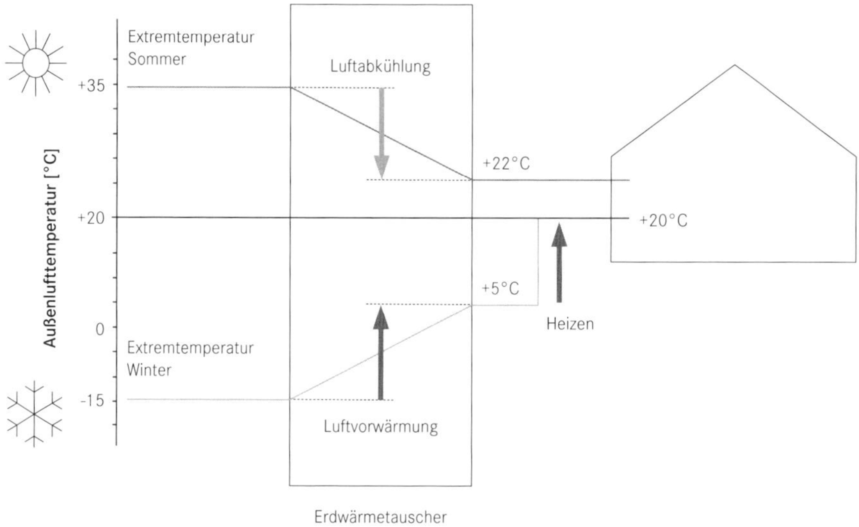

Abb. 43: Wirkungsweise eines Luft-Erdwärmetauschers

Wie bei der Schweißbildung auf der menschlichen Haut entzieht das Verdunsten von Wasser der Luft Energie und kühlt diese ab. Dieser Effekt kann bei Gebäuden oder Räumen direkt oder indirekt durch Verdunstungskühlung, auch adiabate Kühlung genannt, erzielt werden. Bei der direkten adiabaten Kühlung wird hierzu entweder die Zuluft über offene Wasserflächen oder Pflanzen geführt oder, insbesondere bei mechanischen Lüftungsanlagen, Wasser so fein versprüht, dass es nicht als Tropfen zu Boden fällt, sondern als Wasserdampf in der Luft bestehen bleibt und damit die Zuluft abkühlt. Ein Nachteil dieser Form der adiabaten Kühlung ist, dass durch die Verdunstungskühlung auch immer die Luftfeuchtigkeit der Zuluft ansteigt. > Kap. Entwurfsprinzipien, Behaglichkeitsanforderungen Dies macht die Verwendung der direkten adiabaten Kühlung vor allem in trockenheißen Klimazonen sinnvoll.

Durch die Kombination des Verdunstungsprinzips mit einem Wärmetauscher kann bei mechanischen Lüftungsanlagen eine Temperaturabsenkung ohne Erhöhung der Luftfeuchtigkeit erreicht werden. Man spricht dann von indirekter adiabater Kühlung. Dabei wird die Abluft eines Raumes durch Verdunstung abgekühlt und über einen Rotationswärmetauscher nach außen abgeführt. Der Wärmetauscher ist in der Lage, die Kälte mit einem hohen Wirkungsgrad an einen in Gegenrichtung laufenden Zuluftstrom zu übergeben. > Abb. 44

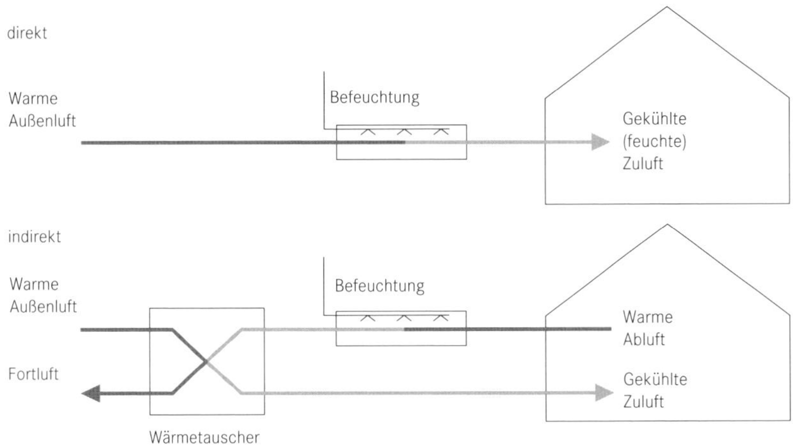

Abb. 44: Funktionsprinzip der direkten und indirekten adiabaten Kühlung in Verbindung mit einer mechanischen Lüftungsanlage

Solarenergie

Solaranlagen wandeln Sonnenlicht in Wärme um, die in den meisten Fällen zur Wärmeversorgung von Gebäuden genutzt wird.

Thermische Solaranlagen

Die aktive Nutzung der Sonnenenergie als Wärmequelle vor allem für Heizzwecke und zur Brauchwassererwärmung erfolgt mit Hilfe geeigneter Kollektorsysteme. Diese wandeln die Sonnenstrahlung in Wärme um und führen sie mit Hilfe eines Wärme transportierenden Mediums (Wasser mit Frostschutzmittel) der Wärmenutzung zu. Je nach Bauart wird hauptsächlich zwischen Flachkollektoren oder Vakuumröhrenkollektoren unterschieden. Letztere sind technisch etwas komplizierter aufgebaut und damit teurer, aber auch effizienter.

Soll die Solaranlage ausschließlich Warmwasser aufbereiten, wird die Sonnenwärme direkt in den Brauchwarmwasserspeicher eingebracht. Der darüber hinausgehende Energiebedarf zur Warmwasserbereitung wird in der Regel durch die Zuschaltung eines meist sowieso vorhandenen, konventionellen Wärmeerzeugers gedeckt. Bei sehr gut wärmegedämmten Häusern kann die thermische Solaranlage zusätzlich zur Heizungsunterstützung herangezogen werden. > Abb. 45

Solarkollektoren werden meist auf Dachflächen installiert. Die optimale Ausrichtung ist vom örtlichen Sonnenlauf und der jahreszeitlichen Nutzung abhängig. > Abb. 46 Geringe Abweichungen bei Orientierung

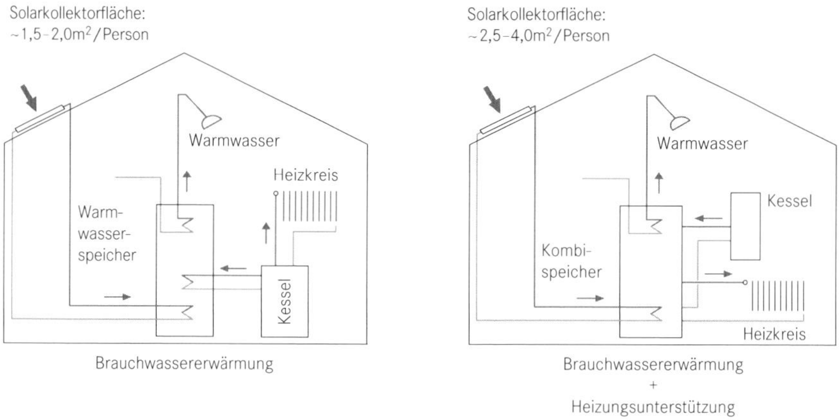

Abb. 45: Beispiel für Solarenergienutzung zur Wärmeerzeugung

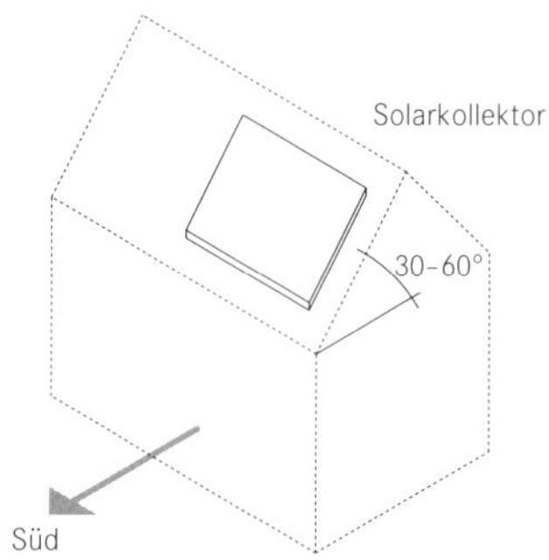

Abb. 46: Geeignete Ausrichtung von thermischen Solarkollektoren zur Heizungsunterstützung und Brauchwassererwärmung (Standort Deutschland)

und Neigung sind tolerierbar und reduzieren den Ertrag nur in geringem Maße.

Sorptionskältemaschinen

Sorptionskältemaschinen arbeiten grundsätzlich nach einem ähnlichen Prinzip wie Wärmepumpen, das heißt mit Kompression und Entspannung eines Mediums. Anstelle von Strom oder Gas als Hilfsenergie dient hier jedoch eine Wärmequelle als Antrieb. Durch den chemischen Prozess der Sorption kann zudem Kälte anstelle von Wärme erzeugt werden. > Abb. 47

Die Nutzung von Wärme als Antriebsenergie macht Sorptionskältemaschinen dort sinnvoll, wo Wärme kostenlos als Prozessabfall (Produktionsanlagen, Kraft-Wärme-Kopplungs-Anlagen usw.) oder aus der Umwelt

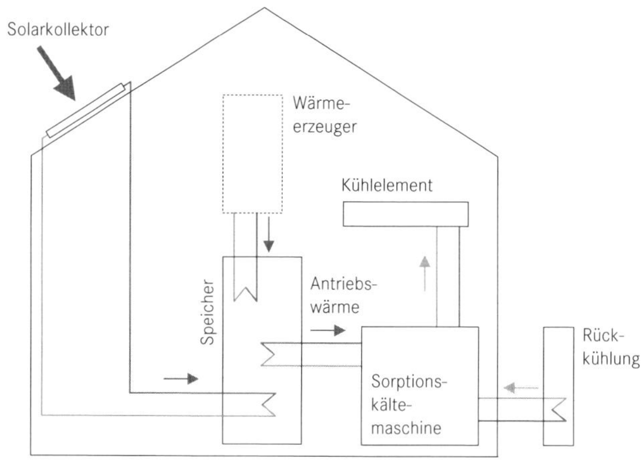

Abb. 47: Beispiel für Sonnenenergienutzung zur Kühlung

(thermische Solarkollektoren, heiße Quellen usw.) mit einem Temperaturniveau von 80–160 °C zur Verfügung steht. Der Verbund eines Blockheizkraftwerks (BHKW) mit einer Sorptionskältemaschine zur Kraft-Wärme-Kälte-Kopplung (KWKK) ist gerade im Hinblick auf die Wirtschaftlichkeit von Blockheizkraftwerken sinnvoll, da so Heiz- und Kühlenergiebedarf mit einem System gedeckt werden und ein ganzjähriger Betrieb erfolgen kann.

Nah- und Fernwärme

Fernwärme wird in zentralen Heiz- oder Heizkraftwerken sowie in dezentralen Blockheizkraftwerken erzeugt. Im letzteren Fall handelt es sich allerdings um Nahwärme. Nah- und Fernwärme kann über entsprechende Leitungssysteme und Übergabestationen in entfernten Gebäuden genutzt werden. Insbesondere wenn die Wärmeerzeugung nach dem Prinzip der Kraft-Wärme-Kopplung (KWK) erfolgt, ist eine wartungs- und umweltfreundliche Wärmeversorgung möglich. > Kap. Entwurfsprinzipien, Bedarfsdeckung

● **Wichtig:** Thermische Solarkollektoren sind nicht mit Solarzellen zu verwechseln! Solarzellen werden ebenfalls meist auf Dachflächen montiert, dienen aber der Stromerzeugung. Der erzeugte Strom wird entweder in Batterien gespeichert (Insellösung) und direkt im Haushalt verbraucht oder, falls möglich, gegen Vergütung in ein öffentliches Stromnetz eingespeist.

Wärmeübergabestationen

Zur Nutzung von Nah- oder Fernwärme sind keine Wärmeerzeuger im Gebäude und damit auch keine Komponenten wie Heizräume, Abgasanlagen oder Brennstofflagerräume erforderlich. Die Wärme wird in der Regel in Form von heißem Wasser oder Wasserdampf über isolierte Leitungen an das Gebäude geführt und dort über eine Wärmeübergabestation (Wärmetauscher) an das Heizungs- oder Warmwassersystem des Gebäudes übergeben.

Prozessabwärme

In einigen Fällen kann auch überschüssige Wärme aus energieintensiven Industrieprozessen (Montanindustrie, Chemieindustrie usw.) über Nah- oder Fernwärmenetze einer Nutzung in Gebäuden zugeführt werden. Da diese Energie ansonsten ungenutzt an die Umwelt abgegeben werden würde, verbessert sich auf diese Weise die energetische Effizienz des Industrieprozesses.

Strom

Grundsätzlich kann auch Strom zur Wärme- und Kälteerzeugung genutzt werden. Da bei der Stromerzeugung jedoch bereits Wärme anfällt und jede Umwandlung von Energie (z. B. von Kohle zu Wärme zu Strom zu Wärme) mit Verlusten behaftet ist, sollte dies nach Möglichkeit vermieden werden, insbesondere wenn der Strom aus fossilen Energieträgern stammt. Dies wird durch die am jeweiligen Standort geltenden Primärenergiefaktoren für Strom deutlich. > Kap. Entwurfsprinzipien, Bedarfsdeckung

Stromheizung

Stromheizungen werden dementsprechend nur in Ausnahmefällen eingesetzt. Ein Beispiel sind Badezimmer in Bestandsgebäuden, in denen über das Jahr betrachtet nur ein geringer Wärmebedarf besteht und ein Anschluss an eine Zentralheizung aus technischen oder wirtschaftlichen Gründen nicht möglich oder sinnvoll ist. Das Gleiche gilt für die elektrische Warmwasserbereitung in elektrischen Boilern oder Durchlauferhitzern.

Beim Einsatz von Wärmepumpen wird häufig Strom als Hilfsenergie für die Wärmeerzeugung genutzt. Der Stromeinsatz sollte aber möglichst gering bleiben, um hohe Kosten und eine schlechte Primärenergiebilanz des gesamten Systems zu vermeiden.

Kompressionskältemaschinen

Die am stärksten verbreiteten Kälteerzeuger sind Kompressionskältemaschinen. Sie arbeiten nach dem gleichen Prinzip wie ein Kühlschrank und erzeugen aus Strom Kälte, die an ein Verteilungssystem im Gebäude übergeben werden kann. Mit entsprechendem Energieeinsatz lässt sich auf diese Weise praktisch jedes gewünschte Temperaturniveau erzeugen.

Sollte im Gebäude gleichzeitiger Bedarf an Kälte und Wärme bestehen (z. B. zur Raumkühlung und Brauchwassererwärmung), bietet sich die Abwärmenutzung der Kältemaschine an. Häufig wird diese Abwärme jedoch an die Außenluft übergeben, sodass sich in Verbindung mit dem (in der Regel elektrischen) Energiebedarf für den Kompressor eine nur schwache Energieausnutzung ergibt.

In Verbindung mit der Abhängigkeit von Strom als Energieträger und der damit einhergehenden schlechten Primärenergiebilanz sollte der Einsatz von Kompressionskältemaschinen daher so weit wie möglich vermieden werden.

WÄRME- UND KÄLTESPEICHERUNG

Die Speicherung von Wärme und Kälte ermöglicht es, die nutzungsabhängige Energieabnahme von der Energieerzeugung zu entkoppeln. Dies ist insbesondere bei der Nutzung von Solarenergie zu Heizzwecken nötig, da das Strahlungsangebot der Sonne witterungsbedingt variiert und im Tagesverlauf dem Energiebedarf oftmals zeitlich entgegensteht. > Abb. 48 Die solare Wärme kann durch die thermische Speicherfähigkeit des Gebäudes selbst gespeichert werden, > Kap. Entwurfsprinzipien, Bedarfsdeckung entzieht sich so aber der Regelungsmöglichkeit durch den Nutzer. Übliche Anlagen zur Brauchwassererwärmung und Heizungsunterstützung verfügen daher über einen entsprechenden Warmwasserspeicher, der Wärme für einige Tage vorhalten kann, jedoch entsprechend Volumen innerhalb des Gebäudes benötigt.

Um solare Wärme über einen längeren Zeitraum zu speichern, können Saisonalspeicher zur Anwendung kommen. Hierbei handelt es sich meist um Wasserspeicher, die sowohl im Gebäude als auch außerhalb eingesetzt werden können. Sie erlauben es, Wärme im Sommer zu speichern und im Winter zur Verfügung zu stellen.

Prinzipiell ist auch die Kältespeicherung z. B. durch sogenannte „Eisspeicher" möglich und kann so analog zur Wärmespeicherung zu einer Optimierung des Gesamtsystems beitragen. Insbesondere bei der Nutzung von Solarenergie gehen hohe solare Erträge aber oftmals mit gleichzeitigem Kühlbedarf einher. > Abb. 48

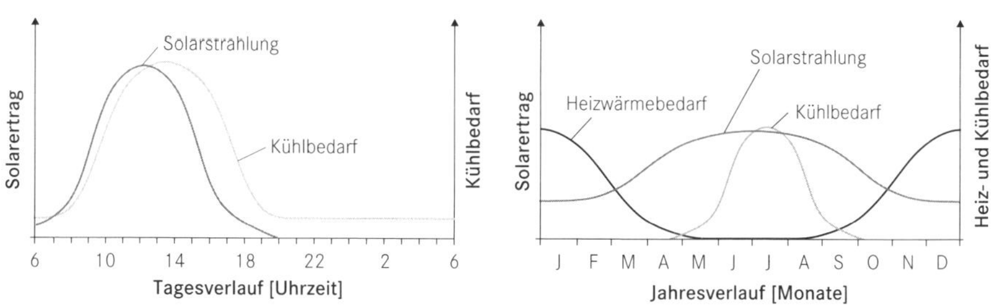

Abb. 48: Solarertrag und gleichzeitiger Heiz- und Kühlbedarf (Mitteleuropa)

WÄRME- UND KÄLTEVERTEILUNG

Zentrale Systeme

Die Verteilung stellt das Bindeglied zwischen Wärme- und Kälteerzeugung und dem Wärme- oder Kälteübergabesystem im Raum dar, d. h., Wärme oder Kälte wird meist zentral erzeugt und über Wasser oder Luft als Transportmedium zu den Übergabesystemen im Raum befördert. Wassergeführte Systeme sind im Hinblick auf den Energiegehalt und die erforderliche Förderenergie grundsätzlich sinnvoller und sollten im Regelfall gegenüber luftgeführten Systemen bevorzugt werden. > Kap. Entwurfsprinzipien, Bedarfsdeckung Bei Heizungssystemen ist die zentrale Warmwassergebäudeheizung das am weitesten verbreitete System. Dennoch können auch hier konzeptionelle oder wirtschaftliche Faktoren den Einsatz luftgeführter Systeme begünstigen. ●

Leitungswege sind zur Minimierung der energetischen Verluste generell möglichst kurz zu halten und zusätzlich zu dämmen. Die Dämmung dient auch der Vermeidung von Kondenswasserbildung beim Transport kalter Medien.

Dezentrale Systeme

Einzelheizungen erzeugen Heizwärme direkt im Raum und geben sie dort auch ab. Zu den Einzelheizungen zählen Einzelöfen, Gasstrahler, Elektroheizungen usw. Diese stellen eine Sonderform der Heizsysteme dar und werden daher im Rahmen dieser Veröffentlichung nicht weiter betrachtet.

Dezentrale mechanische Lüftungssysteme saugen Außenluft direkt vor der Fassade an, sodass auf Lüftungszentralen und große Kanalsysteme verzichtet werden kann. Im Gegenzug ist der Wartungsaufwand durch die Vielzahl kleiner Geräte höher, was jedoch zunehmend durch modular aufgebaute und einfach zu wartende Geräte kompensiert wird. In der Regel können sie die beförderte Luft auch erwärmen oder kühlen.
> Kap. Temperierungssysteme, Wärme- und Kälteübergabe

● **Beispiel:** Bei Gebäuden mit sehr hohem Wärmedämmstandard, wie z. B. bei Passivhäusern, kann ganz auf ein konventionelles Heizsystem (mit Heizkessel, Verteilung und Übergabe über Heizflächen) verzichtet werden. Trotz der physikalischen Nachteile von Luft als Wärmeträger kann die notwendige Heizwärme mit dem hygienisch erforderlichen Luftwechsel über die Lüftungsanlage eingebracht werden.

Regelung

Zur Wärme- und Kälteverteilung ist neben wärmegedämmten Rohrleitungen, Armaturen und Pumpen eine geeignete Regelung erforderlich. Diese dient der fortwährenden Anpassung der Heiz- und Kühlleistung an den sich ständig ändernden Bedarf, der durch Witterungsverhältnisse (Außentemperatur, Windverhältnisse, Sonneneinstrahlung), innere Wärmequellen und Änderungen der Raumnutzung beeinflusst wird. Eine Regelung der Heiz- oder Kühlleistung muss selbsttätig in Abhängigkeit von der Zeit und der Außen- und Innentemperatur erfolgen. Zu diesem Zweck stehen im Wohnungsbaubereich in erster Linie Heizkörperthermostatventile, Außen- und Raumthermostate mit entsprechenden Temperaturfühlern sowie die automatische, zeit- und temperaturabhängige Nachtabsenkung zur Verfügung. Bei größeren Gebäuden oder Anlagen ist oftmals der Einsatz einer Gebäudeleittechnik (GLT) sinnvoll, welche die Heizung oder Kühlung in verschiedenen Räumen über Sensoren und einen zentralen Computer steuert.

WÄRME- UND KÄLTEÜBERGABE

Mit Hilfe eines geeigneten Wärme- oder Kälteübergabesystems wird die vom Erzeuger über Wasser oder Luft in den Raum transportierte Wärme oder Kälte an den zu temperierenden Raum übergeben.

Wärme- und Kälteübergabesysteme unterscheiden sich nach Art der Wärme- und Kälteabgabe, also dem Strahlungs- und Konvektionsanteil, der Vorlauftemperatur T_V, der spezifischen Leistung und nach ihrer Regelungsmöglichkeit. > Kap. Entwurfsprinzipien, Bedarfsdeckung

Wärmeübergabesysteme

Die Wärmeübergabe an einen Raum erfolgt durch Heizkörper, Flächenheizungen oder über eine Lüftungsanlage (Luftheizung). Die Bauart sowie die Anordnung der Heizelemente ergeben unterschiedliche Temperaturprofile im Raum und beeinflussen dadurch in besonderem Maße die Behaglichkeit. Die Wärmeübergabe an den Raum sollte, um dem idealen Temperaturprofil möglichst nahe zu kommen, zeitlich konstant und in horizontaler sowie vertikaler Richtung gleichmäßig erfolgen. > Tab. 10, Seite 72, Abb. 49

Heizkörper

Übliche Wärmeübergabesysteme bei Warmwasserheizungen sind Heizkörper wie Radiatoren, Konvektoren und Flachheizkörper. Sie sind universell einsetzbar und lassen sich gut regeln. Heizkörper werden vorzugsweise an der Außenwand und in unmittelbarer Nähe von Verglasungen angeordnet, um möglichen Zugerscheinungen entgegenwirken zu können. > Abb. 50 Nachteilig wirkt sich die insbesondere bei Konvektoren relativ hohe notwendige Vorlauftemperatur aus, die eine Kombination mit Solarthermie, Wärmepumpentechnik oder Brennwerttechnik weniger sinnvoll macht.

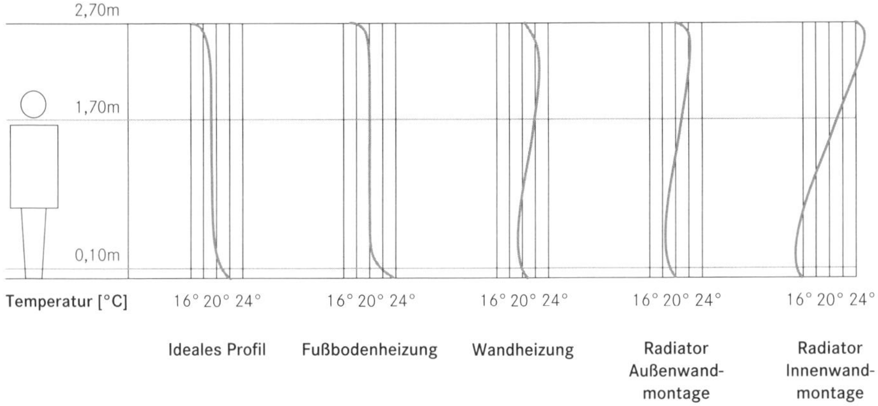

Abb. 49: Raumlufttemperaturprofile von Wärmeübergabesystemen

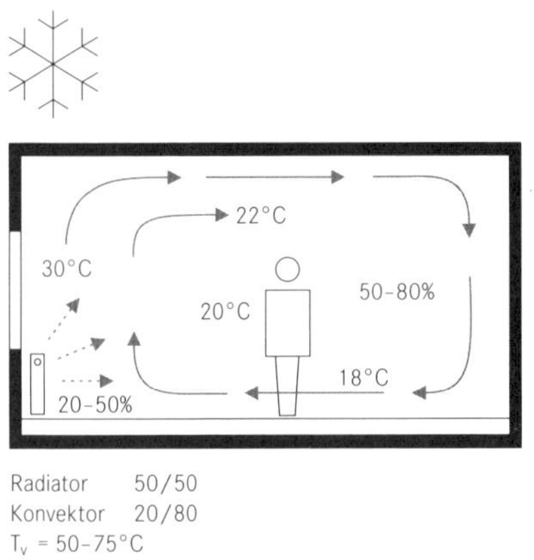

Abb. 50: Heizkörper (Anteil Strahlung und Konvektion und Vorlauftemperaturen Tv)

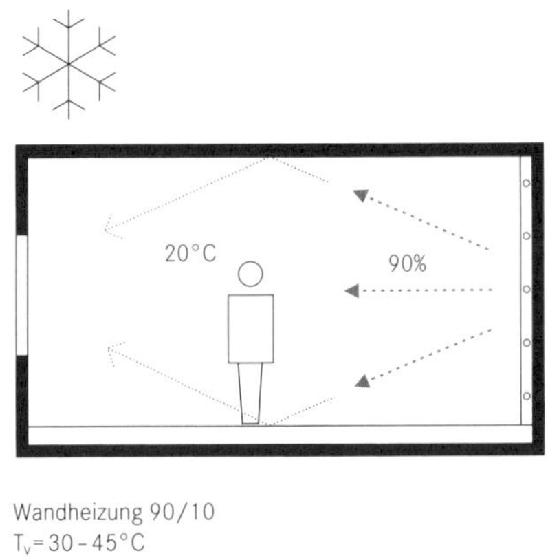

Abb. 51: Wandheizung (Anteil Strahlung und Konvektion und Vorlauftemperaturen Tv)

Flächenheizungen

Flächenheizungen (Fußboden, Wand- und Deckenheizungen), in denen Heizrohre, im Estrich, Putz oder mit geeigneten Platten verkleidet, nicht sichtbar im Bauteil verlegt werden, geben die Wärme überwiegend über Strahlung an den Raum ab und erzeugen ein behaglicheres Temperaturprofil. > Abb. 49 Die zur Verfügung stehende, große Heizfläche ermöglicht im Vergleich zu Heizkörpern wesentlich geringere Vorlauftemperaturen.

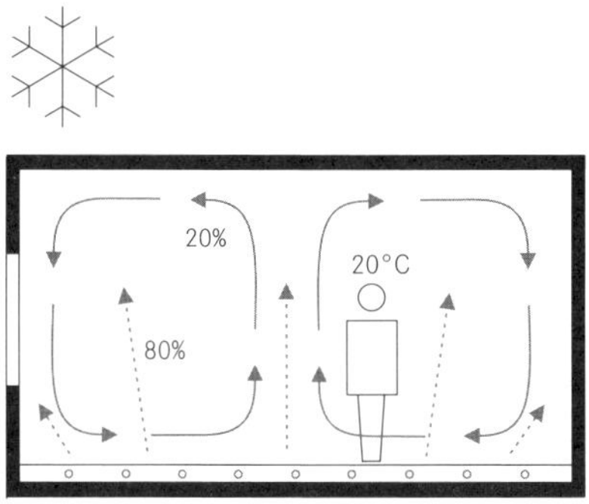

Fußbodenheizung 80/20
T_V=30-45°C

Abb. 52: Fußbodenheizung (Anteil Strahlung und Konvektion und Vorlauftemperaturen T_V)

Insbesondere bei Häusern mit besonders niedrigem Heizwärmebedarf und in Kombination mit Niedertemperatursystemen wie Brennwertkessel, Wärmepumpe und gekoppelter thermischer Solaranlage stellen Flächenheizungen ein geeignetes System zur Wärmeübergabe dar.
> Abb. 51 und 52

Luftheizung

Grundsätzlich kann der Wärmebedarf eines Gebäudes auch über eine vorhandene Lüftungsanlage gedeckt werden. Hierzu kann die Luft entweder zentral oder individuell über meist elektrisch betriebene Heizregister erwärmt werden. Dies ist jedoch nur sinnvoll, wenn eine Lüftungsanlage aus anderen Gründen bereits vorhanden ist und der Wärmebedarf des Gebäudes insgesamt gering ist (z. B. infolge sehr guter Wärmedämmung oder hoher interner Wärmelasten). Tabelle 10 gibt einen kurzen Überblick über die wesentlichen Systeme zur Wärmeübergabe.

○ **Hinweis:** Sogenannte Deckenstrahlplatten, die insbesondere zur Beheizung von großen Hallen eingesetzt werden, benötigen hohe Vorlauftemperaturen und stellen damit einen Sonderfall der Flächenheizung dar.

Tab. 10: Eigenschaften von Wärmeübergabesystemen

Wärme-übergabe-systeme	Vorteile	Nachteile	Anteil Strahlung/ Konvektion	T_v [C°]
Radiatoren	Preiswert, schnelle Erwärmung, gute Regelung	Platzbedarf, Optik	50/50	50–75 (90)
Konvektoren	Platzsparend, schnelle Erwärmung, gute Regelung	Reinigung, Staubentwicklung	20/80	50–75 (90)
Fußboden-heizung	Günstiges Temperaturprofil, unsichtbar	Kaltluftabfall möglich, Venenleiden aufgrund relativ hoher bodennaher Temperaturen möglich, träges Rege-lungsverhalten, nicht für alle Bodenbeläge geeignet	80/20	30–45
Wand- und Decken-heizung	Günstiges Temperaturprofil, unsichtbar, Heizen und Kühlen möglich	Träges Regelungs-verhalten, bei Wand-heizungen keine Möbel oder Einbauten möglich, bei Deckenheizungen ausreichend Deckenhöhe und Abstand zwischen Heizfläche und Personen im Raum	90/10	30–45
Luftheizung	Kombination von Lüftung und Heizung, schnelle Regelung	Zugluft möglich, über 49 °C Staubverschwelung	0/100	30–49 (70)

Kälteübergabesysteme

Die Übergabesysteme für Kühlenergie lassen sich wie auch die für Heizwärme nach ihrer Art der Übergabe in konvektive und strahlende Systeme unterscheiden. Die Vor- und Nachteile ergeben sich nach den im Kapitel Entwurfsprinzipien, Behaglichkeitsanforderungen beschriebenen Auswirkungen auf die operativen Raumtemperaturen. Die dort ebenfalls beschriebenen Risiken hinsichtlich Strahlungsasymmetrien sind zu berücksichtigen. Daneben sind auch bei Kühlsystemen die Regelträgheit und die erforderlichen Vorlauftemperaturen entscheidende Größen für die Wahl des geeigneten Systems. > Tab. 11

Wie bei der Übergabe von Heizenergie sind auch bei den Kühlsystemen die in massive Bauteile eingebundenen Übergabesysteme träge in der Regelbarkeit. Von Bauteilen unabhängige und luftgeführte Systeme sind dagegen flink in der Regelung und können schneller auf geänderte

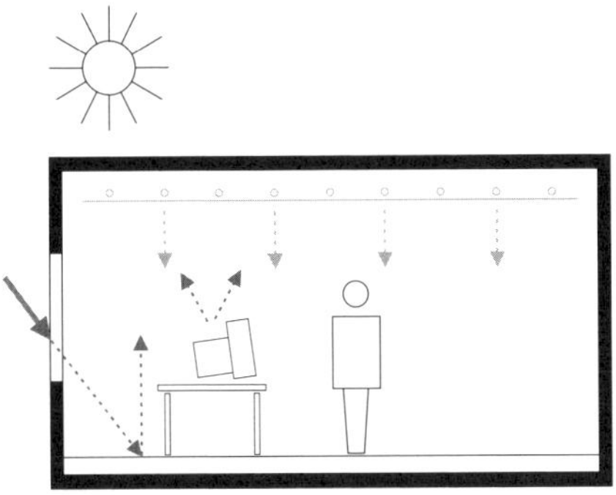

Abb. 53: Strahlende Kühlung über abgehängte Kühldecke

Randbedingungen reagieren. Großflächige Wärmeüberträger kommen tendenziell mit moderateren (das heißt im Kühlfall: höheren) Vorlauftemperaturen aus als kleinteilige Komponenten und eignen sich somit auch hier besser für die Kombination mit erneuerbaren Energieträgern.

Eine Besonderheit, die speziell bei Kühlsystemen zu beachten ist, stellt die Gefahr der Taupunktunterschreitung dar: Abhängig von Temperatur und Feuchte der Raumluft sowie der Oberflächentemperatur eines Kühlelementes kann die in der Luft enthaltene Feuchtigkeit durch Unterschreitung des sogenannten Taupunktes an den kalten Oberflächen kondensieren. Das dabei anfallende Kondenswasser muss zumindest aufgefangen, besser aber abgeleitet werden. Ist dies nicht möglich, bleibt zur Vermeidung von Kondensat an Kühlflächen in der Regel nur die kurzzeitige Erhöhung der Oberflächentemperatur des Kühlkörpers, was eine Reduzierung der Kühlleistung bedeutet.

Ein im Büro- und Verwaltungsbau weit verbreitetes Übergabesystem sind Kühldecken. Dies sind von der Decke abgehängte Systeme, die einen unterschiedlich großen Teil der Decke abdecken können. > Abb. 53 Kühldecken

Auf den abgehängten Decken liegen Kühlschlangen, die von einem kalten Medium durchflossen werden. Die Kälteübergabe erfolgt etwa zur Hälfte über Strahlung und ist gut regelbar. Die Vorlauftemperaturen liegen bei etwa 10 – 16 °C, wobei eine Kondensatableitung fast nicht möglich ist. Um Kondensatbildung zu verhindern, sind also entweder hohe Luftfeuchten zu vermeiden, oder die Vorlauftemperatur muss kurzzeitig

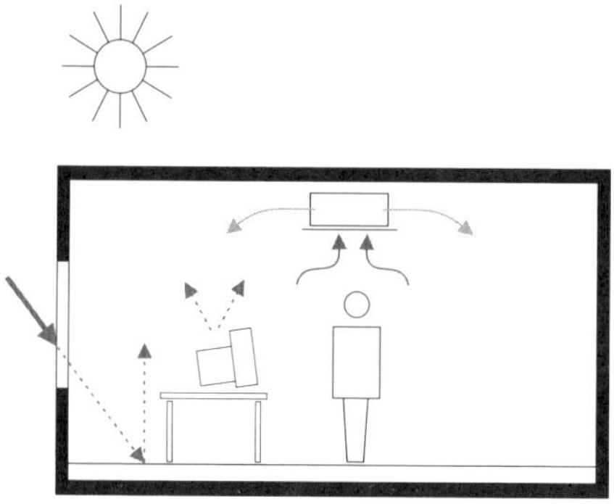

Abb. 54: Konvektive Kühlung durch ein Umluftkühlgerät

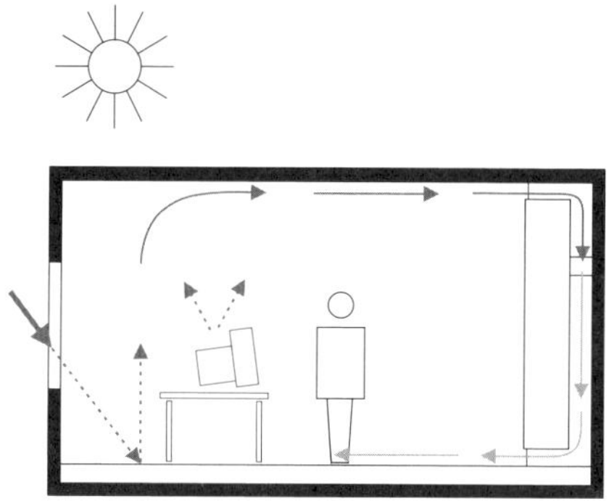

Abb. 55: Prinzip der Schwerkraftkühlung

angehoben werden. Insbesondere in Verbindung mit natürlicher Lüftung kann dies an warmfeuchten Tagen dazu führen, dass nicht die volle Kühlleistung zur Verfügung steht.

Umluftkühlung

Eine ebenfalls weit verbreitete Lösung ist die Raumkühlung durch Luft, die mit Hilfe eines Ventilators aus dem Raum selbst angesaugt und gekühlt an den Raum abgegeben wird (Umluftbetrieb). Diese in der Regel dezentralen Systeme sind schnell regelbar, zudem kann eine separate Regelung für jeden Raum gefunden werden. Auch die Beeinflussung durch den Nutzer ist möglich. Die Kühlung der Luft erfolgt über ein Kühlregister direkt vor dem Luftauslass eines an der Decke hängenden Gerätes. Die Wirkung ist rein konvektiv. In der Regel sind Vorlauftemperaturen von 6–10 °C erforderlich. > Abb. 54

Schwerkraftkühlung

Reine Umluftkühlgeräte können auch ohne Zuhilfenahme eines Ventilators nach dem Prinzip der Schwerkraftkühlung (oder auch Fallstromkühlung) arbeiten. Die Luftbewegung ist hier auf die Tatsache zurückzuführen, dass kalte Luft schwerer ist als warme. Die Raumluft wird daher an einem Kühlkonvektor in Deckennähe (an der Stelle der höchsten Raumlufttemperatur) abgekühlt und fällt durch einen Schacht, der die Konvektion zusätzlich beschleunigt, allmählich nach unten, tritt am Fußpunkt wieder aus und breitet sich als „Kaltluftsee“ im Raum aus. > Abb. 55

Die Schwerkraftkühlung bietet den Vorteil, völlig geräuschlos zu arbeiten. Die Kühlleistung im Raum variiert mit der Temperaturdifferenz am Kühler und regelt sich in gewissem Maße selbst. Ohne Beeinträchtigung der Wirkungsweise kann das System unauffällig hinter einer

Tab. 11: Eigenschaften von Kälteübergabesystemen

Kälteübergabe-systeme	Vorteile	Nachteile	Anteil Strahlung/ Konvektion	T_v [C°]
Kühldecken	Moderate Vorlauftemperaturen; schnelle Regelbarkeit; strahlende Wirkung; Einzelraumregelung gut möglich	Tauwasserableitung praktisch unmöglich	50/50	10–16
Umluftkühlung	Schnelle Regelbarkeit; Einzelraumregelung gut möglich	Rein konvektive Wirkung; Tauwasserableitung schwierig; Lüftergeräusche möglich	0/100	6–10
Schwerkraftkühlung	Schnelle Regelbarkeit; Einzelraumregelung gut möglich; völlig geräuschlos; unauffällige Installation möglich	Rein konvektive Wirkung; Tauwasserableitung schwierig	0/100	6–10

Vorsatzschale oder einem Wandschrank installiert werden, solange oben und unten Zu- und Abluftöffnungen vorgesehen werden. Das Problem des Kondensatanfalls muss wie bei den vorher beschriebenen Systemen gelöst werden. Tabelle 11 gibt einen kurzen Überblick über die wesentlichen Kälteübergabesysteme.

Hybride Systeme

Eine Reihe von Übergabesystemen eignet sich sowohl zur Einbringung von Wärme als auch von Kälte in den Raum. > Tab. 12, Seite 78

Klimaanlagen

Zu ihnen gehören auch Klimaanlagen, die sowohl die Belüftung als auch die Beheizung und Kühlung von Räumen über ein zentrales System sicherstellen. > Abb. 56 Der Vorteil einer Klimaanlage ist die Möglichkeit der Be- und Entfeuchtung, sodass praktisch jeder gewünschte Zustand der Raumluft hergestellt werden kann. > Kap. Lüftungssysteme, Mechanische Lüftung

Ein genereller Nachteil besteht in der Tatsache, dass Luft als Transportmedium für Wärme aufgrund ihrer geringen Wärmespeicherfähigkeit schlecht geeignet ist. > Kap. Entwurfsprinzipien, Bedarfsdeckung Eine Erhöhung des Luftvolumenstromes zur Deckung eines Heizwärme- und Kühlenergiebedarfs führt daher zu erhöhtem Energieverbrauch für die Luftbeförderung, der bei einem wassergeführten System vermieden werden könnte. Zudem fehlen bei Klimaanlagen häufig die Möglichkeiten der Einzelraumregelung und des Nutzereinflusses auf die Regelung. Dies und die starke Auswirkung von Lufttemperatur, -geschwindigkeit und -Turbulenzgrad auf

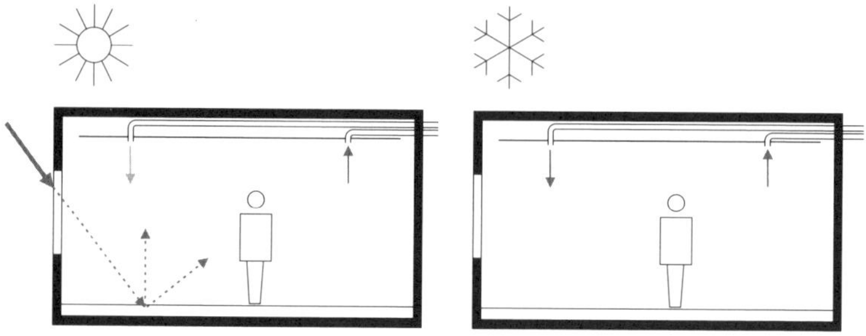

Abb. 56: Konvektive Wärme- und Kälteübergabe durch Klimaanlagen

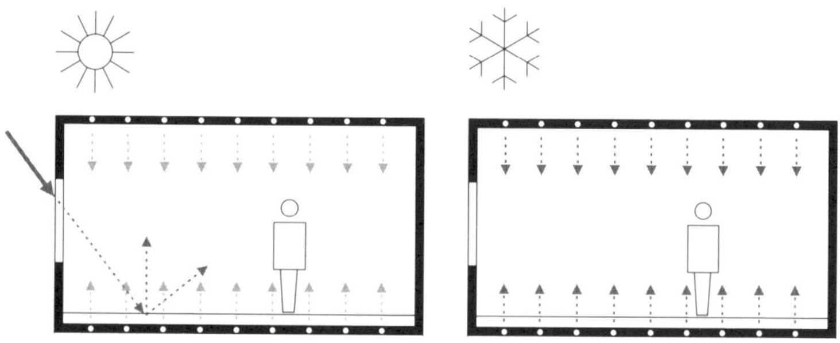

Abb. 57: Strahlende Wärme- und Kälteabgabe durch Bauteiltemperierung

die thermische Behaglichkeit können Beschwerden und Unzufriedenheit der Nutzer zur Folge haben.

Bauteiltemperierung

Größere Behaglichkeit kann in der Regel mit strahlend wirkenden Systemen erzielt werden, > Kap. Entwurfsprinzipien, Behaglichkeitsanforderungen beispielsweise durch Bauteiltemperierung. Dabei werden Rohrleitungen schlangenförmig im Kern einer Betondecke verlegt und von einem Wärme- oder Kältemedium durchflossen. > Abb. 57

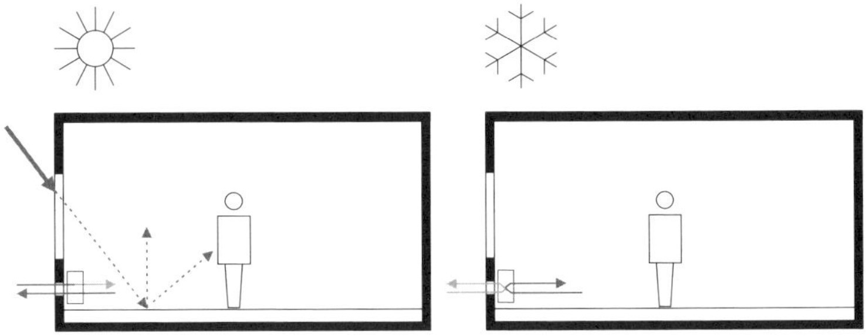

Abb. 58: Konvektive Wärme- und Kälteübergabe mit Hilfe eines dezentralen Lüftungsgeräts (hier im Bereich der Fassadenbrüstung)

Die Regelbarkeit ist infolge der thermischen Trägheit der Betonmasse sehr gering, weshalb sich die Bauteiltemperierung vorwiegend zur Deckung gleichmäßiger Lasten oder zur Grundlastdeckung eignet. > Kap. Entwurfsprinzipien, Bedarfsdeckung

Jedoch hängt die Leistungsabgabe stark vom Temperaturunterschied zwischen der Deckenoberfläche und der Raumluft ab, wodurch sich auch hier ein gewisser Selbstregeleffekt einstellt.

Die Vorlauftemperaturen betragen im Heizfall etwa 25 °C, im Kühlfall 16-20 °C.

Die Taupunktproblematik ähnelt der von Kühldecken, wobei die höheren Vorlauftemperaturen größere Luftfeuchten zulassen, ohne dass Kondensat ausfällt. Die moderaten Vorlauftemperaturen im Heiz- und Kühlfall bieten sich für eine Nutzung mit erneuerbaren Energiequellen an.

Der gute Verbund des Kühlmediums mit der thermischen Masse des Betons ermöglicht eine effiziente Entspeicherung der Bauteilmassen zum Beispiel während der Nachtstunden, wodurch ähnlich wie bei einer Nachtlüftung > Kap. Entwurfsprinzipien, Bedarfsdeckung eine Reduzierung des Kühlleistungsbedarfs am Tage und damit ein gleichmäßigeres Lastprofil erreicht werden kann. > Abb. 14, Seite 32

Voraussetzung für die Funktionsfähigkeit einer Bauteiltemperierung ist die thermische Zugänglichkeit der Betonflächen. Insbesondere auf Deckenabhängungen ist also zu verzichten. Auch Trittschalldämmungen reduzieren die Wirksamkeit des Systems, da die Kälteübergabe über die Deckenoberseite eingeschränkt wird.

Tab. 12: Eigenschaften von hybriden Systemen zur Wärme- und Kälteabgabe

Hybride Systeme	Vorteile	Nachteile	Anteil Strahlung/ Konvektion	T_v [C°]	
				Heizen	Kühlen
Klimaanlagen	Schnelle Regelbarkeit; Tauwasserableitung einfach	Rein konvektive Wirkung; Einzelraumregelung schlecht möglich	0/100	30–40	6–10
Bauteil-temperierung	Moderate Vorlauftempera-turen; strahlende Wirkung; zum Teil selbstregelnd	Begrenzte Leistung; Tauwasserableitung praktisch unmöglich	90/10	25	16–20
Dezentrale Lüftungs-geräte	Schnelle Regelbarkeit; Einzelraumregelung gut möglich	Tauwasserableitung schwierig; erhöhter Wartungsaufwand	0/100	30–40	6–10

Dezentrale Lüftungsgeräte

Dezentrale Lüftungsgeräte werden in der Fassade (z. B. in der Brüstung) oder in Fassadennähe (z. B. im Doppelboden) eingebaut und verfügen über einen direkten Außenluftanschluss. > Abb. 58

Die Regelbarkeit ist sehr gut, zur Deckung höherer Kühllasten ist jedoch wie bei Klimaanlagen ein erhöhter Luftvolumenstrom erforderlich, was den Einsatz als alleiniges Heiz- und Kühlsystem durch den notwendigen Lüfterstrombedarf nicht immer sinnvoll erscheinen lässt. Sollen dennoch hohe Kühllasten über ein dezentrales Lüftungsgerät abgedeckt werden, ist auch hier ein Kondensatablauf vorzusehen.

Dezentrale Systeme können gut in Kombination mit einer Bauteiltemperierung eingesetzt werden, da sich beide Systeme mit ihren Vorteilen ergänzen und die jeweiligen Nachteile sich kompensieren.

Wie bei Klimaanlagen ist auch bei dezentralen Systemen in der Regel eine Vorlauftemperatur von 6–10 °C für den Kühlbetrieb und 30–40 °C für den Heizfall erforderlich. Tabelle 12 zeigt die wichtigsten hybriden Systeme zur Wärme- und Kälteübergabe. > Anhang, Seite 289

SYSTEMFINDUNG

Die Wahl des geeigneten und an den jeweiligen Bedarf angepassten Temperierungssystems stellt den Architekten oftmals vor eine schwierige Aufgabe. So erfordern die verschiedenen Energieträger jeweils geeignete Wärme- und Kälteerzeuger, und nicht jeder Erzeuger lässt sich wiederum mit jedem Übergabesystem kombinieren. Gerade diese

Tab. 13: Kriterien zur Auswahl eines Temperierungssystems

Technische Kriterien	Leistungsfähigkeit (Deckung des Bedarfs)
	Passende Systemtemperaturen der Komponenten
	Eignung für erneuerbare Energien
	Verfügbarkeit des Energieträgers
	Möglichkeit zur Wärmerückgewinnung
	Regelträgheit
Umweltauswirkungen	Primärenergiebedarf
	CO_2-Ausstoß
Nutzerakzeptanz	Behaglichkeitsanforderungen
	Einflussmöglichkeit durch den Nutzer
Wirtschaftlichkeit	Erstellungskosten
	Betriebskosten

Abhängigkeiten der einzelnen technischen Komponenten und die Vielzahl möglicher, mehr oder weniger sinnvoller Kombinationen machen oftmals die Zusammenarbeit mit einem Fachplaner unabdingbar.

Darüber hinaus gibt es eine Reihe von weiteren Kriterien für die Auswahl, die über diese rein technischen Abhängigkeiten hinausgehen. Dies sind in erster Linie Kriterien der Energieeffizienz, der Nutzerakzeptanz sowie der Wirtschaftlichkeit. Dies zeigt, wie sorgfältig der Architekt bei der Planung vorzugehen hat.

Tabelle 13 gibt eine Übersicht über die wichtigsten Kriterien, die bei der Wahl des geeigneten Temperierungssystems unbedingt beachtet werden sollten.

Kombination von Lüftung und Temperierung

BANDBREITE MÖGLICHER LÖSUNGEN

Für die Entwicklung von Gesamtkonzepten zur Raumkonditionierung, also zur Sicherstellung der gewünschten Raumtemperatur und der benötigten Raumlüftung, müssen die vorgestellten Lüftungs- und Temperierungssysteme sinnvoll miteinander kombiniert werden.

Lowtech und Hightech

Je nach Anforderungen ergibt sich eine Vielzahl von möglichen Konzepten zur Raumkonditionierung. Sie reichen von der technisch einfachsten Variante (Lowtech-Variante) mit Fensterlüftung und Radiator bis hin zur technisch aufwendigsten Variante (Hightech-Variante) mit vollständiger Klimatisierung. > Abb. 59

Auch wenn diese Systeme das jeweilige Extrem und damit den Anfangs- bzw. Endpunkt in der Bandbreite möglicher Lösungen darstellen, können sie dennoch, je nach Aufgabenstellung und den zu Grunde gelegten Kriterien, das geeignete und bedarfsgerechte Konzept zur Raumkonditionierung sein.

Die Vielzahl möglicher Kombinationen von Anlagenkomponenten erlaubt keine umfassende Darstellung im Sinne einer „Patentlösung" zur Raumkonditionierung. Vielmehr sollten der Architekt oder der Planer die möglichen Konzepte auf Grundlage der projektbezogenen Kriterien bewerten können, um so zu einem geeigneten Konzept zu gelangen.

AUSWAHLKRITERIEN

Die Bewertung einer Komponentenkombination zur Lüftung und Wärme- bzw. Kälteübergabe kann nach technischen Kriterien (z. B. der Möglichkeit zur Nutzung erneuerbarer Energien und zur Wärmerückgewinnung) und nach Kriterien der allgemeinen Nutzerakzeptanz (z. B. Behaglichkeit und Nutzereinfluss) vorgenommen werden.

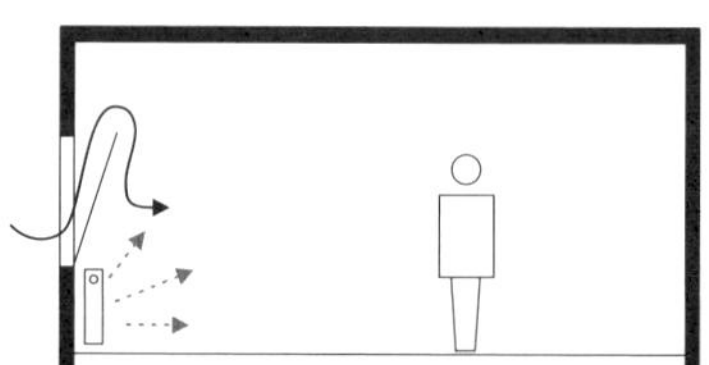

Lowtech-Variante:
Fensterlüftung, Radiator

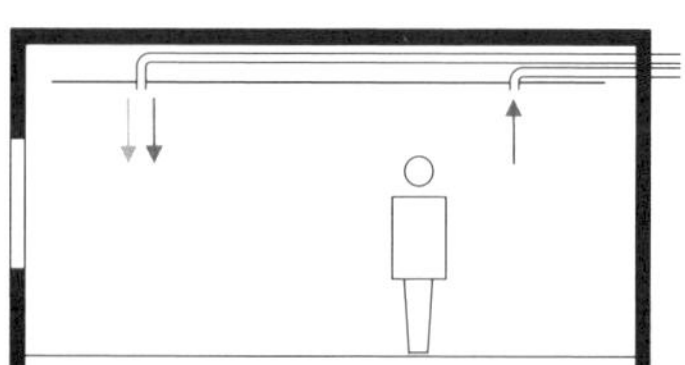

Hightech-Variante:
Vollklimatisierung

Abb. 59: Low- und Hightech-Varianten zur Raumkonditionierung

Fensterlüftung, Radiator

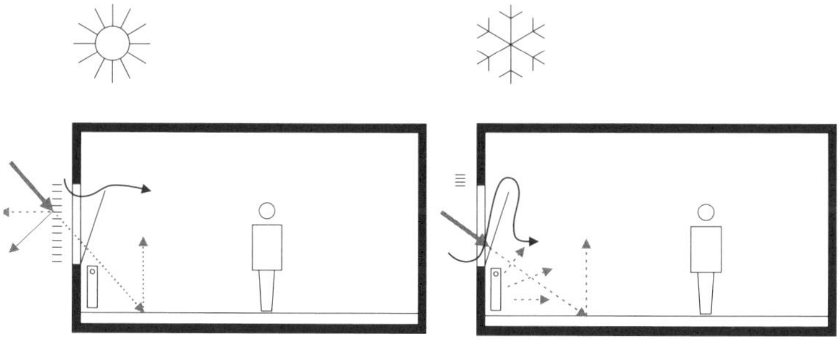

Fensterlüftung mit Radiator + Sonnenschutz

Eignung	Vorteile	Nachteile
- Wohnung - Büro	- Effizienter Energietransport durch Wasser - Nutzereingriff und raumweise Regelung gut möglich - Entkopplung von Lüftung und Temperierung	- Unkonditionierte Zuluft - Definierte Luftwechselraten nicht möglich - Keine Wärmerückgewinnung möglich - Keine Kühlung, Be- und Entfeuchtung möglich - Unbehaglich, hohe Wärmeverluste im Winter - Lärm- und Staubeintrag möglich

Fensterlüftung, Fußbodenheizung

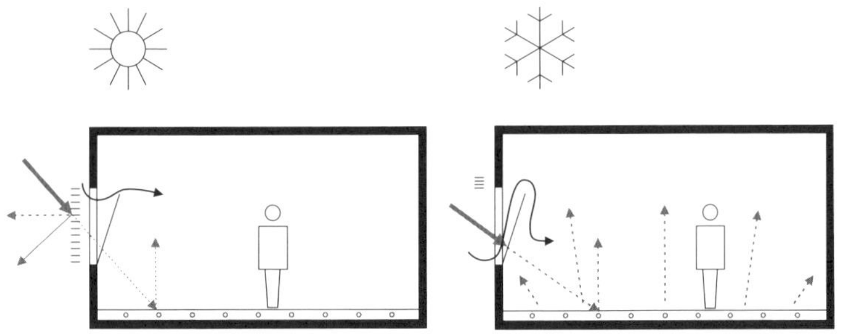

Fensterlüftung mit Fußbodenheizung + Sonnenschutz

Eignung	Vorteile	Nachteile
- Wohnung - Büro	- Effizienter Energietransport über Wasser - Geeignet für die Nutzung erneuerbarer Energien - Nutzereingriff und raumweise Regelung gut möglich - Behagliche Wärmeabgabe - Entkopplung von Lüftung und Temperierung	- Unkonditionierte Zuluft - Definierte Luftwechselraten nicht möglich - Keine Wärmerückgewinnung möglich - Keine Kühlung, Be- und Entfeuchtung möglich - Hohe Wärmeverluste im Winter - Lärm- und Staubeintrag möglich - Hohe Regelträgheit

Luftheizung

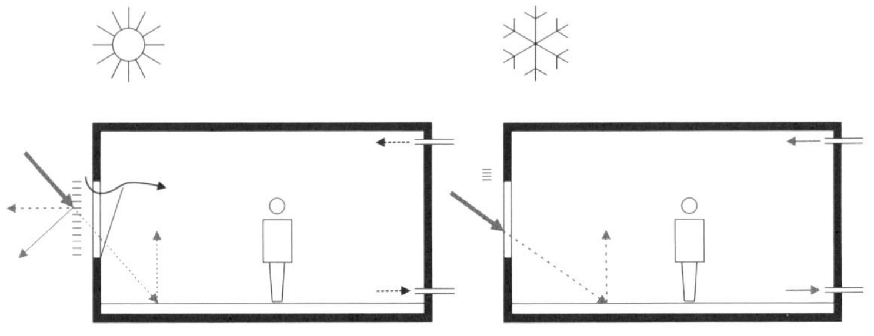

Luftheizung mit optionaler Fensterlüftung im Sommer + Sonnenschutz

Eignung	Vorteile	Nachteile
- Wohnung	- Keine zusätzlichen Heizflächen erforderlich - Definierte Luftwechselraten möglich - Wärmerückgewinnung möglich - Lärm- und Staubeintrag vermeidbar	- Ineffizienter Energietransport durch Luft - Nur bei geringem Wärmebedarf effizient - Nur konvektive Wärmeabgabe - Nutzereingriff und raumweise Regelung schlecht möglich - Kopplung von Lüftung und Temperierung

Fensterlüftung, Konvektor, Kühldecke

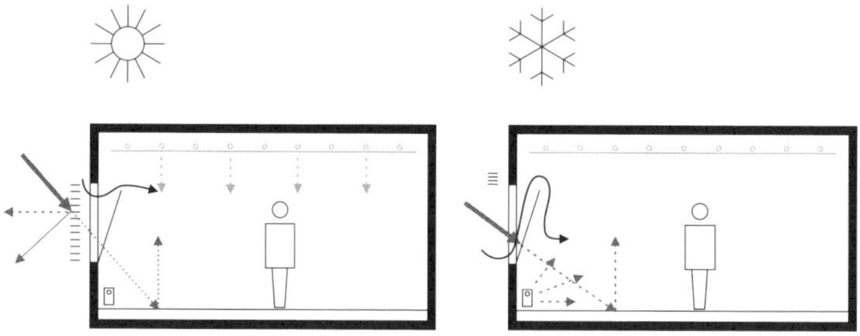

Fensterlüftung, Konvektor, Kühldecke + Sonnenschutz

Eignung	Vorteile	Nachteile
- Büro - Besprechungs-raum	- Große Behaglichkeit im Sommer - Effizienter Energietransport über Wasser - Nutzereingriff und raumweise Regelung gut möglich - Entkopplung von Lüftung und Temperierung	- Unkonditionierte Zuluft - Definierte Luftwechselraten nicht möglich - Keine Wärmerückgewinnung möglich - keine Be- und Entfeuchtung möglich - Kondensatableitung kaum möglich - Unbehaglich, hohe Wärmeverluste im Winter - Lärm- und Staubeintrag möglich

Fensterlüftung, Konvektor, Umluftkühlgerät

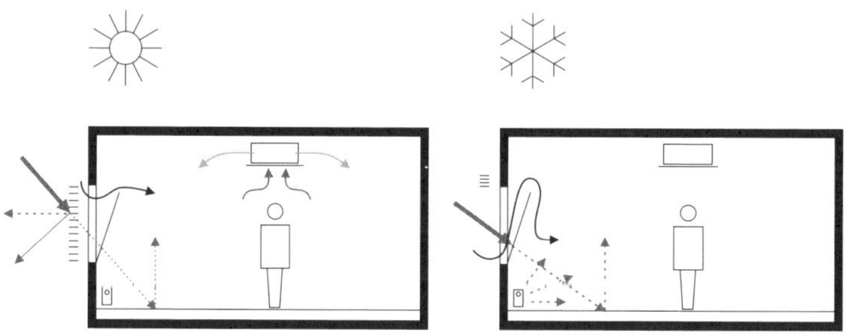

Fensterlüftung, Konvektor, Umluftkühlgerät + Sonnenschutz

Eignung	Vorteile	Nachteile
- Büro	- Nutzereingriff und raumweise Regelung gut möglich - Entkopplung von Lüftung und Temperierung	- Unkonditionierte Zuluft - Keine Wärmerückgewinnung möglich - Nur konvektive Wärme-/Kälteübergabe - Evtl. unbehaglich, hohe Wärmeverluste im Winter - Lärm- und Staubeintrag möglich

Dezentrales Lüftungsgerät, Bauteiltemperierung

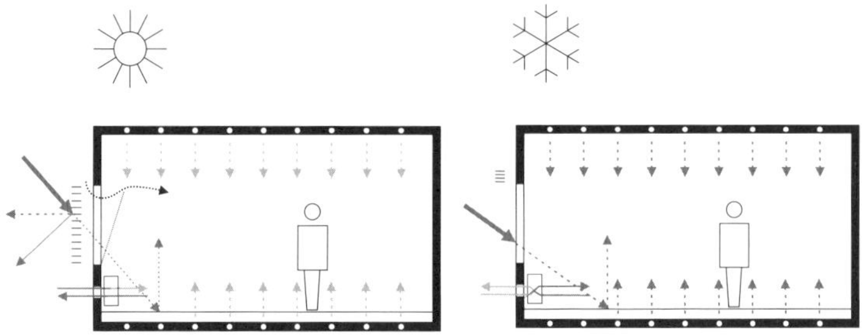

Dezentrales Lüftungsgerät, Bauteiltemperierung mit optionaler Fensterlüftung im Sommer + Sonnenschutz

Eignung	Vorteile	Nachteile
- Büro - Besprechungs-raum	- Effizienter Energietransport durch Wasser (Grundlastdeckung) - Teils radiative Wärme-/ Kälteübergabe - Vorkonditionierte Zuluft - Definierte Luftwechselraten möglich - Wärmerückgewinnung möglich - Nutzereingriff und raumweise Regelung möglich - Entkopplung von Lüftung und Temperierung - Lärm- und Staubeintrag vermeidbar	- Erhöhter Installationsaufwand - Kondensatableitung kaum möglich - Keine Be- und Entfeuchtung möglich - Hoher Wartungsaufwand

Klimaanlage

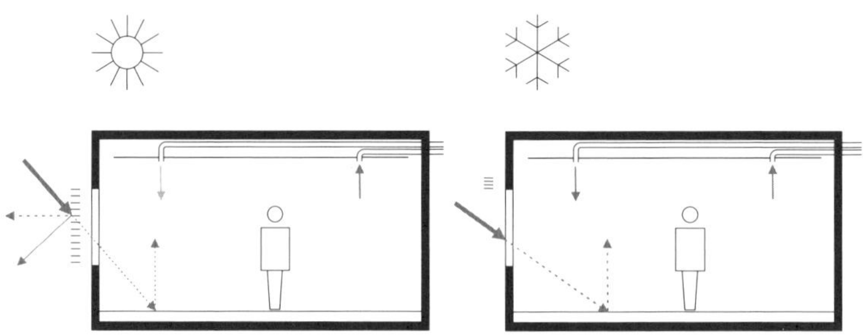

Klimaanlage + Sonnenschutz

Eignung	Vorteile	Nachteile
- Wohnung - Büro - Besprechungs-raum	- Vorkonditionierte Zuluft - Definierte Luftwechselraten möglich - Heizung, Kühlung, Be- und Entfeuchtung möglich - Wärmerückgewinnung möglich - Kondensatableitung gut möglich - Lärm- und Staubeintrag vermeidbar	- Ineffizienter Energietransport über Luft - Nur konvektive Wärme-/Kälteübergabe - Nutzereineingriff und raumweise Regelung schlecht möglich - Kopplung von Lüftung und Temperierung

Die folgende Tabelle gibt einen Überblick möglicher Kombinationen von Lüftungs- und Temperierungssystemen, die in diesem Buch vorgestellt wurden. Diese Tabelle ist jedoch weder allgemeingültig noch vollständig. Sie soll vielmehr als Beispiel dienen, wie der Vergleich verschiedener Konzepte und die Entscheidung für eine geeignete Lösung ablaufen können.

Raumkonditionierungssysteme	Lüftungsart		Temperierungsart								Eigenschaften					Typische Nutzung		
	natürlich	mechanisch	Heizkörper	Flächenheizung	Luftheizung	Kühldecke	Umluftkühlung	Klimaanlage	Bauteiltemperierung	Dezentrales	Eignung	Wärmerückgewinnung	Regelträgheit	Behaglichkeit	Nutzereinfluss	Wohnung	Büro	Besprechungsraum
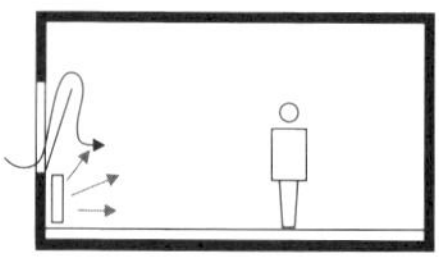	X		X								o	–	+	o	+	X	X	
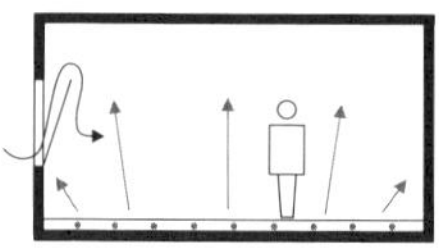	X			X							+	–	–	+	+	X	(X)	
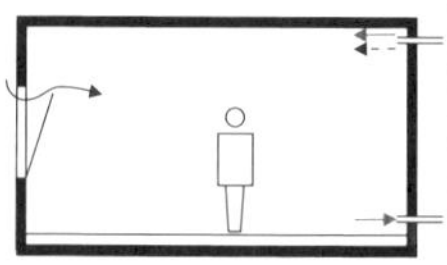	(X)	X			X						–	+	+	o	–	X		
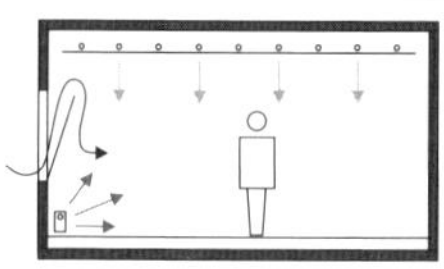	X		X			X					o	–	+	+	+		X	X
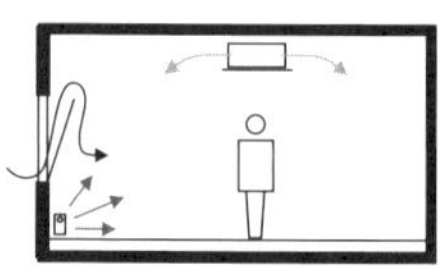	X		X				X				o	–	+	o	+		X	X
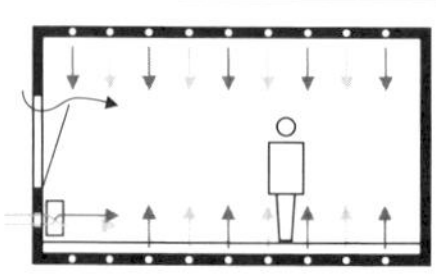	(X)	X							X	X	o	+	o	+	+		X	X
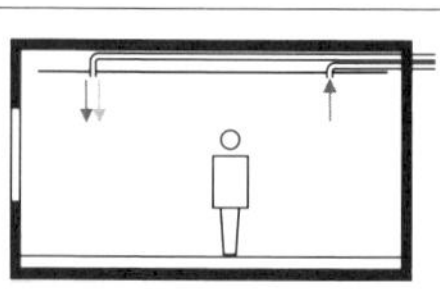		X						X			–	+	+	–	–	(X)	X	X

Schlusswort

Gebäude erfordern in aller Regel individuelle Lösungen zur Raumkonditionierung. Im Gegensatz zu anderen Branchen sind bei jedem Produkt der Baubranche die Randbedingungen und Anforderungen im Einzelfall zu prüfen und maßgeschneiderte Lösungen zu erarbeiten. Aus diesem Grunde führt der Weg zu einem gelungenen Konzept in den meisten Fällen über die vergleichende Prüfung von Alternativen. Auch ein eigentlich zufriedenstellendes Ergebnis sollte nicht davon abhalten, andere Kombinationsmöglichkeiten zu prüfen und im Hinblick auf ihre Vor- und Nachteile zu bewerten.

Erfahrene Architekten und Planer können Vor- und Nachteile schneller erkennen und daher Empfehlungen für bestimmte Anwendungen aussprechen. Keiner jedoch kann die Komplexität dieses Themas ohne genauere Analyse vollständig durchdringen.

In diesem Sinne ist auch dieses Buch zu verstehen: Die Erläuterungen zu den einzelnen Anlagenkomponenten sowie die Kombinationsbeispiele sind wichtig als Überblick und Einstieg in das Thema Raumkonditionierung, um später durch Berechnungen und technische Zeichnungen ein ausgearbeitetes Konzept der Raumkonditionierung aufstellen zu können. Aber nur durch das Verständnis der Zusammenhänge und das bewusste Zusammenspiel von Parametern des einzelnen Projektes mit den technischen Möglichkeiten wird eine durchdachte und für das Projekt optimale Lösung entstehen.

Doris Haas-Arndt

Wasserkreislauf im Gebäude

Einleitung

Die Verfügbarkeit von Trinkwasser in Gebäuden wird in entwickelten Industriestaaten als selbstverständlich hingenommen. Trinkwasser ist jedoch ein wertvolles Gut und in vielen Gebieten der Erde Mangelware. Die Gewinnung und Aufbereitung von Trinkwasser wird auch in den Industriestaaten immer aufwendiger und somit für den Verbraucher kostspieliger. Ebenso ist die Entsorgung und Reinigung von Abwassern eine arbeitsintensive und aufgrund der Inhaltsstoffe immer komplexere Aufgabe.

Als Schnittstelle zwischen Trinkwasser und Abwasser sind die Verteilung, der Verbrauch und die Entsorgung innerhalb von Gebäuden ein wichtiger Bestandteil der Planung von Architekten. Die Anordnung von Ver- und Entsorgung in Installationssträngen und die technischen Erfordernisse haben Einfluss auf die Verortung von Sanitär- und Küchenbereichen im Grundriss. Zudem ist die Vermeidung eines hohen Wasserverbrauchs ein wichtiges Thema in der technischen Gebäudeplanung.

Um diese Leitgedanken im Entwurf von Beginn an berücksichtigen zu können, ist ein breites Wissen über Anforderungen und Möglichkeiten zur Reduzierung des Wasserverbrauchs notwendig. Dieses umfasst neben den technischen Systemen vor allem das Verständnis für Zusammenhänge und Abhängigkeiten. Wichtig ist, die Konzeption des Wasserkreislaufs im Gebäude als integralen Bestandteil einer Entwurfsaufgabe zu begreifen.

Der Band *Wasserkreislauf im Gebäude* ist für Architekturstudenten und Berufsanfänger ohne Vorwissen im Bereich der Haustechnik geeignet. Er erarbeitet mit Hilfe von leicht verständlichen Einführungen und Erklärungen schrittweise die Inhalte des Themenbereichs. Der Weg des Wassers durch das Haus wird entlang der Stationen mit ihren spezifischen Aufgaben und Anforderungen beschrieben, sodass Studenten die Zusammenhänge vollständig verstehen und in ihre eigenen Entwürfe einbringen können.

Bert Bielefeld, Herausgeber

Wasserversorgung

Etwa zwei Drittel der Erdoberfläche sind mit Wasser bedeckt. Davon sind allerdings nur etwa 0,3 % Süßwasser und damit potenzielles Trinkwasser. Als Trinkwasser wird qualitativ sehr hochwertiges Süßwasser bezeichnet, dessen Reinheitsgrad dafür sorgt, dass es für den menschlichen Gebrauch geeignet ist.

DER NATÜRLICHE WASSERKREISLAUF

Der natürliche Wasserkreislauf besteht aus einer ständigen Abfolge von Verdunstung, Niederschlag, Abfluss des Regenwassers in Oberflächengewässer oder dessen Versickerung im Boden zur Anreicherung des Grundwassers. Unter Sonneneinstrahlung bzw. Wärmeeinwirkung steigt Wasserdampf auf, bildet Wolken und fällt als Niederschlag wieder auf die Erde. Ein Teil des versickernden Regenwassers wird durch die Saugfähigkeit des Bodens aufgenommen, verdunstet oder wird durch die kapillare Aufnahme des Wassers von Pflanzen verbraucht. Ein anderer Teil gelangt bis in tiefere Bodenschichten und sorgt dort für die Regulierung des Grundwasserspiegels. > Abb. 1

Grundwasser

Als Grundwasser wird Niederschlagswasser bezeichnet, das sich im Boden auf einer undurchlässigen Schicht ablagert und ganzjährig eine Temperatur zwischen 8 und 10 °C aufweist. Grundwasser ist meist keimfrei und wird über tiefe Brunnen mit Pumpanlagen gewonnen. Es ist für etwa drei Viertel der Trinkwasserversorgung verantwortlich und

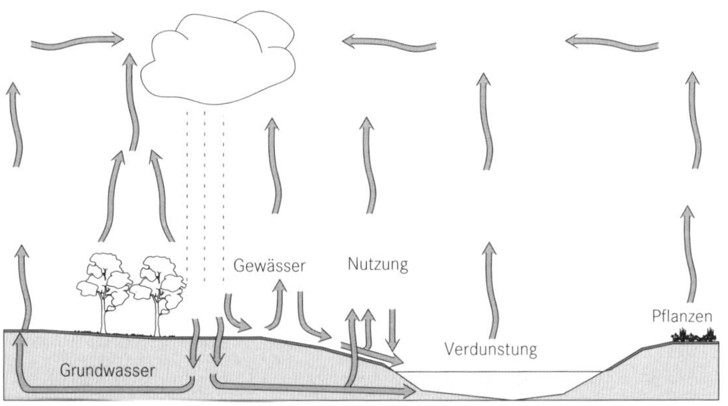

Abb. 1: Der natürliche Wasserkreislauf

durchläuft mehrere Reinigungsstufen und Filteranlagen, bevor es in das öffentliche Versorgungsnetz eingespeist wird.

Durch die ausgiebige Entnahme von Grundwasser sowie durch die Versiegelung umfassender städtischer Flächenareale wird in den natürlichen Kreislauf massiv eingegriffen. Das Regenwasser kann auf versiegelten Flächen nicht mehr auf natürliche Weise ins Grundwasser versickern, sondern wird direkt in Oberflächengewässer oder in die Kanalisation abgeführt. Darüber hinaus wird der Grundwasserspiegel durch Bebauung, Abholzung und Kanalisierung stark abgesenkt. ○

Außerdem wird das System durch die umfangreiche Entnahme von Grundwasser für Landwirtschaft und Industrie sowie durch die von dort eingeleiteten Schadstoffe beeinträchtigt. Düngemittel, Pflanzenschutzmittel, Mülldeponien, Straßenabwässer sowie Industrieemissionen, die als „saurer Regen" ins Grundwasser versickern, sorgen für einen besorgniserregenden Schadstoffeintrag, der nur durch aufwendige Reinigungsmaßnahmen wieder abgebaut werden kann. Sowohl die steigende Belastung des Wassers als auch der hohe Wasserverbrauch führen insgesamt zu einem ökologischen Ungleichgewicht, dessen negative Folgen hohe Kosten verursachen.

ANFORDERUNGEN AN DAS TRINKWASSER

Trinkwasser, das für den menschlichen Gebrauch bestimmt ist, muss bestimmten Anforderungen genügen. Es soll geruch- und farblos, frei von Krankheitserregern und Keimen sein und einwandfrei schmecken. Jede Entnahmestelle muss Trinkwasser bester Qualität mit ausreichendem Leitungsdruck zur Verfügung stellen. Für chemische Beimengungen zur Entkeimung des Wassers und für andere mögliche Inhaltsstoffe sind bestimmte Grenzwerte einzuhalten, die für die Europäische Union in einer EU-Richtlinie und in regionalen Trinkwasserverordnungen festgelegt sind. Die Beschaffenheit des Wassers und die Grenzwerte der Inhaltsstoffe werden, je nach Festlegungen zur Trinkwassergüte des jeweiligen Landes, regelmäßig überprüft. Die Anforderungen an die Trinkwasserqualität wachsen jedoch stetig. Bei dem heutigen Verschmutzungsgrad kann ihnen nur mit großem Aufwand und steigenden Kosten genügt werden. ○

○ **Hinweis:** Zu Versiegelung führen Belagsarten des Bodens, die für Wasser undurchlässig sind, wie z. B. Asphalt. Sie verhindern die Grundwasserneubildung, da kein Niederschlag auf natürliche Weise in den Boden gelangen und ins Grundwasser versickern kann.

○ **Hinweis:** Der Rat der Europäischen Union hat die Richtlinie 98/83 (EU-Trinkwasser-Richtlinie), betreffend die Qualität von Trinkwasser für den menschlichen Gebrauch, verabschiedet, die alle Mitgliedsstaaten verpflichtet, sie nach und nach in nationales Recht umzusetzen.

Tab. 1: Härtebereich des Wassers

Härtebereich	Härte in mmol/l	Bezeichnung
1	< 1,3	weich
2	1,3–2,5	mittelhart
3	2,5–3,8	hart
4	> 3,8	sehr hart

Härtegrad

Wasser mit hohem Kalk- und Magnesiumgehalt wird als hart, solches mit einem geringen Kalk- und Magnesiumgehalt als weich bezeichnet. Bei hohen Härtegraden kommt es zu Ablagerungen im Rohrleitungsnetz, die Inkrustationen genannt werden. Bei hartem Wasser wird zur Reinigung der Wäsche wesentlich mehr Waschmittel verbraucht, und es können sich Kalkschleier auf dem Geschirr bilden, das im Geschirrspüler gereinigt wird. Die Wasserhärte wird in mmol/l (Millimol pro Liter) gemessen. Der Härtegrad variiert je nach dem Ort des Wasservorkommens. > Tab. 1 Wasser mit weniger als 30 mg/l Calciumhydrogencarbonat wiederum kann im Leitungsnetz keine Schutzschicht ausbilden, sodass die Rohrmaterialien durch die Säuren angegriffen werden und korrodieren. Auf die Gesundheit hat die Wasserhärte eher einen untergeordneten Einfluss.

pH-Wert

Eine wichtige Größe zur Beurteilung der „Aggressivität" des Wassers stellt der pH-Wert (Lateinisch: potentia Hydrogenii) des Trinkwassers dar. Der pH-Wert bezeichnet die im Wasser enthaltene Konzentration von Wasserstoff-Ionen, genauer gesagt, den negativen Logarithmus der Wasserstoff-Ionen-Konzentration. Reines Wasser weist auf der Skala einen pH-Wert von 7 auf, d. h., in einem Liter Wasser befinden sich 10-7 gH-Ionen. Ist er niedriger als 7, reagiert das Wasser sauer, also aggressiv; liegt er höher, reagiert das Wasser basisch oder alkalisch, sodass die Kalkausscheidung höher ist.

TRINKWASSERBEDARF

Im 19. Jahrhundert wurden in Deutschland etwa 30 l Trinkwasser pro Kopf und Tag für den Verzehr und für die körperliche Hygiene gebraucht, heute hingegen sind es etwa 130 l, die durch den gestiegenen sanitären Komfort, wie z. B. fließendes Wasser, Duschen oder Wasserspülung der Toiletten, schnell erreicht werden. Dieser Verbrauch ist zwar sehr hoch, stellt aber bereits einen reduzierten Wert dar, da in den letzten Jahren vielfach Spararmaturen in Bad und WC eingesetzt wurden. Eine steigende Wassernutzung ist hingegen bei Industrie, Gewerbe und Landwirtschaft zu verzeichnen. Die Bewässerung landwirtschaftlicher Flächen stellt weltweit den größten Posten im Verbrauch von Trinkwasser dar.

In den Industriestaaten sind nahezu alle Gebäude an das öffentliche Trinkwassernetz angeschlossen. Viele Milliarden Kubikmeter Wasser werden pro Jahr dem natürlichen Wasserkreislauf für die Trinkwasserversorgung entnommen. Der größte Teil davon stammt aus Grundwasser und aus Oberflächengewässern, der Rest wird z. B. aus Uferfiltrat gewonnen. Mit dem Begriff Oberflächenwasser wird Wasser aus Flüssen oder Seen bezeichnet, das meist mechanisch sowie mit Bakterien verunreinigt ist und erst nach einem längeren Reinigungsprozess als Trinkwasser zur Verfügung steht.

Insbesondere in Ballungs- und regionalen Wassermangelgebieten muss Trinkwasser zum Teil aus weit entfernten Regionen zu seinem Bestimmungsort transportiert werden. Zudem fließt Regenwasser wegen des hohen prozentualen Anteils versiegelter Flächen in den Städten meist auf direktem Weg in die Kanalisation. Da es also besonders schwierig ist, die benötigte Trinkwassermenge an solchen Orten bereitzustellen, spielt gerade hier die Verringerung des Trinkwasserbedarfs eine große Rolle.

Der tägliche Trinkwasserbedarf teilt sich im privaten Haushalt auf verschiedene Nutzungen auf. > Tab. 2 Dabei ist die eigentliche Verzehrmenge im Vergleich denkbar gering. Etwa 5 l Wasser werden wirklich getrunken oder zum Kochen verwendet, die übrige Trinkwassermenge wird für andere Zwecke eingesetzt. Zeitliche Schwankungen des Bedarfs werden durch eine Speicherung des Trinkwassers im Wasserwerk ausgeglichen.

Der Anteil des Warmwasserbedarfs liegt heute im Wohnungsbau bei durchschnittlich 30 bis 60 l pro Person und Tag. Er kann jedoch tageweise und je nach den Gewohnheiten der Nutzer stark variieren. Für ein Wannenbad sind etwa 120 bis 180 l Warmwasser von 40 °C für ein fünfminütiges Duschbad etwa 40 l von 37 °C notwendig. Durch die Wahl eines Duschbades statt eines Wannenbads können also Energie und Trinkwasser eingespart werden.

Tab. 2: Typische Verbrauchswerte von Trinkwasser

Tätigkeit	**Verbrauch in l/Tag/Person**
Trinken und Kochen	5
Einfache Körperpflege	10
Baden und Duschen	38
Geschirrspülen	8
Putzen	8
Wäsche	15
Toilettenspülung	40
Gartenbewässerung	6
Gesamt	**130**

EINSPARUNG VON TRINKWASSER

Für die Einsparung von Trinkwasser stehen heute zahlreiche Möglichkeiten in der Sanitärtechnik zur Verfügung: in Duschköpfen eingebaute Durchflussbegrenzer, Wasser sparende Armaturen, Wasserspartoiletten sowie Haushaltsgeräte, wie z. B. Waschmaschinen und Geschirrspüler, mit reduziertem Wasserverbrauch. Auch die Installation von Wasserzählern in jeder Wohnung statt einer zentralen Zählanlage im Kellergeschoss hat sich beim Wassersparen bewährt, weil der Verbrauch vom Nutzer unmittelbar mitverfolgt werden kann und er nur für seinen Wasserbedarf bezahlt. WC-Spülkästen mit Stopptasten und einer Wassermenge von 4–6 l pro Spülgang sind heute meist Standard. Weiter gehende Systeme wie z. B. Vakuumtoiletten kommen mit 1,2 l Spülwasser pro Spülgang aus. Ganz ohne Wasserspülung arbeiten Komposttoiletten, die es in unterschiedlichen Bauarten gibt. > Kap. Trinkwasseranlagen in Gebäuden, Sanitärräume

Eine genaue Analyse des Trinkwasserverbrauchs verdeutlicht, dass nicht für alle Nutzungen Trinkwasserqualität erforderlich ist. > Tab. 2 Reines Trinkwasser wird lediglich für die Körperpflege, zum Geschirrspülen sowie zum Kochen und Trinken benötigt. Für die Toilettenspülung, zum Putzen oder für die Gartenbewässerung reicht die Qualität von Regenwasser aus. Der Wasserverbrauch kann deshalb durch die Verwendung von Regenwasser deutlich reduziert werden. Gereinigtes Grauwasser aus Duschen und Waschbecken ließe sich beispielsweise auch zur WC-Spülung einsetzen. > Kap. Abwasser, Nutzung von Abwässern

Allein durch moderne Spararmaturen im Sanitärbereich kann der durchschnittliche Trinkwasserbedarf bereits auf etwa 100 l pro Person und Tag reduziert werden. Mit einigen weiteren der genannten Maßnahmen wäre sogar weniger als die Hälfte des normalen Trinkwasserbedarfs ohne nennenswerten Komfortverlust möglich.

Trinkwasseranlagen in Gebäuden

Der Wasserkreislauf beginnt im Gebäude in der Regel mit der Versorgung mit kaltem Trinkwasser durch einen Leitungsanschluss an das öffentliche Wasserversorgungsnetz, es sei denn, das Grundstück verfügt über eine Einzelversorgungsanlage (Brunnen). In größeren Städten und Gemeinden liegen die Anschlüsse der öffentlichen Trinkwasserversorgung üblicherweise in einer frostfreien Tiefe zwischen 1,00 und 1,80 m unterhalb des Gehwegs. Jedes Grundstück erhält eine eigene Trinkwasseranschlussleitung, die von der öffentlichen Versorgungsleitung rechtwinklig in das Gebäude bis in den Hausanschlussraum bzw. bis zur Hauptabsperreinrichtung und zur Wasserzählanlage geführt wird. > Abb. 2 Im Wohnungsbau hat diese Leitung eine Nennweite von etwa 25 cm (DN 25). ○

Um die Lage des Trinkwasseranschlusses kenntlich zu machen, werden in einigen europäischen Ländern an benachbarten Hauswänden farbige Hinweisschilder angebracht, welche das Auffinden des Trinkwasseranschlusspunktes erleichtern. Die auf den Schildern angegebenen Linien und Zahlen geben die Entfernung des Trinkwasseranschlusses – vom Schild aus gesehen – nach rechts oder links sowie nach vorn oder hinten an. Die aufgeführten Abkürzungen bezeichnen in der Regel die Art des Anschlusses, die dazugehörigen Zahlenangaben dessen Nennweite.

Wassertemperatur

Damit sich keine Keime bilden können, erfolgt die Versorgung des Gebäudes mit kaltem Trinkwasser, d. h. mit einer Temperatur zwischen 5 und 15 °C. Um warmes Wasser zu erhalten, muss das Trinkwasser im Gebäude erst erwärmt werden. Mit dem Begriff Warmwasser wird Trinkwasser mit einer Temperatur zwischen 40 und 90 °C bezeichnet. Für die Körperreinigung reicht eine Warmwassertemperatur von 40 bis 45 °C aus, während zum Geschirrspülen eine Temperatur von 55 bis 85 °C notwendig ist, damit hygienische Sauberkeit erzielt wird.

○ **Hinweis:** Die Abkürzung DN, die sich als Bezeichnung in jedem Leitungsplan befindet, bedeutet „Diametre Nominal" und bezeichnet, wie auch der Begriff Nennweite, den Innendurchmesser einer Leitung. Die angegebenen Nennweiten können je nach staatlicher Regelung sowie Größen der Anlagen variieren.

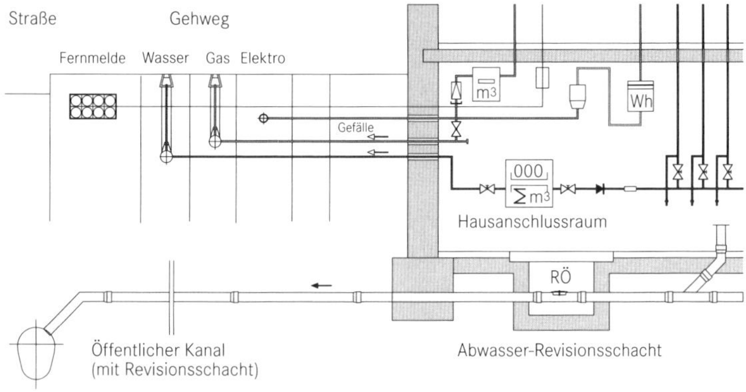

Abb. 2: Ver- und Entsorgungsleitungen eines Gebäudes

Wasserdruck

Die Verteilung des Trinkwassers im Leitungsnetz erfolgt durch den im Wasserversorgungsunternehmen erzeugten Wasserdruck. Im öffentlichen Leitungsnetz beträgt der Wasserdruck in der Leitung meist zwischen 6 und 10 bar und wird durch den im Leitungsnetz des Gebäudes eingebauten Druckminderer auf 5 bar oder weniger verringert. > Kap. Trinkwasseranlagen in Gebäuden, Anlagenkomponenten der Trinkwasserversorgung

Diese Werte können örtlich variieren und sind nur als Anhaltswerte zu verstehen. Der Überdruck an der Entnahmestelle sollte jedoch 0,5 bar nicht unterschreiten, da sonst das Wasser nicht richtig verteilt werden kann. Druckverluste im Leitungssystem ergeben sich z. B. durch große Höhenunterschiede zwischen der Anschlussleitung und der Entnahmestelle. Die Druckabnahme kann überschlägig mit 1 bar pro 10 m Höhe angenommen werden.

ANLAGENKOMPONENTEN DER TRINKWASSERVERSORGUNG

Zur Verteilung des Trinkwassers innerhalb des Gebäudes steht bei einer Trinkwasserversorgungsanlage ein verzweigtes Netz aus horizontalen und vertikalen Leitungen zur Verfügung, das in der Regel nicht sichtbar in Installationsschächten, Vorwandinstallationen, Fußbodenaufbauten oder Wandschlitzen untergebracht wird. Darüber hinaus gehören Wasserzähler zur Ermittlung des Verbrauchs, Sicherheitseinrichtungen, Absperrarmaturen und die angeschlossenen Entnahmestellen zu den Anlagenkomponenten einer Trinkwasseranlage.

Hausanschluss

Die Anschlussvorrichtung an die öffentliche Versorgungsleitung und der Wasserzähler gehören als Bestandteile der in das Haus eingeführten Trinkwasseranlage meist dem Wasserversorgungsunternehmen. Die Anschlussleitung, die auf kürzestem Wege in das Gebäude zu führen ist, darf im Vorbereich des Gebäudes nicht überbaut werden, damit sie auffindbar bleibt und Reparaturen an ihr vorgenommen werden können.

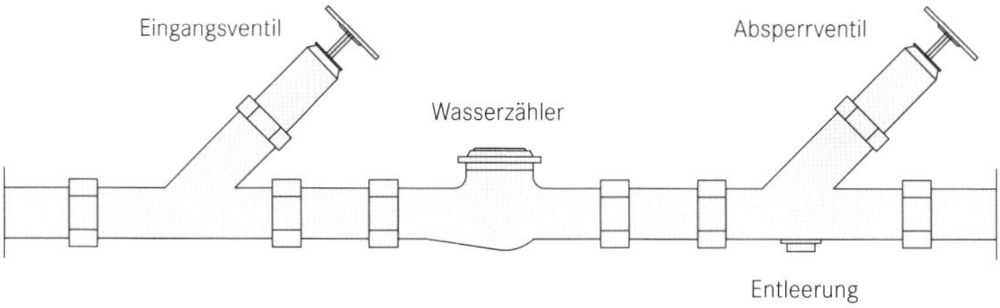

Abb. 3: Trinkwasserzähler im Hausanschlussraum

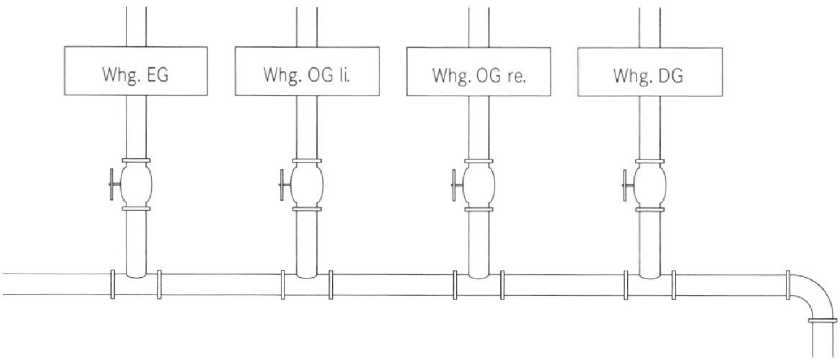

Abb. 4: Unterverteilung der Trinkwasserzufuhr durch eine Verteilerbatterie

Die Rohrdurchführung durch die Hauswand oder das Fundament muss aus Sicherheitsgründen rechtwinklig erfolgen und die Leitung mit einem Schutzrohr umgeben sein.

Der geeichte Wasserzähler wird unmittelbar zwischen der Hauptabsperrarmatur des öffentlichen Leitungsnetzes und der internen Absperrarmatur des Gebäudes installiert. Die beiden Absperreinrichtungen ermöglichen das problemlose Auswechseln des Zählers. > Abb. 3 Wasserzähler

Der Planungsbereich des Architekten beginnt erst nach dem Wasserzähler. Dieser sollte in einem frostsicheren und leicht zugänglichen Raum, z. B. in einem straßenseitig gelegenen Hausanschlussraum, untergebracht werden, damit die jährliche Ablesung auf einfache Weise erfolgen kann. Ist die Montage des Wasserzählers innerhalb des Gebäudes nicht möglich, kann er alternativ auch in einem Zählerschacht außerhalb des Gebäudes untergebracht werden. Dies kann sogar vorgeschrieben sein, damit eine Ablesung des Zählerstandes auch ohne Anwesenheit des Eigentümers möglich ist.

Sind mehrere Steigleitungen für die Trinkwasserverteilung in den Geschossen eines Gebäudes erforderlich, wie z. B. in einem Mehrfamilienhaus zur Versorgung einzelner Wohnungen, wird eine Verteilerbatterie zwischengeschaltet. > Abb. 4 Oft werden neben der Unterteilung der Verteilerbatterie

Abb. 5: Erläuterung der im Schnitt einzusetzenden Symbole

Trinkwasserzufuhr eine Heizungszuleitung, separate Entnahmestellen (z. B. im Außenbereich) oder, falls notwendig, eine Leitung für eine Löschwassereinrichtung abgetrennt. Jede einzelne Steigleitung der Verteilerbatterie wird sorgfältig beschriftet, damit eine Zuordnung der jeweiligen Leitung zu ihrem Zielpunkt erfolgen kann. Jeder Steigstrang ist mit einem separaten Absperrventil zu versehen, damit er zum Komponententausch vom System getrennt werden kann.

Plandarstellung und Symbole

Um die Verständigung über einzubauende Anlagenkomponenten im Gebäude und deren räumliche Lage und Anordnung zu erleichtern, werden in der europäischen Norm EN 806 und ergänzend dazu in den regional gültigen Normen für die Erstellung von Planzeichnungen zur Konzeption von Trinkwasseranlagen bestimmte grafische Symbole für die Anlagenteile und die sanitären Einrichtungen angegeben. > Abb. 5 Diese Normen können sich regional unterscheiden. Um die Trinkwasseranlage

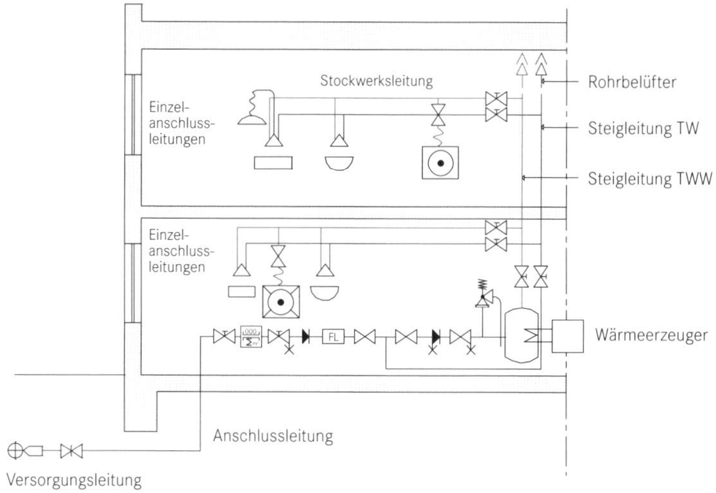

Abb. 6: Trinkwasserleitungsnetz im Schnitt

und die zugehörige Leitungsführung vollständig darzustellen, sind Eintragungen in Grundriss und Schnitt notwendig. Da beispielsweise die eingetragenen Sanitärgegenstände im Grundriss von oben gesehen werden, ist die Darstellung zum Teil nach Grundriss oder Schnitt zu unterscheiden. Zur Erläuterung der verwendeten Zeichen ist generell eine auf dem Plan befindliche Legende hilfreich.

Darstellung im Schnitt

Die Darstellung im Schnitt sollte schematisch erfolgen und möglichst nur Informationen zur Trinkwasserversorgung enthalten. Die Reihenfolge der eingetragenen Symbole der Trinkwasserversorgung entspricht jedoch der tatsächlichen Anordnung der Sanitärelemente. Symbole und Leitungsführung werden so dargestellt, als wäre das Leitungsnetz mit den Entnahmestellen in einer Schnittebene aufgeklappt zu sehen. > Abb. 6

Darstellung im Grundriss

Bei der Darstellung im Grundriss ist darauf zu achten, dass auf- oder absteigende Leitungen mit Richtungspfeilen gekennzeichnet werden, die jeweils die Verlaufsrichtung der Leitung anzeigen. > Abb. 7 Sie geben auch an, ob eine Leitung im dargestellten Geschoss beginnt, endet oder ob sie durchlaufend ist. > Abb. 8

Bezeichnung der Leitungsteile

Jeder Leitungsteil der Trinkwasseranlage wird mit besonderen Bezeichnungen versehen, die sich in den meisten Fällen von anderen Versorgungsanlagen unterscheiden. > Abb. 6 Die wesentlichen Bezeichnungen sind Anschlussleitung (AL) für die Leitung zwischen öffentlicher Versorgungsleitung und Hauptabsperrarmatur im Gebäude, Steigleitung (SL)

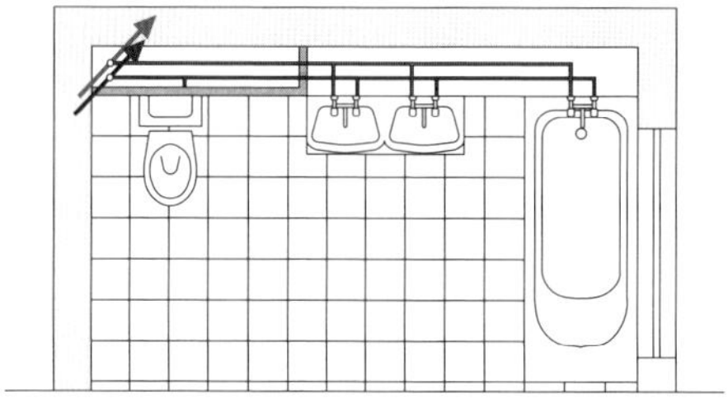

Abb. 7: Trinkwasserleitungsnetz innerhalb eines Badezimmers im Grundriss

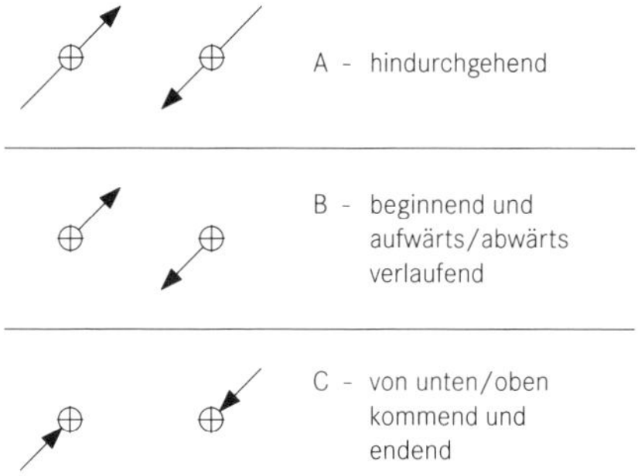

Abb. 8: Darstellung der Verlaufsrichtung von Leitungen

für die vertikal durch das Gebäude führende Leitung, von der die Stockwerksleitungen (SWL) horizontal abzweigen, sowie die Zirkulationsleitung (ZL), die für eine ständige Bereithaltung von Warmwasser an der Zapfstelle sorgt, jedoch nicht zwingend notwendig ist. Die von der horizontalen Stockwerksleitung zur Entnahmestelle vertikal abzweigende Leitung wird als Einzelzuleitung (EZL) bezeichnet. Der Innendurchmesser von Steigleitungen liegt im Wohnungsbau etwa bei DN 20, bei Stockwerksleitungen etwa bei DN 15, d. h., die Nennweite beträgt 20 bzw. 15 mm.

Zirkulationsleitung

Eine Zirkulationsleitung sorgt dafür, dass an den Entnahmestellen ohne zeitlichen Verzug Warmwasser zur Verfügung steht. Dies hat den Vorteil, dass nicht erst eine größere Menge Kaltwasser durch die Leitung fließen muss, bevor die Warmwasserversorgung einsetzt, wie dies häufig bei Durchlauferhitzern der Fall ist. Nachteilig ist der ständige Stromverbrauch, der für die Pumpenleistung bei ständiger Zirkulation des Wassers im Leitungsnetz benötigt wird. Eine zeitgeschaltete Pumpe, die nur dann läuft, wenn Warmwasser benötigt wird, kann jedoch Abhilfe schaffen.

Leitungsführung

Die horizontale Leitungsführung kann sowohl unterhalb einer Kellerdecke als auch im Fußbodenaufbau erfolgen. In größeren Gebäuden werden hierfür meist Bodenkanäle vorgesehen, oder es wird eine abgehängte Decke eingebaut. > Abb. 9 Vertikal verlegte Leitungen liegen in Keller- oder Technikräumen frei vor der Wand, > Abb. 10 in den darüberliegenden Geschossen in Installationsschächten oder bei kurzen Leitungsstrecken in halbhohen Vorwandinstallationen. > Kap. Trinkwasseranlagen in Gebäuden, Sanitärräume

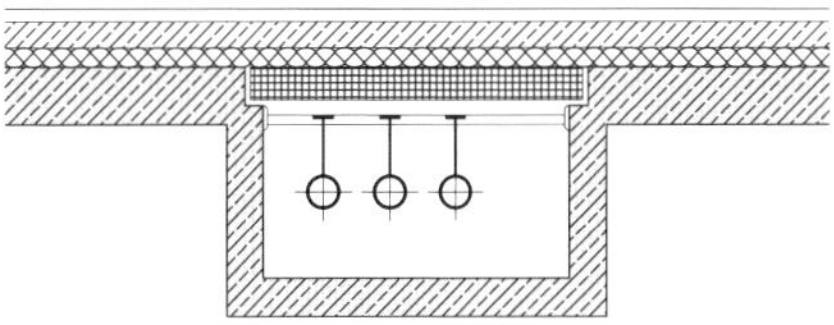

Abb. 9: Leitungsverlegung in einem Bodenkanal

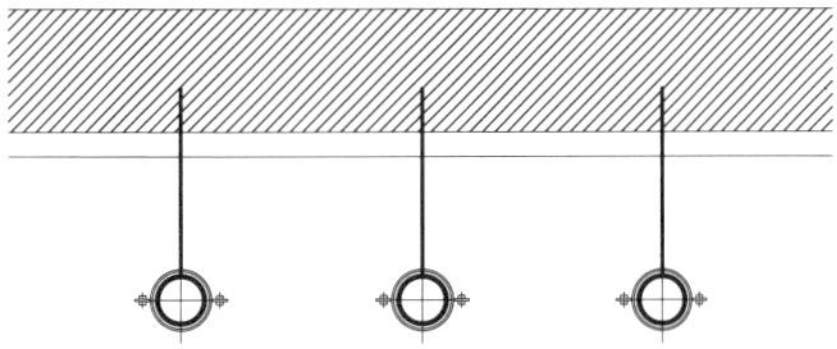

Abb. 10: Leitungsverlegung vor der Wand

Abb. 11: Leitungsverlegung in einem Wandschlitz

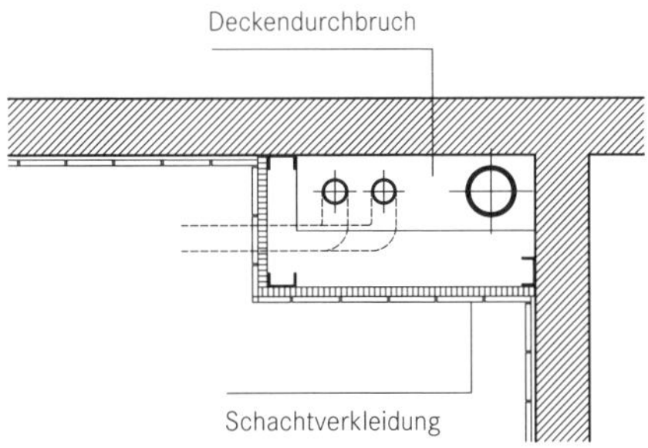

Abb. 12: Leitungsverlegung in einem Installationsschacht

Im Massivbau werden Leitungen auch in gedämmten Wandschlitzen verlegt, wenn die Wand einen ausreichenden Querschnitt aufweist und wenn dieses Vorgehen statisch umsetzbar ist. > Abb. 11 Diese Art der Verlegung wird jedoch aufgrund des Aufwandes sowie des mangelnden Schallschutzes zunehmend von Installationsschächten in Nassräumen abgelöst. > Abb. 12 Vorwandinstallationen stellen im Unterschied zu einem Schacht nur eine Verkleidung der Leitungen im zu versorgenden Raum dar und enden meist auf halber Raumhöhe, während ein Installationsschacht die Leitungsführung durch mehrere Geschosse übernimmt. > Abb. 13

Bemessung der Leitungen

Die Nennweiten (Durchmesser) der Rohrleitungen richten sich nach der Anzahl der angeschlossenen Verbrauchsstellen. > Tab. 3 Zudem müssen bei der Bemessung die Gleichzeitigkeit der Entnahmen, das eingesetzte Rohrmaterial, das Rohrreibungsdruckgefälle und ein Mindestfließdruck

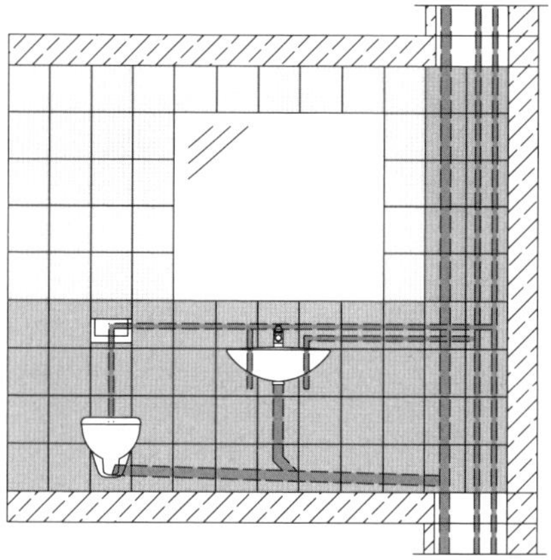

Abb. 13: Vorwandinstallation und Installationsschacht

Tab. 3: Rohrdurchmesser von Trinkwasserleitungen

Leitungsart	Überschlägiger Innendurchmesser
Anschlussleitung	DN 25 bis DN 32
Steigleitung	DN 20
1–5 Zapfstellen	DN 20
5–10 Zapfstellen	DN 25
10–20 Zapfstellen	DN 32
20–40 Zapfstellen	DN 40
Stockwerksleitungen	DN 15
1 WC-Spülkasten	DN 10 bis DN 15
1–2 Waschtische	DN 15
1 Dusche	DN 15
1 Badewanne	DN 20 bis 25
1 Gartenleitung	DN 20 bis 25

berücksichtigt werden. Der Mindestfließdruck in der Leitung muss so bemessen sein, dass auch an der entferntesten Wasserentnahmestelle immer noch genügend Überdruck im Leitungssystem herrscht, damit die Trinkwasserentnahme einwandfrei funktionieren kann. Das Rohrreibungsdruckgefälle bezeichnet den Druckverlust, der aus der Rohrreibung entsteht. Es wird aus dem Druck innerhalb eines Leitungsteilstückes, dividiert durch dessen Länge, ermittelt.

Materialien

Zeitgemäße Anschlussleitungen für die Trinkwasserversorgung, die außerhalb des Gebäudes im Erdreich liegen, bestehen in der Regel aus Kunststoff (Polyethylen HD), da bei Metallrohren ein zusätzlicher Korrosionsschutz erforderlich ist. Neuerdings werden auch mehrschichtige Metallverbundrohre genutzt, welche die Vorteile von Metall (Stabilität) und Kunststoff (Korrosionsbeständigkeit) in einem Werkstoff vereinen.

Innerhalb des Gebäudes werden entweder Kupfer, feuerverzinkter Stahl, Edelstahl oder ebenfalls Kunststoff (Polyethylen) als Werkstoffe für Trinkwasserleitungen eingesetzt. Kunststoffleitungen sind frei beweglich und können wegen ihres geringen Querschnittes in beliebigen Radien auch im Fußbodenaufbau verlegt werden. Polyethylenrohre werden meist als Rohr-in-Rohr-System ausgeführt: Die flexible Trinkwasserleitung (PE-X) wird mit einem zusätzlichen, biegsamen äußeren Schutzrohr (PE-HD) versehen und kann bei Bedarf aus dem Rohr herausgezogen und ausgewechselt werden. Kunststoffrohre haben neben ihrer hohen Flexibilität auch den Vorteil der Unempfindlichkeit gegen Inkrustationen und Korrosion. Beim Einsatz von Metallrohren oder beim Austausch von Rohrteilen in der Altbausanierung darf in Fließrichtung jeweils nur das höherwertige Material eingebaut werden, z. B. Kupfer hinter Stahl, da sonst Korrosion entstehen kann. ○

Sicherheitseinrichtungen

In der Regel werden Schutzmaßnahmen getroffen, um die hohe Qualität des Trinkwassers zu erhalten. Diese darf sich keinesfalls innerhalb des Leitungssystems, z. B. durch das Eindringen von Nichttrinkwasser, verschlechtern. Durch entsprechende Sicherheitseinrichtungen soll also sowohl das Rückfließen oder Rücksaugen von verunreinigtem Wasser als auch die generelle Vermischung mit Wasser geringerer Güte verhindert werden. Dies könnte beispielsweise geschehen, wenn durch einen Rohrbruch ein Unterdruck im Leitungssystem entsteht und gleichzeitig ein Duschkopf im Badewasser liegt. Ohne Schutzeinrichtungen würde das Badewasser durch die Sogwirkung des Unterdrucks ungehindert ins Trinkwasser gelangen. ○

○ **Hinweis:** Polyethylen HD wird für erdverlegte Leitungen eingesetzt, PE-X im Wesentlichen für Innenrohre, die jedoch meist mit einem zusätzlichen Schutzmantel aus PE-HD versehen werden. HD bedeutet „hohe Dichte“, PE-X „vernetztes Polyethylen“.

○ **Hinweis:** Mit der Reinhaltung des Trinkwassers innerhalb von Gebäuden befasst sich auch die Europäische Norm DIN EN 1717, „Schutz des Trinkwassers vor Verunreinigungen in Trinkwasser-Installationen und allgemeine Anforderungen an Sicherheitseinrichtungen zur Verhütung von Trinkwasserverunreinigungen durch Rückfließen“.

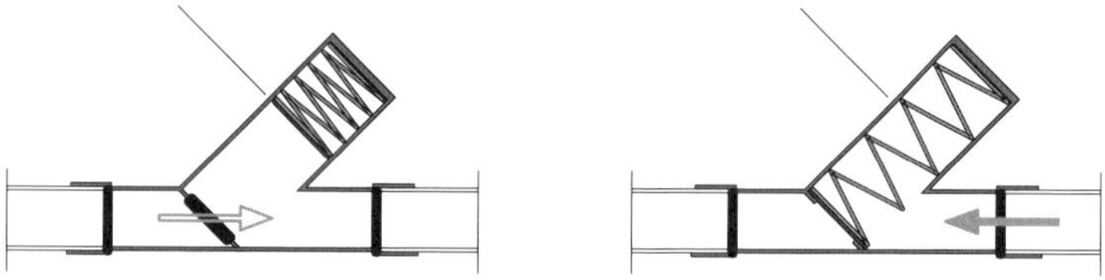

Abb. 14: Das Prinzip eines Rückflussverhinderers

Rückfluss-verhinderer

Zu den Sicherheitsarmaturen bei der häuslichen Installation gehört beispielsweise der unmittelbar nach dem Wasserzähler eingebaute Rückflussverhinderer. Durch ein selbsttätig schließendes, federbelastetes Ventil beugt er einem Rückfließen des Trinkwassers in der Leitung vor. Der Rückflussverhinderer ist nur geöffnet, wenn Wasser in Fließrichtung hindurchfließt. Wird der Zustrom unterbrochen, schließt er sich wieder. Bei einer Umkehr der Fließrichtung wird er zusätzlich zugedrückt. > Abb. 14

Rohrbelüfter

Rückflussverhinderer werden meist in Kombination mit einem Rohrbelüfter eingebaut, der ebenfalls einen möglichen Unterdruck im Leitungssystem ausgleichen soll, um ein Rücksaugen von verunreinigtem Wasser in das Trinkwasserleitungsnetz zu verhindern. Der Rohrbelüfter befindet sich am obersten Ende jeder Kalt- oder Warmwassersteigleitung. Im Normalfall ist das Ventil innerhalb des Rohrbelüfters geschlossen. > Abb. 15 Im Zusammenwirken mit dem Rückflussverhinderer wird bei Unterdruck im Leitungssystem das Ventil geöffnet und durch einströmende Luft das Rücksaugen des Wassers in das Leitungsnetz verhindert. > Abb. 16

Da die Gefahr besteht, dass bei Überdruck in der Leitung Wasser aus dem Rohrbelüfter austritt, kann dieser mit einer Tropfwasserleitung verbunden werden, die auftretendes Wasser über einen Anschluss an das Abwasserleitungsnetz in die Kanalisation entsorgt. Befindet sich der Rohrbelüfter oberhalb von Duschen oder Waschbecken, wo eventuell austretendes Wasser keinen Schaden verursachen kann, ist die Tropfwasserleitung entbehrlich.

Druckminderer

Der durch das Wasserversorgungsunternehmen bereitgestellte Wasserdruck wird im Gebäude mit Hilfe eines Druckminderers reduziert, da er für eine normale Entnahmestelle zu hoch wäre. Der Ausgangsdruck wirkt dabei auf eine bewegliche Membran, die ein angeschlossenes Federventil – abhängig von der Einstellung – entweder öffnet oder schließt. > Abb. 17 Der Druckminderer sollte so eingebaut werden, dass er zu Wartungszwecken zugänglich bleibt.

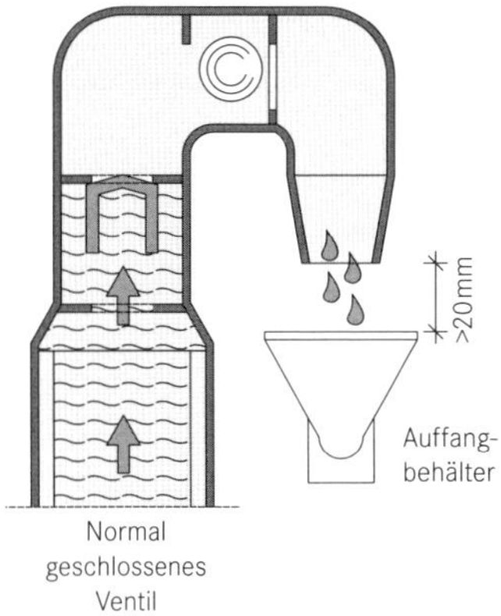

Abb. 15: Funktionsweise eines Rohrbelüfters mit Tropfwasserleitung

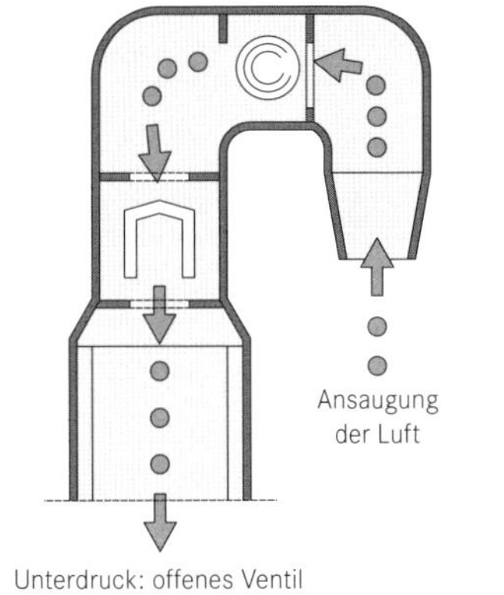

Abb. 16: Funktionsweise eines Rohrbelüfters ohne Tropfwasserleitung bei Unterdruck

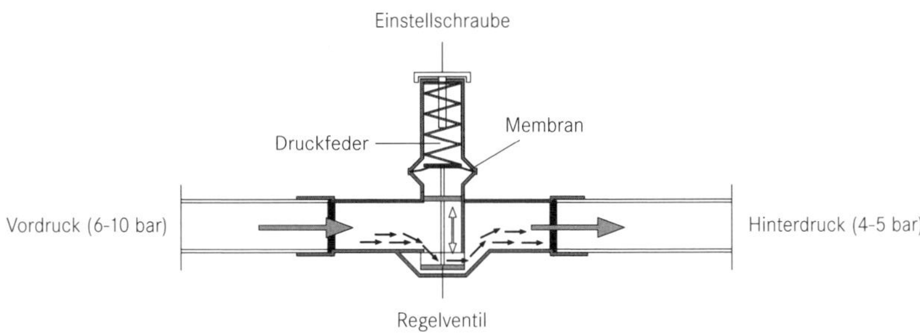

Abb. 17: Prinzip eines Druckminderers

Filter

Um keine Schmutz- oder Rostpartikel im Trinkwasser vorzufinden, werden in jede Trinkwasseranlage Feinfilter eingebaut. Meist erfolgt die Installation unmittelbar zwischen Wasserzähler und Druckminderer, damit Letzterer nicht verunreinigt wird. Der Einbau eines Filters ist jedoch nur sinnvoll, wenn er regelmäßig gewartet wird, da der Filtereinsatz auf lange Sicht nicht unbedingt keimfrei bleibt.

Sicherheitsabstände

Im Erdreich installierte Trinkwasserleitungen sollten einen Sicherheitsabstand zu erdverlegten und oberhalb von Trinkwasserleitungen liegenden Abwasserleitungen aufweisen, der mindestens 1 m beträgt, damit Verunreinigungen durch Undichtigkeiten ausgeschlossen werden können. Ist kein Abstand möglich, muss die Trinkwasserleitung generell

Tab. 4: **Typische Dämmstoffdicken bei Kaltwasserleitungen**

Rohrleitung	Dämmstoffdicke
- Frei verlegt im nicht beheizten Raum - Im Installationsschacht ohne unmittelbar danebenliegende, Wärme führende Leitungen - Im Wandschlitz	4 mm
- Frei verlegt im beheizten Raum	9 mm
- Im Installationsschacht, neben Wärme führenden Leitungen	13 mm

Die Dämmstoffdicke bezieht sich auf eine Wärmeleitfähigkeit von 0,035 W/m²K und ist für andere Dämmstoffe umzurechnen.

oberhalb der Abwasserleitung liegen. In diesem Fall ist ein Abstand von 20 cm ausreichend.

Wärmedämmung

Kalte Trinkwasserleitungen sollten mit Hilfe von Wärmedämmung gegen eine ungewollte Erwärmung durch in unmittelbarer Nähe liegende Warmwasser- oder Heizungsleitungen geschützt oder in ausreichendem Abstand zu ihnen montiert werden, damit sie keimfrei bleiben. Auch wenn sie durch warme Räume geführt werden müssen, sind sie mit Dämmstoff zu schützen. > Tab. 4

SYSTEME ZUR WARMWASSERBEREITUNG

Ein Teil des Trinkwassers im Gebäude wird aufgrund des täglichen Bedarfs an Warmwasser vor seiner Verteilung erwärmt. Warmwasserversorgungsanlagen bestehen aus der Kaltwasserzuleitung, dem Wärmeerzeuger, eventuell einem Warmwasserspeicher, der Warmwasserverteilungsleitung, die zu den Entnahmestellen führt, sowie den unter Umständen eingebauten Zirkulationsleitungen, die für die sofortige Bereitstellung von warmem Wasser an der Entnahmestelle sorgen.

● **Wichtig:** Wegen des möglicherweise auftretenden Kondenswassers sind Kaltwasserleitungen darüber hinaus generell unterhalb von Gasleitungen anzuordnen, weil ansonsten durch Korrosion der Gasleitung die Gefahr eines Gasaustritts bestünde.

Tab. 5: Gebräuchliche Dämmstoffdicken bei Warmwasserleitungen

Nennweite der Rohrleitung	Dämmstoffdicke
- bis DN 20 - von DN 22 bis DN 35	20 mm 30 mm
- von DN 40 bis DN 100	gleich DN
- größer DN 100	100 mm
Die halbe Dämmstoffdicke ist ausreichend für Stichleitungen bis zu 8 m Länge - bei Wand- und Deckendurchbrüchen - bei Leitungskreuzungen	

Leitungsführung

Wird ein Gebäude zentral von einer Stelle aus mit Warmwasser versorgt, verlaufen Warmwasserleitungen meist im gesamten Gebäude parallel zu den Kaltwasserleitungen und haben in etwa den gleichen Leitungsquerschnitt. Die Wassertemperatur im Leitungsnetz beträgt zwischen 40° und 60 °C. Um Energieverluste zu vermeiden, sollten Warmwasserleitungen möglichst kurz und bei der Führung durch kalte Räume unbedingt wärmegedämmt sein. Ein entsprechend großer Installationsraum muss bei der Planung der Leitungsführung berücksichtigt werden.

Die Dämmstoffdicke entspricht in etwa dem Durchmesser der Leitung, bei Rohren unter 8 m Länge ist die halbe Dämmstoffdicke ausreichend. Auch bei Wand- und Deckendurchbrüchen oder an Kreuzungspunkten von Leitungen, z. B. im Fußbodenaufbau, genügt die halbe Dämmstoffdicke. > Tab. 5

Einzel-, Gruppen- und Zentralversorgung

Warmwasseranlagen können zentral im Gebäude oder dezentral, also direkt an der Zapfstelle, eingesetzt werden. Ist nur eine Entnahmestelle an die Warmwasserbereitung angeschlossen, wird dies als Einzelversorgung, bei mehreren angeschlossenen Zapfstellen als Gruppenversorgung bezeichnet. > Abb. 18 und 19 Bei einer Zentralversorgung werden alle Entnahmestellen über einen zentral installierten Wärmeerzeuger mit Warmwasser versorgt. > Abb. 20 Es ist auch möglich, Einzel-, Zentral- und Gruppenversorgungssysteme miteinander zu kombinieren, um z. B. im Sommer einen zentralen Heizkessel abschalten zu können und dennoch durch eine Einzelversorgungsstelle warmes Wasser zur Verfügung zu haben.

Wärmeerzeuger

Es gibt im Wesentlichen zwei Typen von Wärmeerzeugern, die für die Warmwasserbereitung zuständig sind: Durchflusswassererwärmer bzw. Durchlauferhitzer, die das Wasser unmittelbar erhitzen, und Speicherwassererwärmer, die das Wasser ständig warm und zur Entnahme bereithalten. Eine weitere Unterscheidung wird in Bezug auf die Wärmequellen vorgenommen. Wärmequellen können Festbrennstoffe, Öl, Gas, Strom, Erdwärme oder auch Sonnenenergie sein. Die Beheizung erfolgt

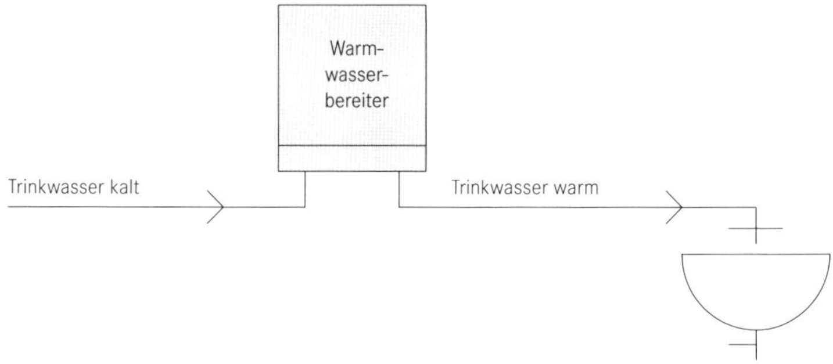

Abb. 18: Einzelversorgung eines Waschtisches mit Warmwasser

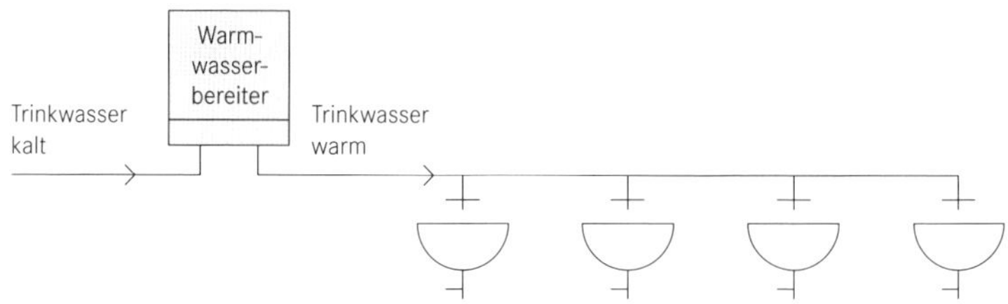

Abb. 19: Gruppenversorgung mehrerer Waschtische mit Warmwasser

entweder mittelbar durch einen Wärmetauscher und ein Wärmeträgermedium oder unmittelbar durch die Abgabe der Wärme an das zu beheizende Wasser. ○

Wenn möglich, werden Wärmeerzeuger für die Beheizung des Gebäudes und für die Warmwasserbereitung gekoppelt, sodass eine zentrale Anlage im Gebäude aufgestellt wird. Sie besteht aus einem Warmwasserspeicher, der als Brauchwasserspeicher und Wärmequelle für den

○ **Hinweis:** Ein Wärmetauscher wird eingesetzt, um Wärme von einem Medium auf ein anderes zu übertragen. Das Wärmeträgermedium kann Wasser sein, welches seine Temperatur an die Luft abgibt, wie z. B. bei einem Heizkörper. Bei der Warmwasserbereitung befindet sich der Wärmetauscher innerhalb des Warmwasserspeichers.

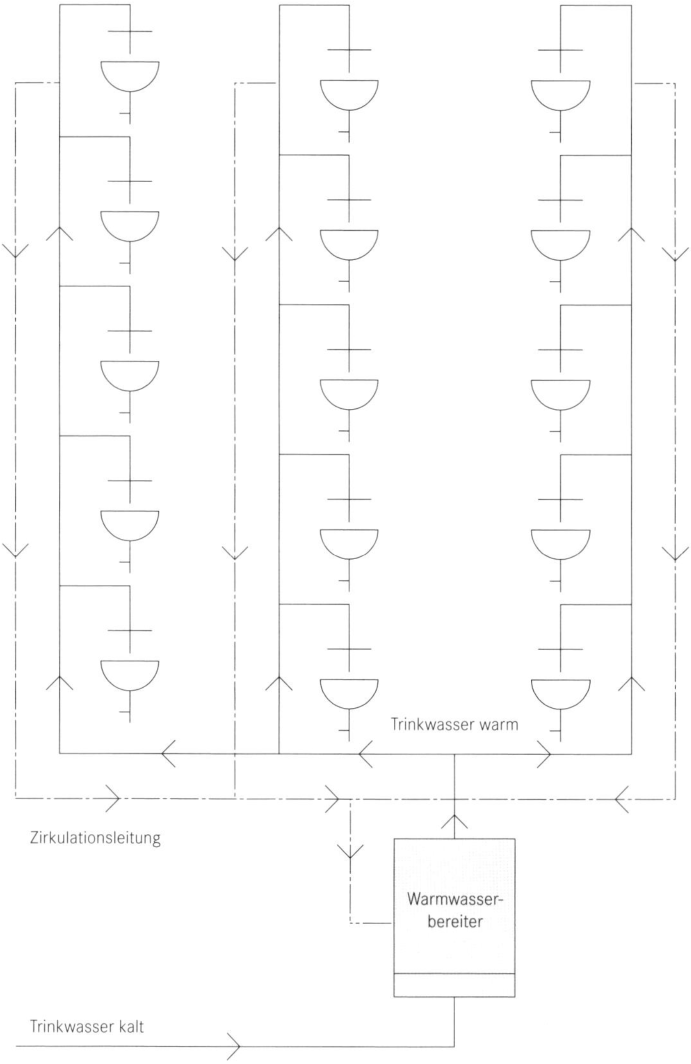

Abb. 20: Zentralversorgung aller Waschtische mit Warmwasser

Heizkreislauf dient, sowie aus einem daran angeschlossenen Wärmeerzeuger, der seine Wärme über den Wärmetauscher an das Brauchwasser abgibt. Warmwasser und Heizwärme werden so mit Hilfe von Pumpen über die Leitungsnetze zu den Entnahmestellen und Heizkörpern transportiert. Zentrale Anlagen haben den Vorteil, dass eine Solaranlage zur Unterstützung der Warmwasserbereitung an den Warmwasserspeicher angeschlossen oder auch später nachgerüstet werden kann.

Durchflusssysteme

Durchflusssysteme, auch Durchlauferhitzer oder Durchfluss-Wassererwärmer genannt, erwärmen das Wasser unmittelbar auf eine Temperatur von etwa 60 °C. > Abb. 21 Sie haben den Vorteil, dass nur die Menge Wasser erwärmt wird, die auch benötigt wird. Im Gegensatz zu Speichersystemen werden bei Durchflusssystemen Bereitschaftsverluste vermieden, und das Wasser kann generell als frisch bezeichnet werden.

Durchfluss-Wassererwärmer sind in der Installation kostengünstig und stellen eine Platz sparende Lösung dar. Sie haben wegen der unmittelbaren Beheizung einen hohen Wirkungsgrad. Unvermeidbar ist jedoch die sogenannte Anfahrphase: Warmes Wasser wird erst mit Verzögerung an der Zapfstelle abgegeben, sodass zunächst kaltes Wasser ungenutzt ins Abwasser fließt. Die Leitungen vom Durchlauferhitzer zur Entnahmestelle sollten möglichst kurz sein, damit diese Kaltwasserphase verkürzt wird. Ganz vermeiden lässt sie sich jedoch nicht.

Durchlauferhitzer können sowohl mit Strom als auch mit Gas betrieben werden. Für elektrische Systeme ist meist ein Drehstromanschluss, für gasbetriebene ein Schornsteinanschluss bzw. ein Abgasrohr notwendig. Strombasiert führen Durchlauferhitzer jedoch zu hohen Energiekosten. Da Strom ohnehin ein sehr aufwendig herzustellender Energieträger ist, sollte er zur Warmwasserbereitung nur dann eingesetzt werden, wenn kleine Warmwassermengen bereitgestellt werden oder wenn aus nachvollziehbaren Gründen kein anderer Energieträger in Frage kommt. Gas wiederum ist zwar ein fossiler Energieträger, die Verbrennung von Gas produziert jedoch im Vergleich zu anderen fossilen Energieträgern die ○ geringste Menge Kohlendioxid (CO_2).

○ **Hinweis:** Fossile Energieträger sind Kohle, Öl oder Gas. Sie produzieren bei ihrer Verbrennung Kohlendioxid (CO2) und tragen zur Klimaerwärmung bei. Darüber hinaus ist der Zeitraum absehbar, an dem sie endgültig aufgebraucht sind und als Energiequelle nicht mehr zur Verfügung stehen.

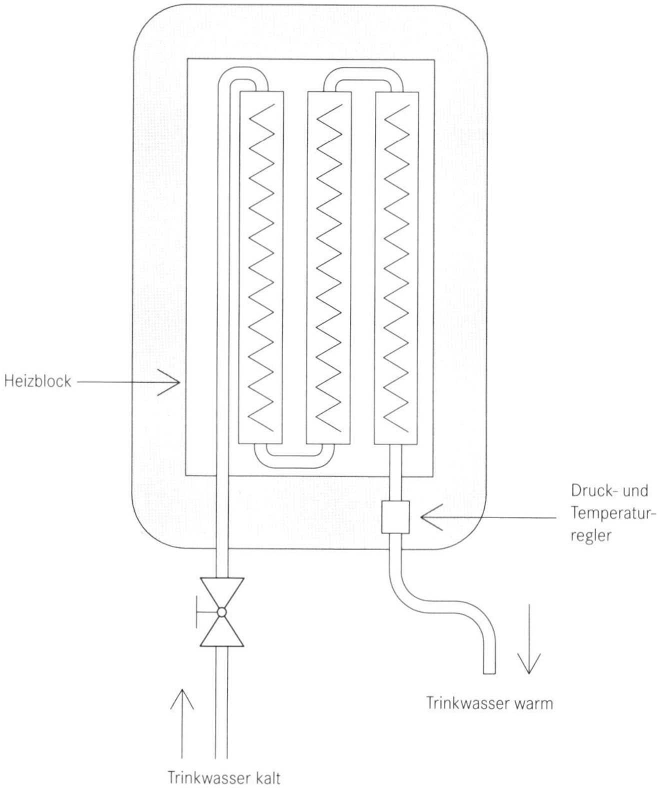

Abb. 21: Prinzip eines Durchfluss-Wassererwärmers

Sind sie als Gas-Kombithermen ausgeführt, können Durchlauferhitzer mit einem System Warmwasser und Heizwärme gleichermaßen bereitstellen. Die Regelung der Wassermenge kann hydraulisch, thermisch oder elektronisch gesteuert sein. Durchflusssysteme können gleichzeitig mehrere Zapfstellen bedienen und sind entsprechend für Einzel-, Gruppen- und Zentralversorgung einzusetzen. Die Durchflussmenge des Wassers ist jedoch begrenzt; bei hohen gleichzeitigen Entnahmemengen, die beispielsweise in Hotels oder Sportstätten verlangt werden, wäre die Leistung eines Durchflusssystems zu gering. In diesem Fall sollten generell Speichersysteme eingesetzt werden.

Durchlauferhitzer mit integriertem Speicher

Eine Mischform stellen Durchlauferhitzer dar, die über einen kleinen integrierten Warmwasservorrat von etwa 15 bis 100 l verfügen. Wird mehr Wasser benötigt, als im Speicher vorhanden ist, z. B. bei Wannenbädern,

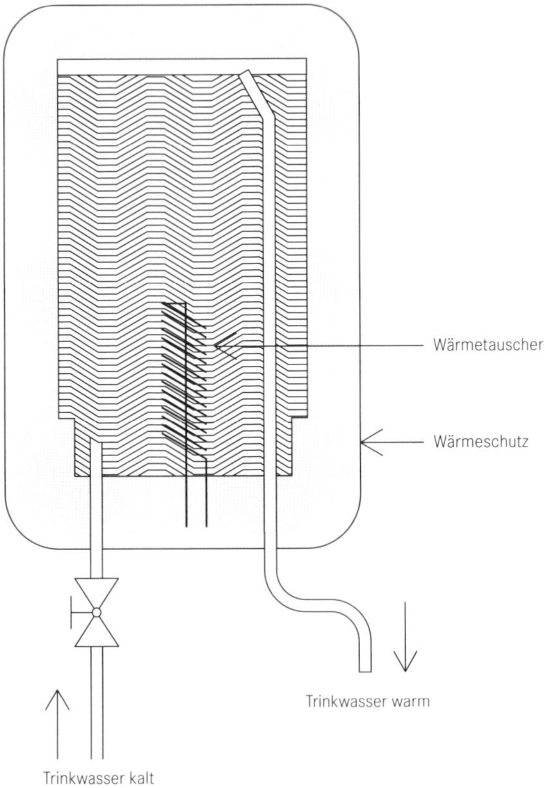

Abb. 22: Prinzip eines Speicher-Wassererwärmers

erwärmt sich das übrige Wasser nach dem Prinzip des Durchlauferhitzers. Durchflusssysteme mit integriertem Speicher werden meist für die Versorgung von kleineren Wohnobjekten mit Warmwasser und Heizwärme eingesetzt.

Speichersysteme

Die sogenannten Speicher-Wassererwärmer heizen das im Speicher vorhandene warme Wasser immer wieder auf, sodass eine Wassertemperatur von etwa 60 °C konstant erhalten bleibt. > Abb. 22 Die Erwärmung des Wassers erfolgt entweder unmittelbar durch eine direkt angeschlossene Heizquelle oder mittelbar durch einen Wärmeträger, etwa durch Soleflüssigkeit bei Solaranlagen. > Kap. Systeme zur Warmwasserbereitung, Solare Warmwasserbereitung

Der Warmwasserspeicher wird meist neben der Heizungsanlage zentral im Gebäude aufgestellt. Er ist wärmegedämmt und kann als geschlossenes, druckfestes System mehrere Zapfstellen versorgen. Offene, drucklose und nicht wärmegedämmte Speicher, wie z. B. Boiler, sind für Einzelentnahmestellen konzipiert. ○

Bei Speichersystemen kann eine Solaranlage angeschlossen oder nachgerüstet werden. Da Speicher und Wärmeerzeuger bei diesen Systemen unmittelbar miteinander verbunden sind, heizt dieser das Wasser im Speicher nach, wenn die übertragene Temperatur der Solaranlage nicht ausreicht oder die Temperatur im Warmwasserspeicher unter ein bestimmtes Niveau gesunken ist. Der Nachteil von Speicher-Wassererwärmern liegt darin, dass bei längerer Verweildauer Wasser auch abgestanden sein kann.

Zentrale Speichersysteme ziehen gegenüber dezentralen Durchlauferhitzern zunächst höhere Installationskosten nach sich, da die Leitungssysteme meist wesentlich länger und deshalb aufwendiger zu verlegen sind, während Durchlauferhitzer nah an den Verbrauchsstellen angeordnet werden. Insgesamt können jedoch Kosten eingespart werden, wenn die Warmwasserbereitung mit der Beheizung des Gebäudes gekoppelt und nur ein Wärmeerzeuger benötigt wird.

Legionellen

Überdimensionierte Leitungssysteme, Systeme zur Trinkwassererwärmung mit großen Speicherkapazitäten oder mangelhaft isolierte Trinkwasserleitungen sorgen dafür, dass sich Legionellen vermehren können. Legionellen sind Stäbchenbakterien, die in kaltem Wasser nur in geringer Konzentration vorhanden sind, sich aber bei leichter Wassererwärmung stark vermehren. Die Infektion des Menschen erfolgt nicht durch das Trinken des Wassers, sondern durch das Einatmen der Aerosole, die mit den Erregern angereichert sind, z. B. beim Duschen. Die Erkrankung äußert sich ähnlich wie eine Lungenentzündung und geht mit Fieber, Muskelschmerzen, Husten und starker Atemnot einher. Sie ist dadurch leicht mit grippalen Erkrankungen zu verwechseln. Wird die Erkrankung nicht rechtzeitig erkannt und mit einem entsprechenden Antibiotikum behandelt, kann sie tödlich verlaufen.

○ **Hinweis:** Drucklose, ungedämmte Speicher können Boiler oder auch sogenannte Kochendwassergeräte sein, die meist als einzelne Untertischgeräte unterhalb von Waschbecken und Küchenspülen eingebaut werden. Sie sind für die Bereitstellung kurzfristig benötigter kleiner Heißwassermengen geeignet, z. B. in Teeküchen von Bürogebäuden.

Sinkt die Wassertemperatur eines Warmwasserspeichers bei längerer Verweildauer auf 30 bis 45 °C, besteht die Gefahr einer Legionellenkontamination. Eine einfache, aber wirksame Methode, die Anreicherung von Legionellen im Trinkwasser zu verhindern, ist die thermische Desinfektion des gespeicherten Wassers. Zu diesem Zweck wird das Warmwasser einmal täglich bis wöchentlich auf über 60 °C erhitzt, sodass die Stäbchenbakterien abgetötet werden. Ein anderes Verfahren stellt die elektrolytische Desinfektion dar, die auf der Erzeugung von desinfizierend wirkenden Stoffen im Wasser beruht.

Solare Warmwasserbereitung

Solarkollektoren sind die umweltfreundlichste Variante der Wärmeerzeugung, da sie keine Emissionen erzeugen. Sogenannte thermische Solaranlagen werden in erster Linie zur Warmwasserbereitung eingesetzt. Je nach Klima können sie bei günstiger Ausrichtung des Gebäudes und bei doppelt so großer Auslegungsfläche auch für die Unterstützung der Heizungsanlage verwendet werden.

Thermische Solaranlagen bestehen aus Flach- oder Vakuumröhrenkollektoren, die sich in ihrer Effizienz und in den Herstellungskosten unterscheiden, dem Solekreislauf zum Transport der gewonnenen Wärme mit Hilfe eines Wasser-Glykol-Gemisches sowie dem Warmwasserspeicher, in dem das Wasser erwärmt wird. Mit Hilfe eines Wärmetauschers im Warmwasserspeicher wird die vom Kollektor transportierte Wärme auf das im Speicher befindliche Wasser übertragen. > Abb. 23

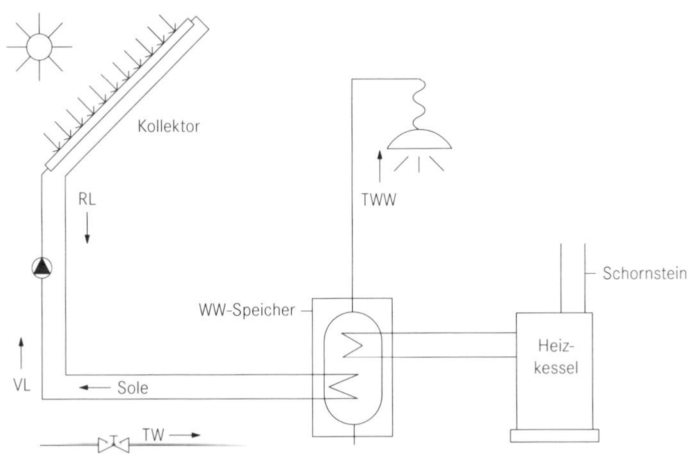

Abb. 23: Schema einer thermischen Solaranlage

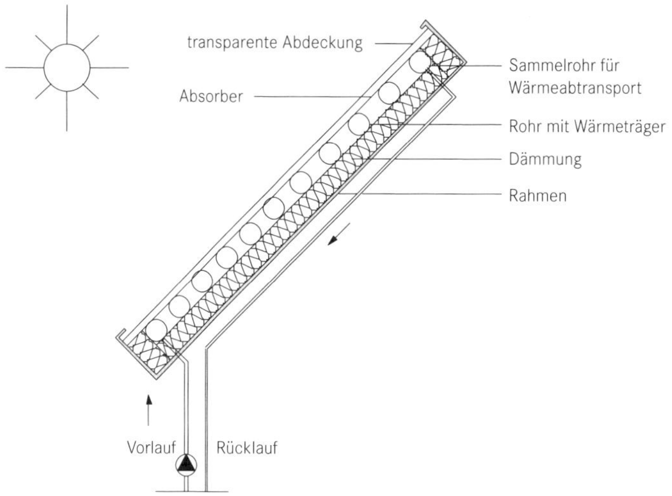

Abb. 24: Flachkollektor im Detail

Die Auslegung der Solaranlage hängt von dem gewählten Kollektortyp und dem Verwendungszweck, entweder allein zur Warmwasserbereitung oder auch zur Heizungsunterstützung, ab.

Flachkollektoren

Flachkollektoren bestehen im Wesentlichen aus einer Absorberschicht mit hochselektiver Beschichtung, die eine nahezu vollständige Absorption der eingestrahlten Solarenergiemenge ermöglicht. Darüber hinaus gehören eine transparente Abdeckung aus entspiegeltem Sicherheitsglas mit hohem Energiedurchlassgrad und einer Wärmedämmung auf der Rückseite und an den Seiten sowie ein Rahmen zu dieser Anlage. Über Rohrleitungen, die unterhalb der Glasabdeckung liegen und mit einem Wärmeträgermedium gefüllt sind, wird die Wärme aufgenommen und zum Warmwasserspeicher transportiert. > Abb. 24-26 ■

■ **Tipp:** Zur Warmwasserbereitung wird im Wohnungsbau bei mitteleuropäischem Klima eine Flachkollektorfläche von ca. 1,2 bis 1,5 m^2 pro Person angenommen. Für eine zusätzliche Heizungsunterstützung im Winter würde man die doppelte Fläche, also 2,4 bis 3,0 m^2 Fläche annehmen.

Abb. 25: Flachkollektor, aufgeständert

Abb. 26: Flachkollektor, fassadenintegriert

Abb. 27: Vakuum-Röhrenkollektor

Vakuum-Röhrenkollektoren

Die Absorberschicht befindet sich bei Vakuum-Röhrenkollektoren innerhalb von luftdichten Glasröhren, die die Effizienz steigern. › Abb. 27 Der Kollektor selbst besteht aus mehreren nebeneinanderliegenden Glasröhren, die mit einer Halterung, durch die auch die sogenannte Soleleitung

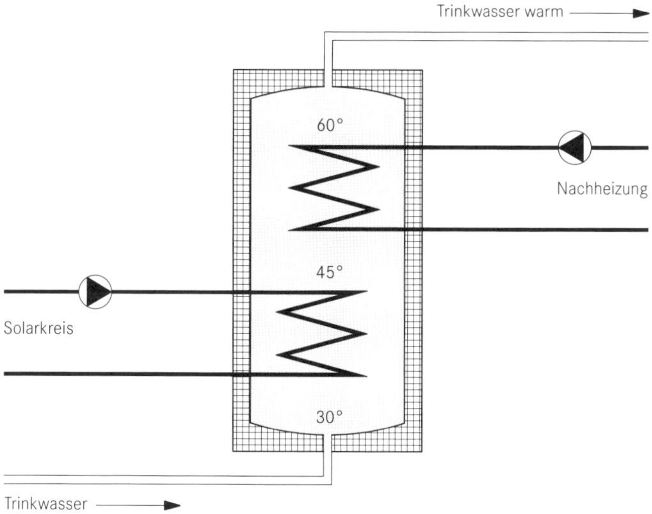

Abb. 28: Schichtenspeicher mit unterschiedlichen Temperaturzonen

mit dem Wasser-Glykol-Gemisch führt, fixiert werden. Vakuum-Röhrenkollektoren können beim Einbau einzeln gedreht werden, sodass sie auch bei einem etwas ungünstigen Aufstellwinkel oder bei nicht ganz optimaler Ausrichtung gute Erträge erzielen können. Mit Hilfe von seitlich angebrachten metallischen Reflektorblechen besteht überdies die Möglichkeit, die Einstrahlung und damit die Wärmeausbeute weiter zu verstärken. Bei Vakuum-Röhrenkollektoranlagen genügt wegen ihrer hohen Effizienz eine Fläche von 0,8 bis 1,0 m^2 pro Person für die Warmwasserbereitung im Wohnungsbau.

Ausrichtung

Solarkollektoren werden meist in südost- bis südwestorientierte schräge Dachflächen integriert bzw. auf einem Flachdach mit einer Neigung zwischen 30 und 45 Grad aufgeständert, wenn sie ganzjährig Warmwasser bereitstellen sollen. Zur Heizungsunterstützung eignen sich in mitteleuropäischen Breitengraden Winkel bis zu 60 Grad, da die winterliche Sonne wesentlich flacher einfällt. Zu diesem Zweck sind auch der Einbau vor Balkonbrüstungen, an Fassaden oder ähnliche Alternativen denkbar, insbesondere wenn es sich um Vakuum-Röhrenkollektoren handelt. Sind bautechnisch keine geeigneten Neigungswinkel möglich oder ist die Ausrichtung der Dachfläche nicht ganz optimal, lässt sich dies notfalls auch mit einer größeren Kollektorfläche ausgleichen.

Deckungsgrad

Ist die Sonneneinstrahlung im Winter gering, können Kollektoren nur einen Teil des Warmwasserjahresbedarfs decken und benötigen eine Zusatzbeheizung. Möglich und empfehlenswert ist in diesem Fall eine Kombination von Warmwasserbereitung und Heizungsunterstützung, bei der ein Warmwasserspeicher, der als sogenannter Schichtenspeicher mit unterschiedlichen Temperaturzonen ausgebildet wird, auch als Wärmequelle für die Heizung genutzt wird. > Abb. 28

In einem Schichtenspeicher befindet sich die wärmste Zone oben, die Mischzone in der Mitte und die kühlste Zone im unteren Bereich, wo auch die Einspeisung des kalten Trinkwassers erfolgt. Weil dort höhere Temperaturen herrschen, wird der Vorlauf für den Heizkreislauf dem oberen Teil des Schichtenspeichers entnommen. Bei zu wenig Sonneneinstrahlung heizt ein separater Wärmeerzeuger über einen Wärmetauscher die Wassertemperatur nach. Auf diese Weise können ca. 25 % des Heizenergiebedarfs mit regenerativer Energie gedeckt werden. Solaranlagen zur Heizungsunterstützung eignen sich am besten für eine Kombination mit Fußboden- oder Wandheizungen, da hierfür geringere Vorlauftemperaturen benötigt werden als für Heizkörper. ○

SANITÄRRÄUME

Warmwasser wird je nach gewähltem System erzeugt und parallel zum Kaltwasser im Leitungsnetz verteilt, um an den unterschiedlichen Entnahmestellen in Küchen, Sanitär- und anderen Wasserbedarfsräumen bereitzustehen. Sanitärräume dienen im Wesentlichen der Körperpflege und Hygiene. Sie zählen gebäudetechnisch zu den Räumen mit erhöhtem Installationsaufwand für die Kalt- und Warmwasserversorgung sowie für die dazugehörige Abwasserentsorgung. Sie werden auch Nassräume genannt. Um das Verlegen von Leitungen zu reduzieren und um den Installationsaufwand gering zu halten, sollten diese Räume im Grundriss nach Möglichkeit so zusammengelegt werden, dass nur wenige Installationsschächte notwendig und kurze Ver- und Entsorgungsleitungen möglich sind. Die konzentrierte Bündelung von Leitungen vereinfacht nicht nur deren Unterbringung, sondern verbessert auch den Schallschutz gegenüber Nachbarräumen.

○ **Hinweis:** Zusätzliche Informationen zum Thema Beheizung von Gebäuden sind in *Basics Raumkonditionierung* von Oliver Klein und Jörg Schlenger, erschienen im Birkhäuser Verlag, Basel 2008, im Kapitel „Temperierungssysteme" zu finden.

Geräusche in Nassräumen können entweder durch WC-Spüleinrichtungen, Fließgeräusche in Abwasserleitungen, durch Armaturen bei der Wasserentnahme oder durch Körperschallanregung, die auf die umgebenden Wände und Decken übertragen wird, entstehen. Um eine störende Schallübertragung zu vermeiden, sollten schutzbedürftige Aufenthalts- oder Schlafräume nicht an Bäder und WC-Räume angrenzen. Installationswände, die sich z. B. direkt neben Schlafräumen befinden, sind schalltechnisch nicht so isolierbar, dass keine Geräuschbelästigungen entstehen können. Nassräume unmittelbar neben Wohnungstrennwänden sind nur zu empfehlen, wenn auch in der Nachbarwohnung eine Küche, ein Bad oder ein schalltechnisch unempfindlicher Raum angrenzt, es sei denn, es existiert eine Trennfuge zwischen beiden Gebäuden.

Wandschlitze erweisen sich ebenfalls als schalltechnisch ungünstig. Werden die in ihnen untergebrachten Rohrleitungen mit Dämmstoff umhüllt, verringern sich die Geräusche zwar, der Wandschlitz muss jedoch dementsprechend tiefer ausgebildet sein, sodass diese Maßnahme meist statische Probleme mit sich bringt.

Badewannen und auf dem Boden stehende WC-Becken sind mit elastischem Trennmaterial körperschallgedämmt aufzulagern oder auf schwimmenden Estrich zu stellen, damit die entstehenden Geräusche nicht über den Boden in den Nachbarraum geleitet werden können. Auch wandhängende Sanitärgegenstände wie WC-Becken, Waschtische oder Ablagen sollten mit Schallschutz-Befestigungshülsen oder Kunststoffprofilen körperschallgedämmt an Wänden mit möglichst hohem Flächengewicht oder an Vorwandinstallationen befestigt werden.

Armaturen in Bädern werden in zwei schalltechnische Gruppen eingeteilt: Geräuscharme Armaturen zählen zur Armaturengruppe I, Armaturen mit einem höheren Schallpegel gehören zur Armaturengruppe II. Aus Schallschutzgründen sind Armaturen der Gruppe I vorzuziehen, auch wenn sie unter Umständen höhere Kosten verursachen.

Die Planung von Nassräumen ist grundsätzlich eine diffizile Entwurfsaufgabe für Architekten, da es nicht allein um die Gestaltung und den Schallschutz, sondern auch um die Integration von zahlreichen Leitungen geht. Sie macht präzise Überlegungen notwendig, denn eine schlecht durchdachte Anordnung von Sanitärgegenständen und die daraus folgende schwierige Leitungsführung ziehen oftmals Probleme technischer, funktionaler und wirtschaftlicher Art nach sich.

Anordnung der Installationen

Bei der Planung von Nassräumen muss berücksichtigt werden, wie weit entfernt die Sanitärgegenstände von den Trinkwassersteigleitungen und von der Abwasserfallleitung liegen und wie eine direkte und unkomplizierte Verbindung dorthin geschaffen werden kann. Während Trinkwasserleitungen nur einen geringen Querschnitt aufweisen und recht problemlos auch im Fußbodenaufbau verlegt werden können, sind Ab-

Abb. 29: Unterkonstruktion einer beidseitig nutzbaren Vorwandinstallation

wasserleitungen wegen des erforderlichen Gefälles von 2 % innerhalb von Gebäuden und ihres relativ großen Durchmessers wesentlich schwieriger einzugliedern. Je nach Art des Sanitärgegenstands beginnen Abwasserleitungen oftmals in geringer Höhe oberhalb des Fußbodens, sodass nur ein geringer Abstand zur Fallleitung einen problemlosen Anschluss erlaubt.

Frei im Raum liegende Trink- und Abwasserleitungen erzeugen einen hohen Schallpegel. Vorwandinstallationen in verschiedenen Konstruktionsarten oder durch die Geschosse hindurchführende Schächte verkleiden hingegen die Leitungen, erhöhen damit den Schallschutz und ersetzen aufwendig herzustellende Wandschlitze.

Vorwandinstallationen

Anstatt Sanitärobjekte an einer massiven Wand zu befestigen und die Zwischenräume der Leitungsführung konventionell auszumauern, werden aus Gründen der Tragfähigkeit der Wand sowie des Schallschutzes meist Vorwandinstallationswände verwendet. Sie bestehen aus einem Metalltraggerüst sowie einem Befestigungssystem für die Sanitärgegenstände, das in den Zwischenräumen mit Dämmung versehen und anschließend mit Gipskartonplatten verkleidet wird. > Abb. 29 In der Regel sind Vorwandinstallationswände zwischen 1,00 m und 1,50 m hoch und etwa 20 bis 25 cm vor der eigentlichen Wand befestigt, je nach Durchmesser der hinter ihnen liegenden Leitungen. Sie verdecken daher nur Leitungen, die im jeweiligen Geschoss verbleiben und nicht in weitere Geschosse geführt werden müssen, es sei denn, sie sind mit einem Installationsschacht direkt verbunden. Die obere horizontale Fläche der Vorwand kann im Bad als Ablage genutzt werden.

Eine andere Variante der Vorwandinstallationen stellen Montageblöcke als Installationsbausteine dar. Es handelt sich dabei um vorgefertigte, kompakte Elemente aus Polyesterschaumbeton, die alle Ver- und Entsorgungsanschlüsse, Einbauspülkästen sowie alle Befestigungen für die anzuschließenden Sanitärgegenstände bereits enthalten. Sie sind etwa 15 cm tief und werden entweder körperschallgedämmt an der Wand befestigt oder stehen auf Stützen auf der Rohdecke. Die Zwischenräume müssen nach der Montage ausgemauert oder mit Mörtel ausgefüllt werden.

Sanitärausstattung

Die Größe und Ausstattung von Sanitärräumen ist in erster Linie von der Anzahl der jeweiligen Bewohner und ihren speziellen Ansprüchen abhängig. Die Raummaße eines Bades wiederum ergeben sich meist aus den zu installierenden Sanitärgegenständen und den erforderlichen Abständen zwischen ihnen. > Abb. 30

In Wohnungen mit mehr als zwei Personen sollte an eine Trennung von Bad und WC gedacht werden, um die alltägliche Nutzung dieser Räume zu erleichtern. Für eine Familie mit mehr als zwei Kindern wäre sowohl ein separates WC als auch eine weitere Duschmöglichkeit neben dem eigentlichen Bad empfehlenswert. Bei allen Überlegungen zur Größe und Anordnung von Sanitärräumen sollte jedoch bedacht werden, dass Nassräume generell nah beieinander liegen, damit Leitungen gebündelt werden können und keine weiten Leitungswege für den Wassertransport anfallen.

Sanitärgegenstände benötigen einen Mindestabstand von 25 cm voneinander, damit ihre Benutzung nicht beeinträchtigt ist, oder sie werden in unterschiedlichen Höhen angebracht. Waschtische beispielsweise dürfen aus diesem Grund mit einer seitlichen Kante an die wesentlich tiefer liegende Badewanne heranreichen. Vor den einzelnen Sanitärelementen ist ebenfalls eine Fläche freizuhalten, um genügend Bewegungsfreiheit zu gewährleisten. > Abb. 31

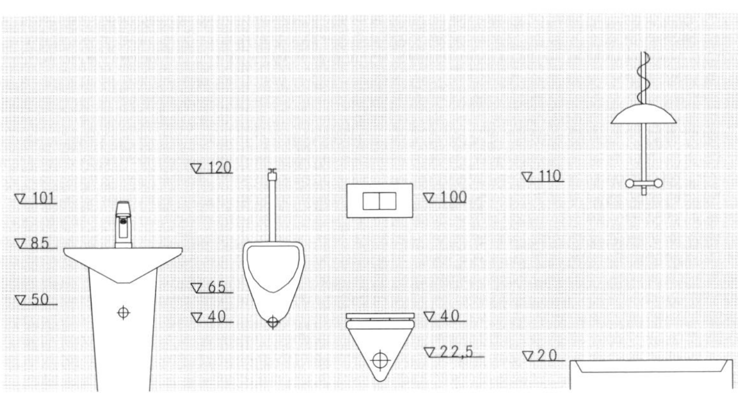

Abb. 30: Typische Höhenanordnung der Installationen

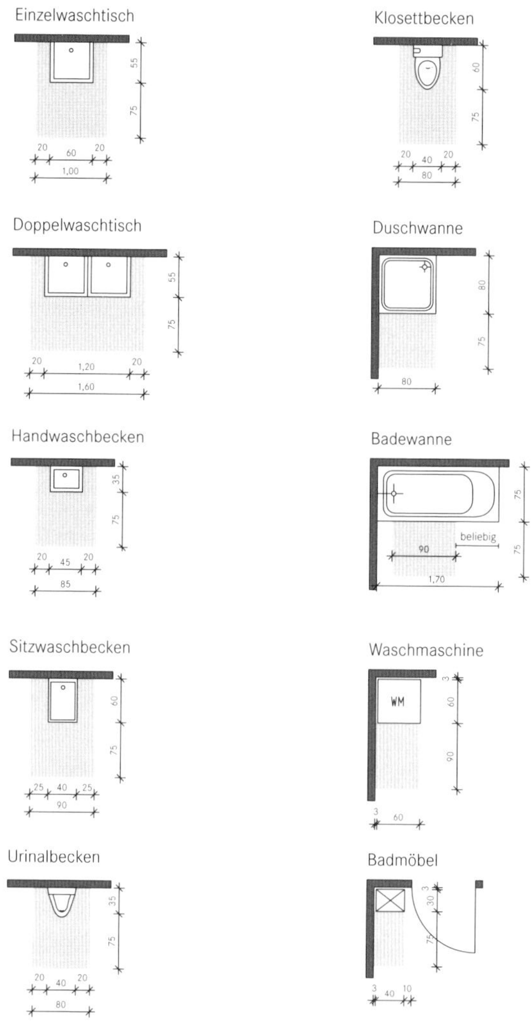

Abb. 31: Mindestgrößen von Bewegungsflächen vor Sanitärgegenständen

Waschtische

Handwaschbecken und sogenannte Waschtische werden nach ihrer Größe unterschieden. Während kleinere Handwaschbecken in WC-Räumen vorzufinden sind und nur dem Händewaschen dienen, weisen Waschtische größere Abmessungen auf. Sie sollen gewährleisten, dass Arme bis mindestens zum Ellenbogen in das Becken getaucht werden können. Meist bestehen sie aus Sanitärporzellan oder Acryl, in Einzelfällen auch

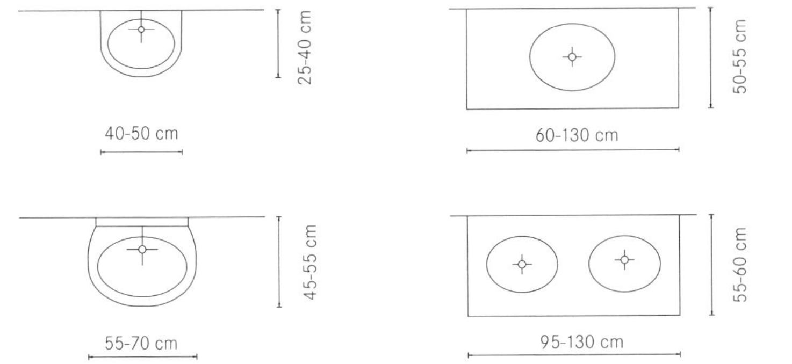

Abb. 32: Typische Waschbeckenformen

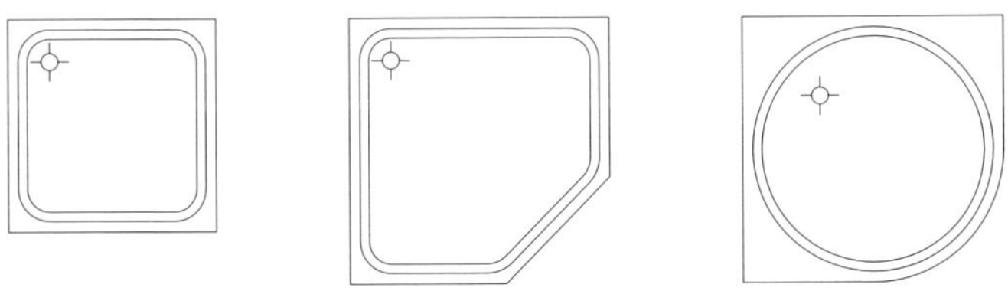

Abb. 33: Typische Duschwannenformen

aus emailliertem Stahl oder Edelstahl. Ihre Oberkante liegt in der Regel zwischen 85 und 90 cm über dem Fußboden. Doppelwaschtische sind etwas platzsparender als zwei Einzelwaschtische; sie müssen jedoch eine Mindestbreite von 120 cm aufweisen, wenn eine gleichzeitige Benutzung durch zwei Personen ungehindert möglich sein soll. > Abb. 32

Die Eckventile der Warm- und Kaltwasserleitungen werden unterhalb des Waschtisches montiert und ermöglichen auf diese Weise im Reparaturfall die Absperrung der Trinkwasserzufuhr. Es besteht die Möglichkeit, Abwasser- und Trinkwasserleitungen sowie Geruchsverschlüsse > Kap. Abwasser, Leitungsnetz Abwasser im Gebäude unterhalb des Waschtisches mit Hilfe von Unterschränken oder Verblendungen zu verdecken. Oft werden Waschtische auch gleich in passende Badmöbel eingebaut. Auf diese Weise kann der Platz im Bad besser ausgenutzt und das Verkleiden der Leitungen optimiert werden.

Duscheinrichtungen

Duschwannen bestehen in der Regel aus emailliertem Gusseisen, emailliertem Stahlblech oder Acryl. Die Formen der Duschbecken sind variabel und reichen von rechteckig und quadratisch bis rund oder halbrund. > Abb. 33 Die übliche quadratische Standard-Duschwanne hat

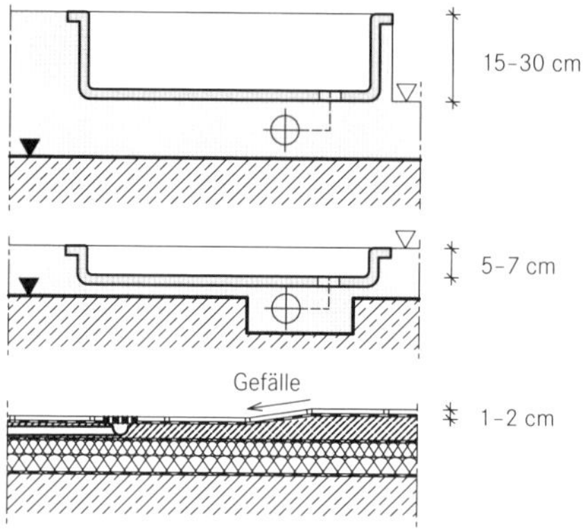

Abb. 34: Höhenunterschiede beim Einbau von Duschwannen

Abmessungen von etwa 80 × 80 cm mit einer Höhe von etwa 15 bis 30 cm; größere Abmessungen und flachere Einstiegshöhen verbessern den Platzkomfort und vereinfachen die Benutzung. Je flacher jedoch die Duschwanne ist, desto tiefer muss auch die Aussparung im Fußbodenaufbau für die Verlegung des Abwasseranschlusses sein, der normalerweise unterhalb der Duschwanne bequem unterzubringen ist. > Abb. 34 oben und Mitte

Bei der Gestaltung von Bädern wird teilweise ganz auf eine Duschwanne verzichtet, um eine sogenannte bodengleiche Dusche einzubauen. > Abb. 34 unten Dies hat nicht nur gestalterische und reinigungstechnische Vorzüge, sondern dient auch der Barrierefreiheit im Bad. Bei bodengleichen Duschen liegt der Wasserablauf bodenbündig. Aus diesem Grund erfordern sie besondere Abdichtungen sowie einen höheren Fußbodenaufbau, um die Abwasserleitung mit dem notwendigen Gefälle unterzubringen. ○

○ **Hinweis:** Abdichtungen bestehen je nach Beanspruchung aus Dichtungsbahnen, Dichtklebern oder anderen Abdichtungsmaterialien, die im Dünnbettverfahren auf den Untergrund gespachtelt werden. Sie sind mindestens 15 cm über der Oberkante des Fußbodenbelags und im unmittelbaren Spritzbereich einer Dusche hochzuziehen – auch wenn sich die Dusche im Bereich der Badewanne befindet.
Sie müssen bis mindestens 20 cm oberhalb des Duschkopfes an den Wänden reichen.

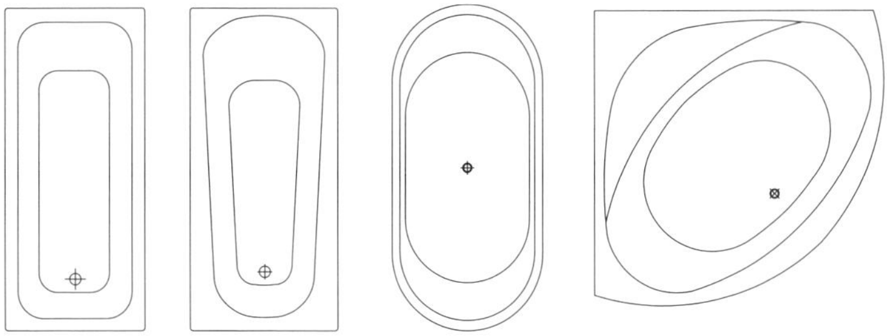

Abb. 35: Typische Badewannenformen

Badewannen können entweder frei stehend im Raum oder entlang der Wände in eine gemauerte und anschließend geflieste Verkleidung eingebaut oder in Formteile aus aufgeschäumten Kunststoffen eingesetzt werden. > Abb. 35 Sie bestehen aus emailliertem Gusseisen, Stahlblech oder aus Acryl und sind im Normalfall zwischen 170 und 200 cm lang, zwischen 75 und 80 cm breit und zwischen 50 und 65 cm hoch. Soll die Einstiegshöhe niedriger sein, muss eine Aussparung in der Rohdecke vorgenommen werden, um den Abwasseranschluss zu ermöglichen. Ein bodenbündiger Einbau kann erfolgen, wenn die Badewanne z. B. in ein Podest integriert wird. Andernfalls müsste die Rohdecke an dieser Stelle stark abgesenkt werden. Badewannen

Die Hohlräume zwischen Badewanne und Verkleidung werden mit Dämmstoff ausgefüllt. Die Zwischenräume zwischen Wand und Badewannenrand sind dauerelastisch zu verfugen. Vor der Längsseite der Badewanne sollte eine freie Fläche von 90 × 75 cm vorhanden sein, um den Einstieg nicht zu behindern.

WC-Becken können wandhängend oder auf dem Boden stehend ausgebildet sein. > Abb. 36 Die wandhängende Variante wird meist an Montageelementen der Vorwandinstallation befestigt. Sie kann in der Höhe verstellt werden und vereinfacht die Reinigung des Fußbodens. Die Form von WCs beruht auf dem Spülmechanismus innerhalb des Beckens. Während in älteren Gebäuden meist Flachspülbecken eingebaut wurden, wird diese Form zugunsten einer geringeren Geruchsbelästigung zunehmend durch Tiefspülbecken abgelöst. > Abb. 37 WC-Becken

Spüleinrichtungen reichen von in der Vorwandinstallation eingebauten oder sichtbaren Druckspülern bis zu wandhängenden, wandeingebauten oder auf das WC aufgesetzten Spülkästen. > Abb. 38 Sie können in unterschiedlichen Höhen oberhalb von Toiletten montiert werden. Während in Altbauten hoch hängende Spülkästen mit einer beim Spülvorgang erheblichen Geräuschentwicklung vorzufinden sind, werden in Neubauten WC-Spüleinrichtungen

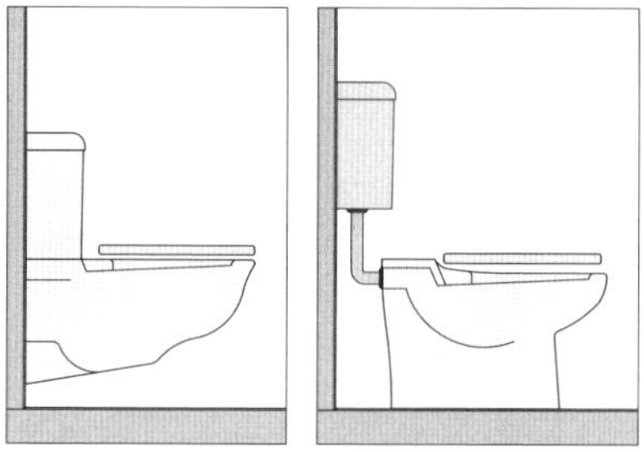

Abb. 36: Wandhängendes WC und auf dem Boden stehendes WC

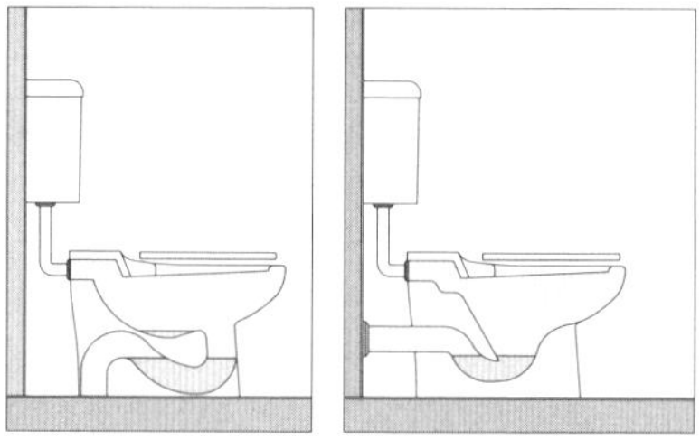

Abb. 37: WC mit Flach- und Tiefspülbecken

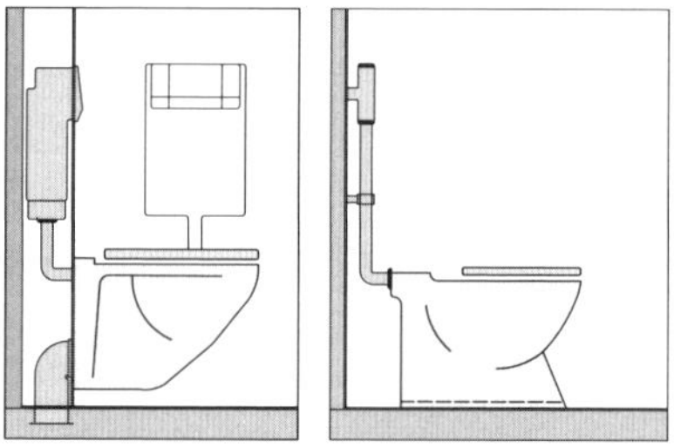

Abb. 38: Wandhängendes WC mit wandeingebautem Spülkasten und Stand-WC mit Druckspüler

tief hängende oder wandeingebaute Spülkästen eingesetzt, die wesentlich leiser arbeiten. Druckspüler nutzen den Druck in der Trinkwasserleitung und benötigen aus diesem Grund keinen Spülkasten. Durch die selbst schließenden Armaturen wird nur so lange Spülwasser verbraucht,

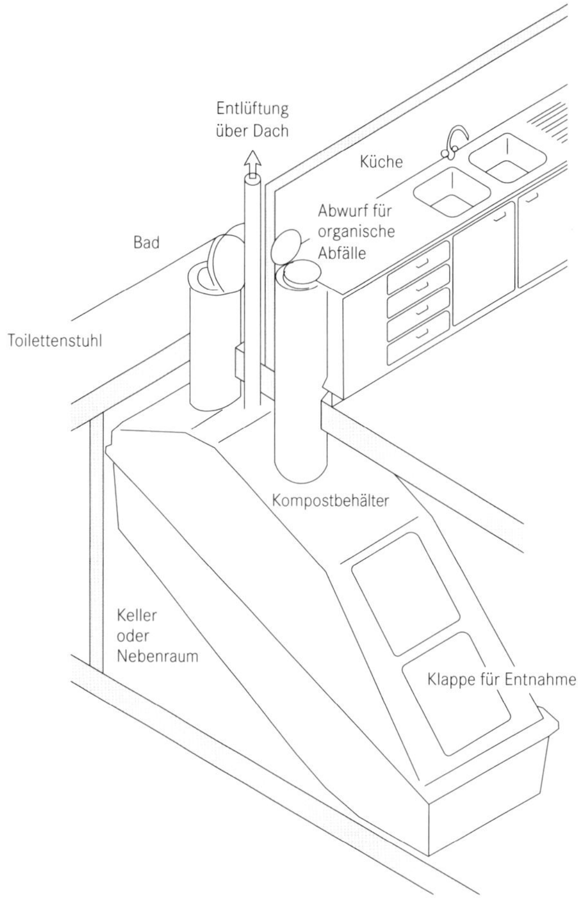

Abb. 39: Schema einer Komposttoilette

wie der Druckspüler betätigt wird. Spülkästen wiederum werden automatisch nach jedem Spülvorgang wieder aufgefüllt.

Mehr als ein Drittel des täglichen Trinkwasserbedarfs pro Person, etwa 35 bis 45 l, werden für die Toilettenspülung benötigt. Die Reduktion dieses Verbrauchs eröffnet ein großes Einsparpotenzial bei der Trinkwasserversorgung. Ältere Spülkästen verbrauchen pro Spülgang zwischen 9 und 14 l Wasser, moderne Toilettensysteme benötigen etwa 6 l. Die Menge des Spülwassers kann über die Füllhöhe des Spülkastens eingestellt werden. Darüber hinaus sollte es möglich sein, den Spülvorgang mit Hilfe eines zweiten Tastendrucks unterbrechen zu können (Spartaste). Um die benötigte Wassermenge auf bis zu 3 l pro Spülgang zu reduzieren, müssen

Wassersparende Toilettensysteme

geeignete WC-Becken angeschlossen werden, andernfalls kann es zu Geruchsbelästigungen kommen.

Vakuumtoiletten

Vakuumtoiletten benötigen nur 1,2 l Wasser pro Spülgang. Sie werden schon seit längerer Zeit in moderneren Hochgeschwindigkeitszügen oder Schiffen eingesetzt. Im Wohnungsbau saugt eine Pumpe den Toiletteninhalt ab und befördert ihn in einen belüfteten Abwassertank. Von dort aus transportiert ihn eine weitere Pumpe zur öffentlichen Kanalisation. Durch den geringeren Trinkwasserverbrauch können mit Hilfe der Vakuumtechnik bei der Abwassergebühr hohe Einsparungen erzielt werden. Die kleineren Rohrquerschnitte sorgen darüber hinaus für einen problemlosen Einbau der Vakuumtoilette. Der Spülvorgang selbst ist jedoch wesentlich geräuschvoller als bei anderen WC-Anlagen.

Komposttoiletten

Komposttoiletten kommen gänzlich ohne Spülwasser aus und produzieren demzufolge auch kein Abwasser. Sie werden entweder aus ökologischen Gründen oder bei nicht vorhandener Kanalisation eingesetzt. Diese Toiletten bestehen aus einem Tank, an den sowohl Abwurfschächte für organische Küchenabfälle als auch Toilettenstühle angeschlossen werden. > Abb. 39 Durch ständige Unterdrucklüftung im Komposttank können keine Gerüche in die Räume gelangen. Die in dem Tank befindliche Masse beginnt durch die Luftzufuhr nach einem Zeitraum von mehreren Monaten zu kompostieren. Auf diese Weise werden Nährstoffe produziert, die nach dem Kompostierungsprozess als Bodenverbesserung und Pflanzennahrung im Garten aufgebracht werden können.

Armaturen

Mit dem Begriff Armaturen werden alle Absperreinrichtungen des Trinkwasserversorgungsnetzes wie Absperrhähne, Absperrschieber oder Absperrventile, aber auch Sanitärarmaturen, z. B. an Waschtischen oder Duschen, bezeichnet. Absperrarmaturen dienen dazu, Leitungszugänge zu öffnen oder zu sichern; sie unterscheiden sich in der Art der Verschließbarkeit. Eine Trinkwasseranlage wird durch Absperrarmaturen in sinnvolle Abschnitte unterteilt, die es ermöglichen sollen, bei Bedarf einen Leitungsteil abzusperren und einzelne Anlagenteile auszutauschen. Absperrventile befinden sich deswegen vor und nach dem Wasserzähler sowie nach Filter und Druckminderer > Abb. 40 oder am untersten Punkt jeder Steig- und jeder Stockwerksleitung. Auf diese Weise kann ein Leitungsteil erneuert werden, ohne dass das komplette Leitungsnetz stillgelegt werden muss. Weitere Absperrventile sind an WC-Spüleinrichtungen sowie unterhalb von Waschtischen zu finden.

Wand- und Standbatterien

Wasserentnahmearmaturen in Sanitärräumen lassen sich in Wand- oder Standmodelle unterteilen. > Abb. 41 Bei Wandbatterien, die meist an Badewannen oder Duschen installiert werden, erfolgt die Montage unmittelbar an der Installationswand, um von dort aus eine kurze Verbindung zur Trinkwasserzuleitung herstellen zu können. Der Einbau von Standmodellen wird direkt auf der Fläche des Waschtisches oder des

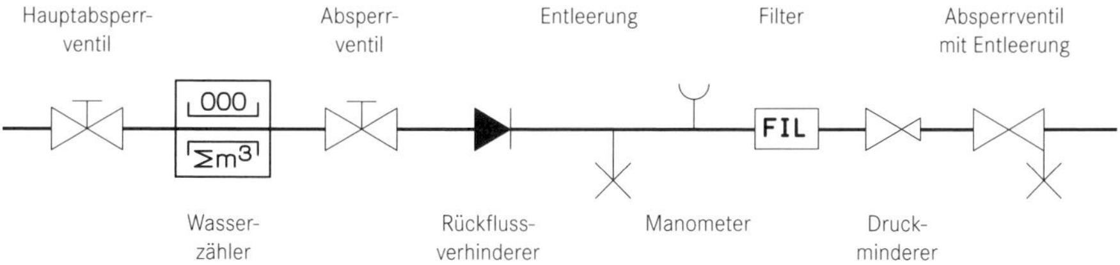

Abb. 40: Absperrarmaturen unmittelbar nach der Hauseinführung

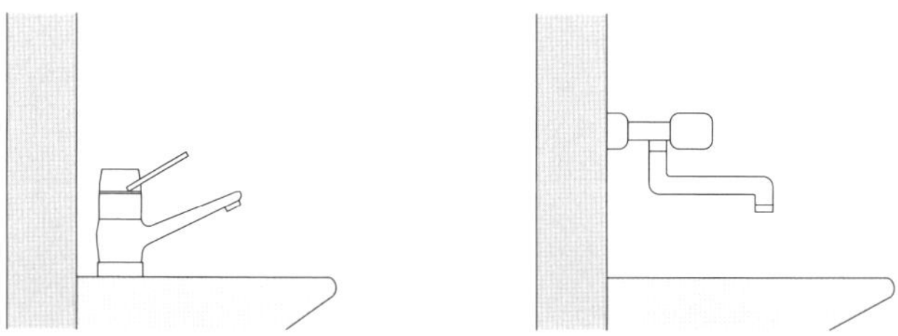

Abb. 41: Stand- und Wandbatterie an einem Waschtisch im Bad

Spülbeckens vorgenommen und über Eckabsperrventile mit der Trinkwasserzufuhr verbunden. Die Art der Armatur richtet sich nach der jeweiligen Nutzung, so unterscheiden sich Armaturen für Küchenspülen von Waschtischarmaturen durch einen langen Auslauf.

Mischbatterien

Konventionelle Mischbatterien bestehen aus zwei nebeneinanderliegenden Drehgriffen, wobei meistens rechts die Kalt- und links die Warmwasserzufuhr geregelt wird. Die Wassertemperatur kann nur manuell durch Bedienung beider Wasserhähne eingestellt werden. Praktischer sind sogenannte Einhebelmischer, die durch eine Drehbewegung des Hebels die Wassertemperatur und durch eine Auf- und Abwärtsbewegung die Wassermenge regulieren.

Berührungslose Waschtischarmaturen

In öffentlichen Toilettenanlagen werden aus hygienischen Gründen an Waschtischen oft berührungslose Armaturen eingebaut. Durch die Bewegung der Hände vor einem Infrarotsender wird das Ventil geöffnet. Bei elektronisch gesteuerter Entnahme genügt sogar ein Annähern der Hände, um den Wasserfluss zu aktivieren. Durch einen Wassermengenregler bleibt die Menge des ausfließenden Wassers immer gleich. Berührungslose Waschtischarmaturen werden entweder mit Hilfe von Batterien betrieben oder müssen an eine externe Stromversorgung angeschlossen werden.

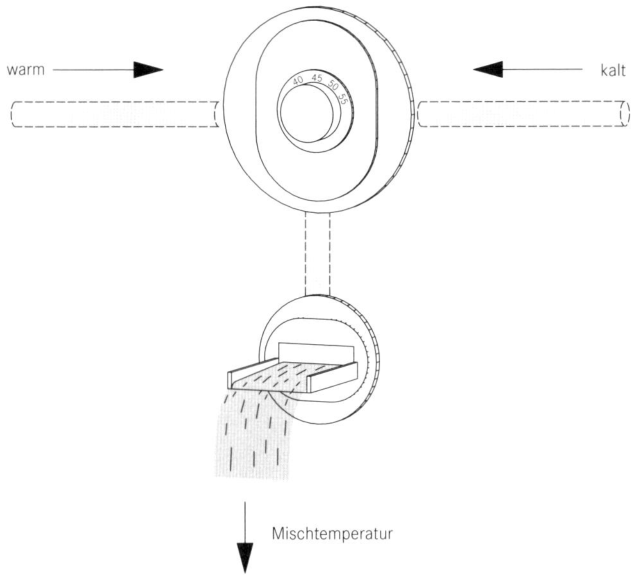

Abb. 42: Das Prinzip der Thermostat-Armatur

Thermostat-Armaturen

Mit Hilfe von Thermostatbatterien kann eine gewünschte Wassertemperatur an einem Drehgriff voreingestellt werden, sodass die Temperatur des Wassers konstant bleibt, auch wenn die Durchflussmenge verändert wird. Dabei werden Warm- und Kaltwasser so miteinander vermischt, dass die eingestellte Temperatur durch das Mischungsverhältnis erreicht wird. > Abb. 42 ○

○ **Hinweis:** Alle Armaturen und alle Sanitärgegenstände sollten auf das Fliesenraster innerhalb der Nassräume abgestimmt sein, damit ein gestalterisch ausgewogenes Bild entsteht. Armaturen werden entweder auf Fliesenfugen, auf Fliesenkreuzen oder auf der Fliesenmitte befestigt.

Barrierefreie Sanitärräume

Barrierefreie Sanitärräume müssen besonderen Bedingungen genügen. Sie sollten so ausgestattet sein, dass sie es dem Nutzer ermöglichen, die Räumlichkeiten unabhängig von fremder Hilfe nutzen zu können. Hierzu gehört eine ausreichende und barrierefreie Bewegungsfläche, die bei Rollstuhlfahrern mindestens 150 × 150 cm vor Waschtisch, WC, Dusche und Badewanne betragen sollte, andernfalls ist 120 × 120 cm ausreichend. Bodengleiche Duschen, unterfahrbare Waschbecken oder Haltegriffe neben allen Sanitärgegenständen erleichtern die Benutzung der Einrichtungen. Die Tür sollte eine lichte Breite von 80 bis 90 cm nicht unterschreiten und nach außen aufschlagen, damit sie im Raum nicht den Zugang zur Sanitärausstattung erschwert. > Abb. 43

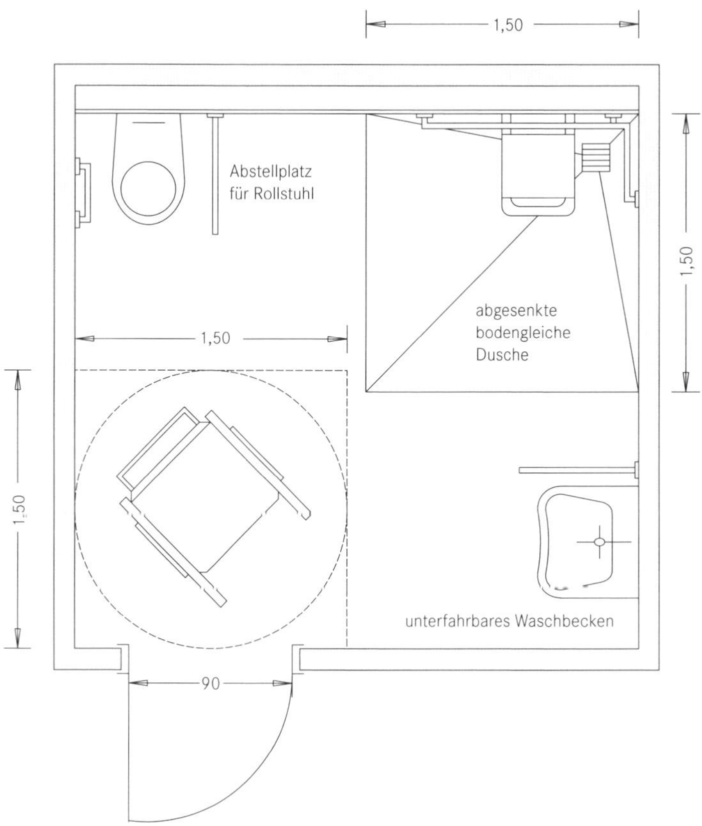

Abb. 43: Rollstuhlgerechtes Bad

Abwasser

Trinkwasser wird durch die Verteilung im Leitungsnetz und den täglichen Gebrauch über die Entnahmestellen in Waschbecken, Duschen oder Badewannen automatisch zu Abwasser, selbst wenn es gar nicht benutzt wird und sauber aus dem Wasserhahn in den Abfluss fließt. Die Bezeichnung „Trinkwasser" endet in dem Moment, in dem das Wasser den Kreislauf des Abwasserleitungsnetzes erreicht.

Generell wird unter dem Begriff „Abwasser" Wasser verstanden, das durch den häuslichen oder gewerblich-industriellen Gebrauch verschmutzt wurde, aber auch das relativ saubere Niederschlagswasser (Regen). Abwässer sind meist mit Grobstoffen, Bakterien oder Chemikalien verunreinigt, sodass eine umfassende Behandlung erforderlich ist, bevor sie wieder in natürliche Gewässer zurückgeführt werden dürfen. Für die Reinigung sind in der Regel die öffentlichen Kläranlagen zuständig.

Stark verschmutztes Haushaltsabwasser aus Toiletten und Geschirrspülern, welches Fäkalien und fäulnisfähige Stoffe enthält, wird als Schwarzwasser bezeichnet. Eher schwach verschmutztes Abwasser aus Waschbecken, Duschen und Badewannen gilt als Grauwasser und enthält lediglich etwa ein Drittel der Schmutzmengen des Schwarzwassers. Für die herkömmliche Art der Abwasserentsorgung in das öffentliche Leitungsnetz ist diese Unterscheidung bedeutungslos, da sie generell auf das Klären von Schwarzwasser ausgelegt ist. Für naturnahe Klärverfahren ist sie von größerer Wichtigkeit, da einige Systeme nur Grauwasser reinigen können.

Das wachsende Umweltbewusstsein lenkt den Blick bereits seit vielen Jahren auf die Reinhaltung des Grundwassers, der Flüsse und der Seen. Der biologische Selbstreinigungsprozess funktioniert ab einem gewissen Grad der Verschmutzung nicht mehr, sodass der Abwasserreinigungstechnik bei der starken industriellen und auch häuslichen Verunreinigung des Wassers eine große Bedeutung zukommt, um ökologischen Schäden entgegenzuwirken. > Kap. Abwasser, Arten der Abwasserbeseitigung

● **Beispiel:** Ein vierköpfiger Haushalt in Deutschland belastet das Abwassersystem jährlich mit etwa 100 kg Reinigungsmittel. Durch die Entwicklung umweltfreundlicher Waschmittel ist der Schadstoffeintrag insgesamt zwar zurückgegangen, jedoch hat sich das Problem nur geringfügig verringert.

Doch zunächst muss das benutzte Kalt- und Warmwasser als Abwasser aus den Sanitärräumen der Gebäude abtransportiert und der öffentlichen Kanalisation zugeführt werden. Dies geschieht über das im Folgenden beschriebene Leitungsnetz.

LEITUNGSNETZ ABWASSER IM GEBÄUDE

Abwasserleitungen sind wesentlich größer dimensioniert als Trinkwasserleitungen und haben die Aufgabe, das anfallende Schmutz- und Regenwasser aus Gebäuden abzuführen und der öffentlichen Kanalisation zuzuleiten. Zu diesem Zweck ist ein verzweigtes, in Teilstücken unterschiedlich dimensioniertes Rohrleitungsnetz notwendig, welches einen störungsfreien Betrieb der Sanitärgegenstände gewährleisten muss. Gebäude werden in der Regel nach dem Schwerkraftprinzip entwässert, also verlaufen alle Leitungen entweder senkrecht oder werden, wenn sie horizontal verlaufen, innerhalb des Gebäudes mit mindestens 2 % Gefälle verlegt, damit das zu transportierende Abwasser problemlos nach unten abfließen kann. Dabei ist darauf zu achten, dass kein Rückstau im Rohrleitungsnetz entstehen kann. ○

Rückstauebene

Die Rückstauebene ist die maximal mögliche Ebene, bis zu der Abwasser an einer bestimmten Stelle des Kanalsystems ansteigen kann. > Abb. 44 In der Regel gilt die Straßenoberkante oder die Oberkante des Bordsteins an der jeweiligen Anschlussstelle als Rückstauebene, sofern dies nicht von der örtlich zuständigen Behörde anders festgelegt wurde. Dort tritt im Falle eines Rückstaus Wasser großflächig aus, sodass es sich auch innerhalb der Gebäude nicht höher rückstauen kann. Ein Rückstau tritt insbesondere während starker Regenfälle auf. Mischkanäle sind dabei besonders gefährdet, da sie Abwasser und Regenwasser zusammen aufnehmen. > Kap. Abwasser, Arten der Abwasserbeseitigung Rückstau kann allerdings auch in Trennkanälen auftreten, wenn z. B. Leitungen verstopft sind.

Bei angeschlossenen Sanitärgegenständen, die unterhalb der festgelegten Rückstauebene in Kellerräumen liegen, besteht generell die Gefahr, dass Abwasser vom Kanal in das Gebäude eindringt und hier große Schäden verursacht. Aus diesem Grund müssen die jeweiligen Anschlussstellen durch einen Rückstauverschluss oder eine Hebeanlage geschützt werden. > Kap. Leitungsnetz Abwasser im Gebäude, Schutzmaßnahmen, Seite 141 ○

○ **Hinweis:** Unter einem Rückstau wird das Zurückdringen von Abwasser aus dem öffentlichen Kanal in die daran angeschlossenen Rohrleitungssysteme von Gebäuden verstanden, das nach dem Prinzip der „kommunizierenden Röhren“ erfolgt. Bei „kommunizierenden Röhren“ handelt es sich um mit Flüssigkeit gefüllte, nach oben offene Rohre oder Gefäße, in denen der Pegel der Flüssigkeit überall gleich hoch steht – und zwar unabhängig von deren Form.

○ **Hinweis:** Die europäische Norm DIN EN 12056 gilt für Schwerkraftentwässerungsanlagen innerhalb von Gebäuden. Für den Bereich außerhalb von Gebäuden wird DIN EN 752 zu Grunde gelegt. Beide Normen legen einen allgemeinen Rahmen fest, der nationale Ergänzungen erforderlich macht und regionale Abweichungen ermöglicht.

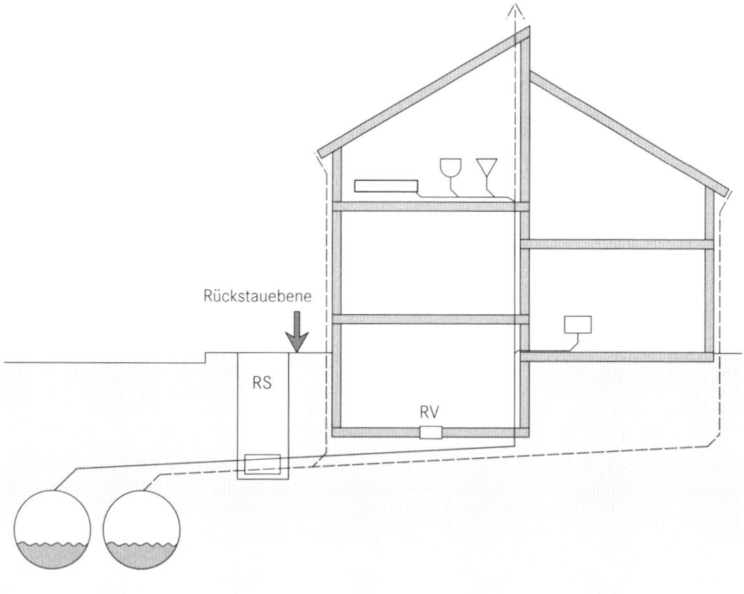

Abb. 44: Lage der Rückstauebene

Anlagenkomponenten und Leitungsführung

Einzel- und Sammelanschlussleitung

Zum Rohrleitungsnetz gehören unterschiedlich bezeichnete Teilstücke, die zusammengeschlossen werden, um das Abwasser in die öffentliche Kanalisation zu transportieren. > Abb. 45 Vom Sanitärgegenstand führt jeweils eine Einzelanschlussleitung zur sogenannten Sammelanschlussleitung, an der alle Anschlüsse eines Nassraumes zusammengeführt werden. > Abb. 46 Die Sammelanschlussleitung wird mit 2% Gefälle auf möglichst kurzem Weg mit der senkrechten Fallleitung verbunden, die das Abwasser nach unten führt und ohne Nennweitenänderung möglichst geradlinig zu verlegen ist. Das Gefälle von horizontalen Abwasserleitungen ist notwendig, damit durch die entstehende Fließbewegung keine Rückstände in der Leitung zurückbleiben. Alle Rohre werden üblicherweise mit 45-Grad-Bögen in Fließrichtung an weiterführende Leitungsteile angeschlossen, um an den Anschlusspunkten einen Stau des Abwassers in der Leitung zu vermeiden. Benachbarte Sammelanschlussleitungen sind versetzt an die senkrechte Fallleitung anzuschließen, damit es nicht zu Fremdeinspülungen kommt. Die einzelnen Leitungsteile werden miteinander verschraubt, verschweißt oder mit einer Steckmuffe verbunden.

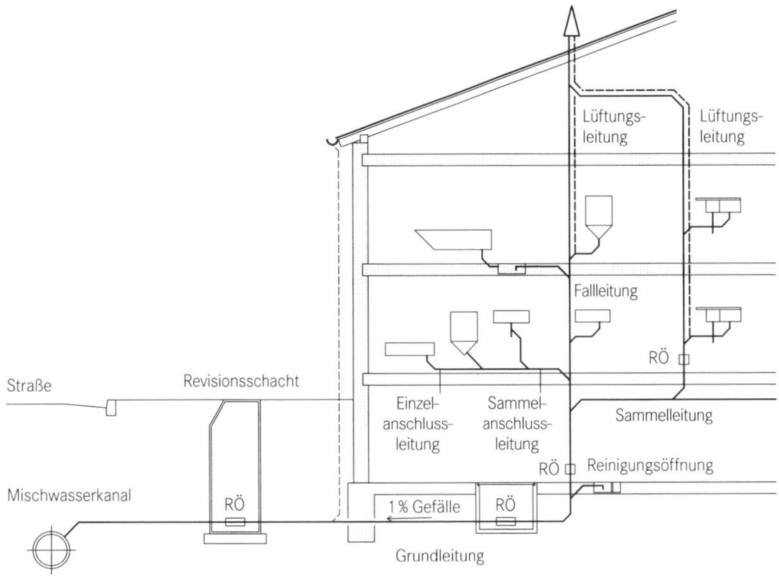

Abb. 45: Abwasserleitungsnetz im Gebäude

Fall-, Grund- und Lüftungsleitung

Die senkrechte Fallleitung mündet, in der Regel unterhalb der Bodenplatte des Gebäudes, in die Grundleitung, die zur öffentlichen Kanalisation führt. Da es vorkommt, dass durch die plötzliche mehrfache Nutzung einer Fallleitung Druckunterschiede im Leitungssystem entstehen, muss sie entlüftet werden, um Rückflüsse in Sanitärgegenstände durch Unterdruck zu vermeiden. Ist die Fallleitung insgesamt länger als 4 m, durchläuft sie also mehr als ein Geschoss, wird sie aus diesem Grund oberhalb des im letzten Obergeschoss angeordneten Sanitärgegenstandes ohne Querschnittverengung zu einer Lüftungsleitung und über das Dach hinaus ins Freie geführt. Alternativ können spezielle Belüftungsventile für Abwasserleitungen unterhalb des Daches eingebaut werden. Wird die Lüftungsleitung durch das Dach nach außen geführt, muss sie mindestens 2 m Abstand zu einer Dachgaube oder einem Dachflächenfenster haben oder diese Bauteile mit ihrem höchsten Punkt um mindestens 1 m überragen, damit auf diesem Weg keine unangenehmen Gerüche aus der Abwasserleitung in das Gebäude gelangen können.

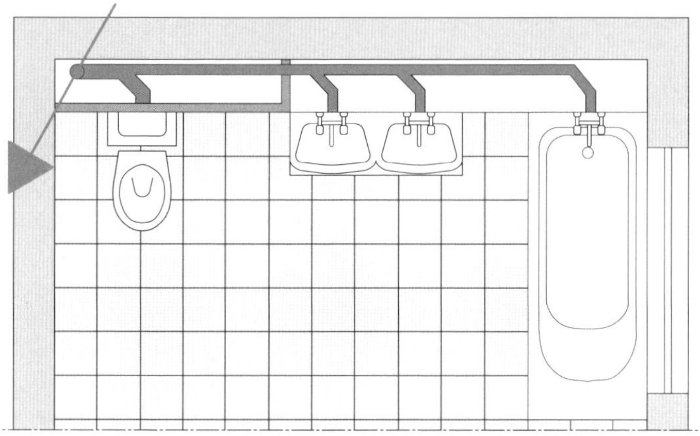

Abb. 46: Abwasserleitungen im Badgrundriss

Am untersten Ende der Fallleitung transportiert die in frostfreier Tiefe im Erdreich liegende Grundleitung das Abwasser aus dem Gebäude in den Anschlusskanal, der unmittelbar an das öffentliche Kanalnetz angeschlossen ist. Kommt eine Grundleitung nicht in Frage, weil das Gebäude unterkellert ist und der öffentliche Kanal für einen normalen Anschluss zu hoch liegt, wird eine Sammelleitung mit Gefälle unterhalb der Kellerdecke verlegt.

Reinigungsöffnungen

In Grund- und Sammelleitungen dürfen nur Abzweige mit maximal 45-Grad-Winkeln eingebaut werden, damit das Abwasser sich nicht staut. Darüber hinaus müssen mindestens alle 20 m Reinigungsöffnungen vorgesehen werden, um jeden Leitungsteil bei Verstopfung mit relativ wenig Aufwand säubern zu können. In senkrechten Fallleitungen liegen die notwendigen Reinigungsöffnungen am untersten Punkt, weil sich an dieser Stelle am ehesten Verstopfungen bilden können.

Hinweisschilder

Die Lage der öffentlichen Abwasserleitung unterhalb der Straße wird durch Hinweisschilder gekennzeichnet, die meist an Hauswänden oder Pfählen angebracht werden. Die aufgeführten Zahlen geben die seitlichen und rückwärtigen Abstände zum jeweiligen Anschlusskanal an.

Symbole

Zur besseren Lesbarkeit der geplanten Abwasseranlage werden in Grundriss- und Schnittzeichnungen Sinnbilder und Symbole verwendet, welche Aufschluss über die Anzahl und die Anordnung der angeschlossenen Sanitärgegenstände geben. > Abb. 47 Vergleichbar mit der im Kapitel Wasserversorgung beschriebenen Darstellung, werden sie im Grundriss an ihrem wahren Standort mit dem jeweiligen Symbol gekennzeichnet und zusammen mit dem Leitungssystem dargestellt. In einem Schema-

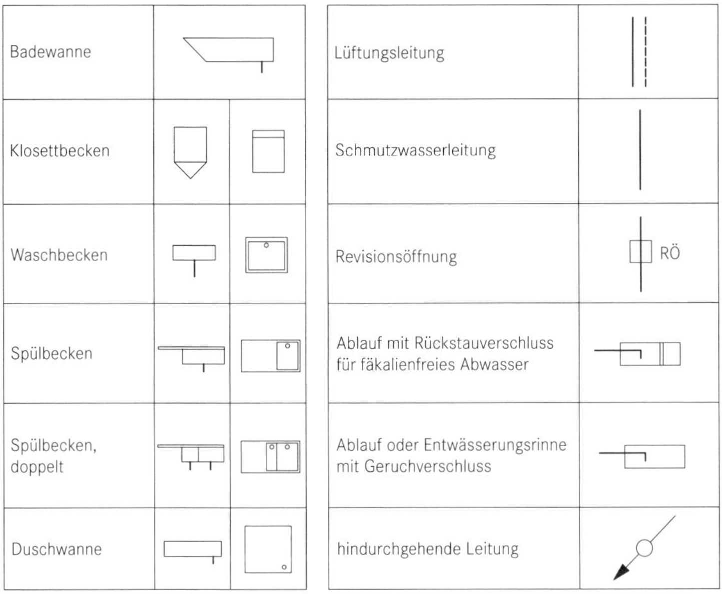

Abb. 47: Darstellung und Erläuterung üblicher Symbole

schnitt wird das Leitungssystem einschließlich der Leitungsführung und der Sanitärgegenstände so dargestellt, als würden alle an eine Sammelleitung angeschlossenen Waschbecken, Duschen, Badewannen oder WCs nebeneinander zu sehen sein. > Abb. 45 Die Leitungen sind hierbei in Fließrichtung mit dem genannten 45-Grad-Winkel darzustellen.

Bemessung der Leitungen

Der Querschnitt der Leitungsteilstrecken ist abhängig von Art und Anzahl der angeschlossenen Sanitärgegenstände und dem Wasserbedarf, der sich aus dem angestrebten Gebäudekomfort ergibt. Jedem Entwässerungsgegenstand wird generell ein Anschlusswert (DU) und ein dazugehöriger erforderlicher Mindestquerschnitt zugeordnet. > Tab. 6 Für die Berechnung der Nennweiten ist der bei dem Entwässerungsgegenstand zu erwartende Schmutzwasserabfluss (Q_{ww}) in Litern pro Sekunde (l/s) maßgebend. Die Abflusskennzahl (K) berücksichtigt die Benutzungshäufigkeit eines Entwässerungsgegenstandes. Deshalb variiert sie je nach Gebäudeart und Nutzung. Beispielsweise werden Sanitäreinrichtungen in Schulen oder öffentlichen Gebäuden von mehr Menschen häufiger benutzt als im Wohnungsbau.

Tab. 6: Typische Anschlusswerte von Sanitärgegenständen und Leitungsquerschnitte der Einzelanschlussleitung

Entwässerungsgegenstand	Anschlusswert *(DU)*	Leitungsdurchmesser
Waschbecken	0,5	DN 40
Dusche mit verschließbarem Ablauf	0,8	DN 50
Dusche ohne verschließbaren Ablauf	0,6	DN 50
Badewanne	0,8	DN 50
WC mit 6-Liter-Spülkasten	2,0	DN 100
WC mit 4-bis 5-Liter-Spülkasten	1,8	DN 80 bis DN 100

Um die Leitungsquerschnitte der Sammelanschluss-, Fall- oder Grundleitung zu dimensionieren, werden die einzelnen Anschlusswerte addiert. Bei der Bemessung der Grundleitung werden folglich die Anschlusswerte aller an ihr angeschlossenen Entwässerungsgegenstände addiert. Eine horizontale Abwasserleitung, an die z. B. ein WC anzuschließen ist, benötigt in der Regel eine Nennweite von mindestens DN 100 (Diametre Nominal); dementsprechend beträgt der Innendurchmesser der Leitung 100 mm. Auch die senkrechte Fallleitung muss demzufolge einen Durchmesser von mindestens DN 100 aufweisen. Bei Sammlung von mehreren Anschlüssen ist der gesamte Anschlusswert nach folgender Formel zu Grunde zu legen:

$$Q_{ww} = K \times \sqrt{\Sigma\,(DU)} \text{ in l/s.}$$

Q_{ww} = Quantity Waste Water (Schmutzwasserabfluss);
DU = Design Units (Anschlusswert);
K = dimensionslose Abflusskennzahl, die sich nach der Frequentierung richtet (in Wohngebäuden 0,5; in Schulen, Restaurants, Hotels 0,7; in öffentlichen Gebäuden mit häufiger Frequentierung 1,0).

Materialien

Abwasserleitungen können aus Steinzeug, Gusseisen, Stahl, Faserzement oder Kunststoff bestehen, als Fallleitung der Niederschlagsentwässerung auch aus Blech. Steinzeugrohre werden im Wesentlichen als Grundleitungen im Erdreich eingesetzt, da sie sehr widerstandsfähig sind. Gusseiserne und Rohrleitungen aus Faserzement eignen sich für alle Arten der Gebäude- und Grundstücksentwässerung. Sie sind durch

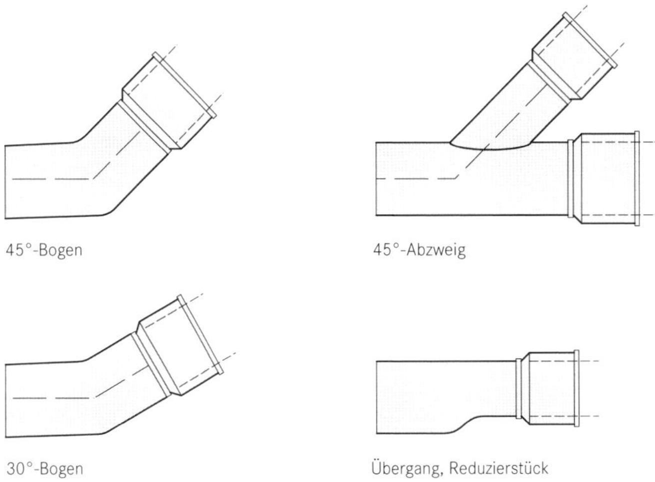

Abb. 48: Formstücke des Abwasserleitungsnetzes

ihr hohes Flächengewicht in der Lage, die Fließgeräusche des Abwassers einzudämmen. Stahl- oder Edelstahlrohre werden eingesetzt, wenn es sich um aggressive Abwässer handelt, wie z. B. in Laboratorien. Am preisgünstigsten sind Kunststoffrohre. Sie zeichnen sich durch ein geringes Gewicht und durch Korrosionsbeständigkeit aus und werden in erster Linie im Wohnungsbau verwendet, besonders hochwertige Produkte auch im Industrie- und Gewerbebau. In jedem Leitungsteilstück dürfen nur Kunststoffe eingesetzt werden, die auch heißwasserbeständig sind.

Alle Materialien werden in kurzen Standardlängen hergestellt und mit Steckmuffen, Schraubgewinden oder Dichtmanschetten miteinander verbunden bzw. bei Regenfallleitungen gefalzt oder gelötet. Sie sind als Bögen, Abzweige, Übergangsrohre und in anderen Formstücken erhältlich. > Abb. 48

Schutzmaßnahmen

Geruchsverschlüsse

Geruchsverschlüsse sorgen dafür, dass keine unangenehmen Gerüche aus dem Abwasserleitungsnetz in die Innenräume dringen können. Sie sind unter jeder Ablaufstelle eines Sanitärgegenstandes anzuordnen. Geruchsverschlüsse werden in unterschiedlichen Formen hergestellt, arbeiten jedoch alle nach einem ähnlichen Prinzip, etwa nach dem Rohrgeruchsverschluss, der aufgrund seiner günstigen strömungstechnischen Eigenschaften am häufigsten eingesetzt wird. Er besteht aus einem gebogenen Rohr von mindestens 30–45 mm Durchmesser, in dessen

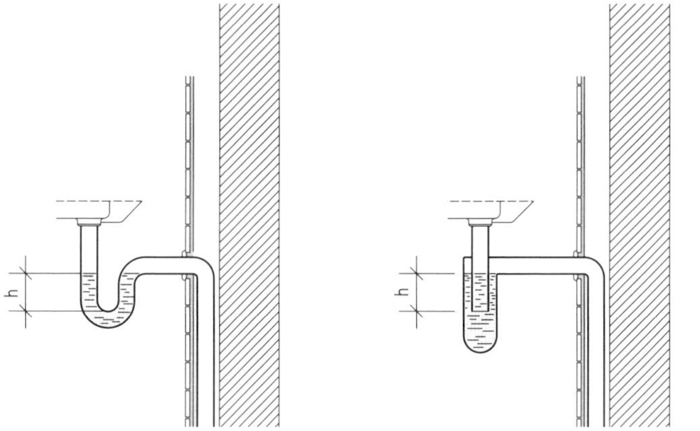

Abb. 49: Links: Rohrgeruchsverschluss, rechts: Flaschengeruchsverschluss

Biegung ständig Sperrwasser stehen bleibt. > Abb. 49, links Der Flaschengeruchsverschluss verstopft leichter und kommt deshalb etwas seltener zum Einsatz. > Abb. 49, rechts Das stehende Wasser verhindert bei beiden Verschlüssen, dass Gerüche durch das Rohr in den Raum gelangen.

Bodenabläufe

In Bädern von Wohnungen ist es sinnvoll, Bodenabläufe einzubauen, wenn Waschmaschinen aufgestellt oder bodengleiche Duschen vorgesehen sind. Vorgeschrieben sind sie in öffentlichen Gebäuden wie Schulen oder Schwimmbädern. Sie bestehen aus Gusseisen, Edelstahl, Messing oder Kunststoff und benötigen, weil sie im Fußbodenaufbau untergebracht werden müssen, eine möglichst geringe Einbauhöhe. Beim Einbau von Bodenabläufen muss der Fußboden nach unten abgedichtet sein und sollte in Richtung Bodenablauf ein leichtes Gefälle von 1,5 % aufweisen. > Abb. 50 Da Bodenabläufe oftmals in der Mitte des Raumes liegen, ist es nicht ganz leicht, die daran anschließende Abwasserleitung zur nächstliegenden Fallleitung zu führen. Meist werden zwar nur Querschnitte von DN 50 oder maximal DN 70 angeschlossen, jedoch müssen diese Anschlussleitungen wie üblich mit 2 % Gefälle verlegt werden.

Rückstauverschlüsse

Wie weiter oben zum Thema Rückstauebene beschrieben, müssen alle Entwässerungsgegenstände, die unterhalb der Rückstauebene liegen, mit dicht schließenden Rückstauverschlüssen versehen sein, die das Zurückfließen des Schmutzwassers in das Gebäude verhindern. Insbesondere bei der Mischkanalisation kann es passieren, dass ein Starkregenereignis die Aufnahmekapazität des öffentlichen Abwasserleitungsnetzes an seine Grenzen führt. Der hohe Wasserspiegel im öffentlichen Leitungsnetz kann dann bewirken, dass Abwässer aus tief liegenden Abwasseranschlüssen und Sanitärgegenständen austreten. > Abb. 51

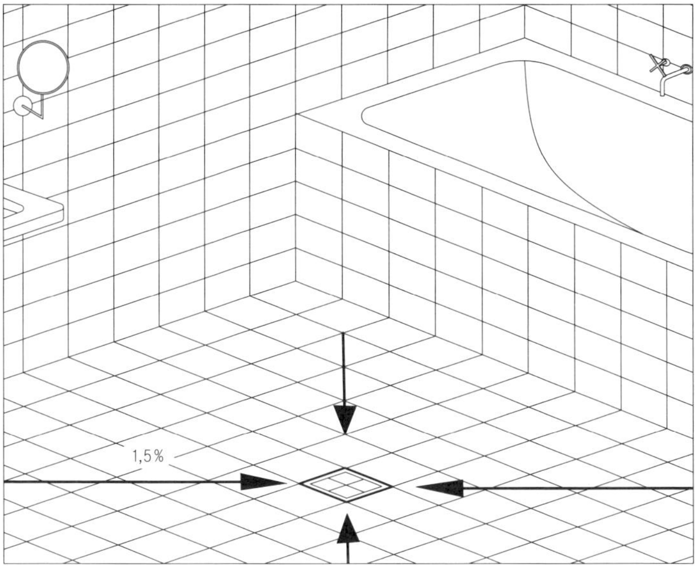

Abb. 50: Prinzip eines Bodenablaufs

Rückstauverschlüsse bestehen meist aus einer motorisch betriebenen Absperrklappe, einem pneumatischen Absperrschieber, einer selbsttätig schließenden oder einer von Hand zu betätigenden Absperrarmatur (Notverschluss). Alle in den Geschossen oberhalb der Rückstauebene liegenden Abwasserleitungen dürfen aber nicht über den Rückstauverschluss entwässern, sondern müssen hinter diesem angeschlossen werden. Andernfalls könnte das eigene Abwasser im Gebäude einen Rückstau bilden.

Abwasserhebeanlagen

Unterhalb der Rückstauebene liegende Entwässerungsgegenstände, die nicht mit ausreichendem Gefälle an die Kanalisation anzuschließen sind, da sie bereits zu tief im Erdreich liegen, müssen über eine Abwasserhebeanlage entwässert werden. Die Hebeanlage sammelt das entstandene fäkalienfreie oder fäkalienhaltige Schmutzwasser in einem Behälter und befördert es von dort mit einer Pumpe über Druckleitungen durch eine Rohrschleife, deren oberster Punkt oberhalb der Rückstauebene liegen muss. > Abb. 52 Die Höhe der Rohrschleife – auch Rückstauschleife genannt – sorgt dafür, dass Abwasser keinesfalls in das Gebäude zurückfließen kann. Das Abwasser sollte im Anschluss an die Hebeanlage mit normalem Gefälle an die öffentliche Kanalisation angeschlossen werden können.

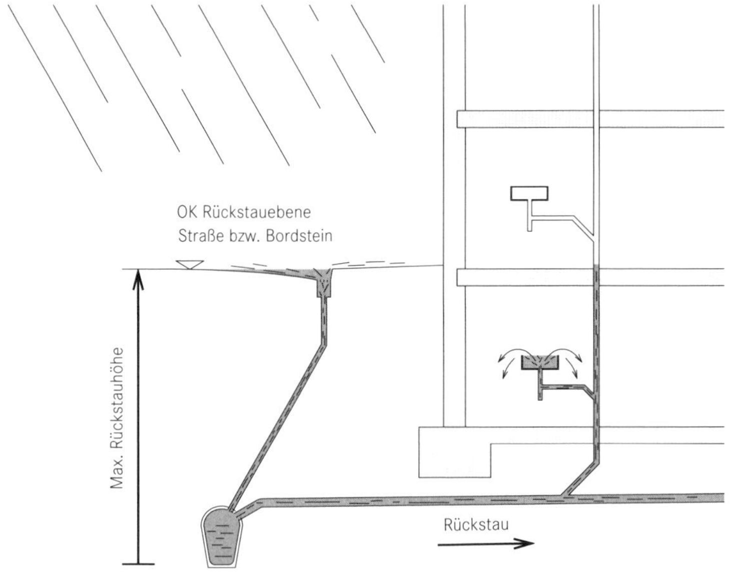

Abb. 51: Folgen eines Rückstaus von Abwasser

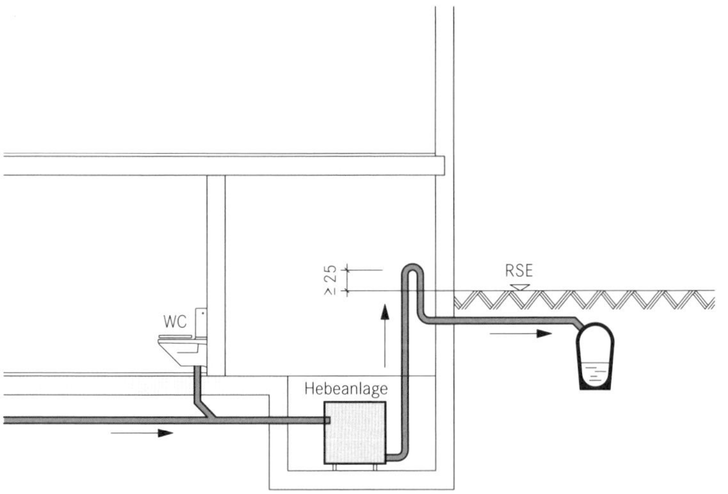

Abb. 52: Abwasserhebeanlage

ARTEN DER ABWASSERBESEITIGUNG

Trenn- und Mischkanalisation

Abwasser wird entweder durch ein Misch- oder durch ein Trennsystem entsorgt. Beim Mischsystem werden häusliche und gewerbliche Abwässer zusammen mit dem Regenwasser in die Kanalisation geführt, beim Trennsystem wird das Regenwasser direkt in Gewässer oder Flüsse, sogenannte Vorfluter, geleitet, und nur das verschmutzte Abwasser gelangt in die Kanalisation. > Abb. 53 Innerhalb des Gebäudebereiches und bei der Planung der Grundleitungen ist in jedem Fall von einer Trennung von Regen- und Schmutzwasser auszugehen, auch wenn es sich bei der öffentlichen Kanalisation unterhalb der Straße um ein Mischsystem handelt, da langfristig in vielen Ländern die komplette Umstellung auf ein Trennsystem geplant ist.

Der Grund dafür ist, dass Niederschlagswasser genau genommen erst dann zu verunreinigtem Wasser wird, wenn es mit dem übrigen Schmutzwasser in der Mischkanalisation zusammengeführt wird. Auf diese Weise steigt jedoch die Schmutzwassermenge aufgrund der Verdünnung stark an, sodass langfristig die Umstellung auf ein Trennsystem sinnvoll ist, um den Schmutzwasseranfall in der Kanalisation zu reduzieren und den Aufwand für die Reinigungsleistung zu verringern. Aus Gründen der Schmutzwasserreduktion und der Sicherung des natürlichen Grundwasserspiegels sollte Regenwasser darüber hinaus möglichst auf dem Grundstück oder ortsnah versickern können.

Reinigung von Abwässern

Die öffentlichen Kläranlagen entlasten Abwässer zunächst von groben Stoffen, durch biologische Reinigung werden sie anschließend von

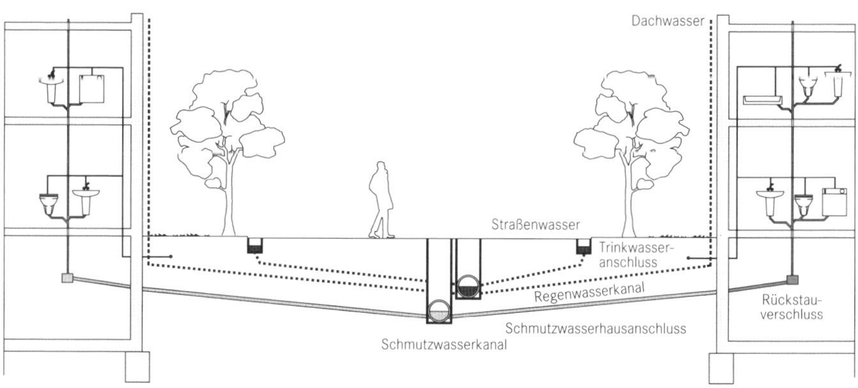

Abb. 53: Prinzip der Trennkanalisation

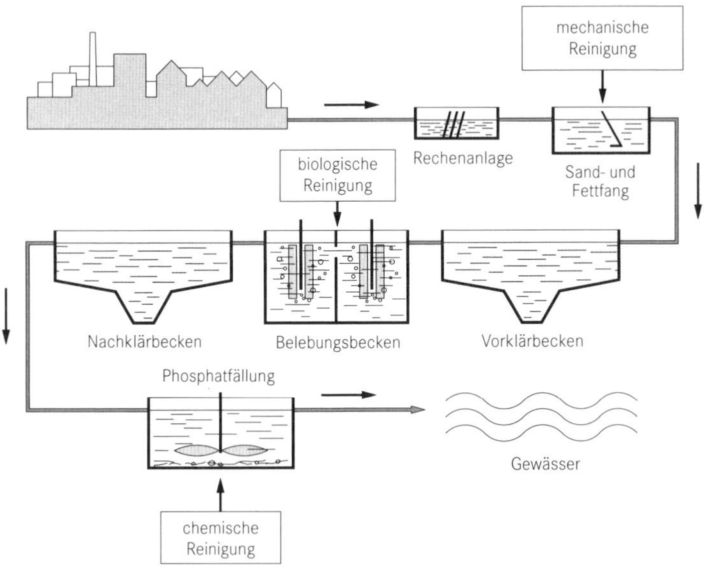

Abb. 54: Stufen der Abwasserreinigung

Bakterien befreit, und durch chemische Behandlung werden Phosphate, Schwermetalle und Stickstoffverbindungen beseitigt. > Abb. 54 Nach der Reinigung werden alle städtischen Abwässer in Vorfluter, also natürliche Gewässer, eingeleitet. Doch trotz einer aufwendigen, kostenintensiven Klärtechnik gelangen über das gereinigte Abwasser zu viele Nähr- und Schadstoffe in die natürlichen Gewässer, überdüngen sie und sorgen dort für vermehrtes Pflanzenwachstum.

Naturnahe Kläranlagen

Die Überlegung, Abwasser auf natürliche und weniger energieintensive Art zu reinigen, ist nicht neu. Naturnahe Kläranlagen sind in der Regel dezentrale, also in kleinem Maßstab angelegte Entsorgungssysteme, die schon seit Langem in ländlichen Gegenden eingesetzt werden, wo der Weg zu einer öffentlichen Abwasserleitung möglicherweise zu lang und ein Anschluss daran zu kostenintensiv erscheint.

Aufgrund zunehmender Qualitäts- und Kostenprobleme bei der Abwasserentsorgung rückten jedoch vor einigen Jahren dezentrale, naturnahe Klärverfahren auch in das Blickfeld umweltbewusster Planer. In zahlreichen ökologischen Siedlungsprojekten wurden Pflanzenkläranlagen angelegt, die das gesamte anfallende Abwasser auf dem eigenen Grundstück klären. Einerseits sollen diese Anlagen die öffentliche Kanalisation

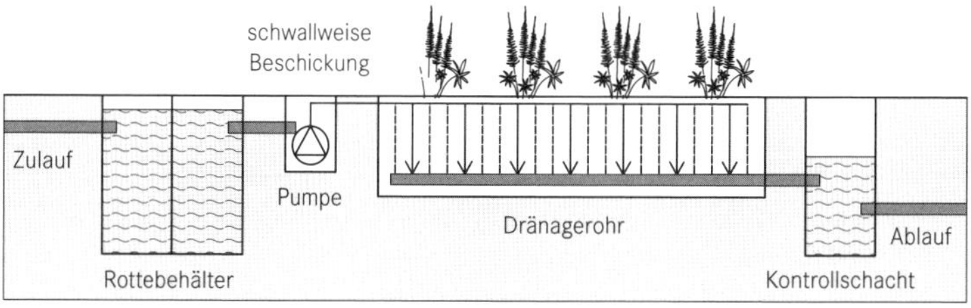

Abb. 55: Pflanzenkläranlage mit vertikaler Durchströmung

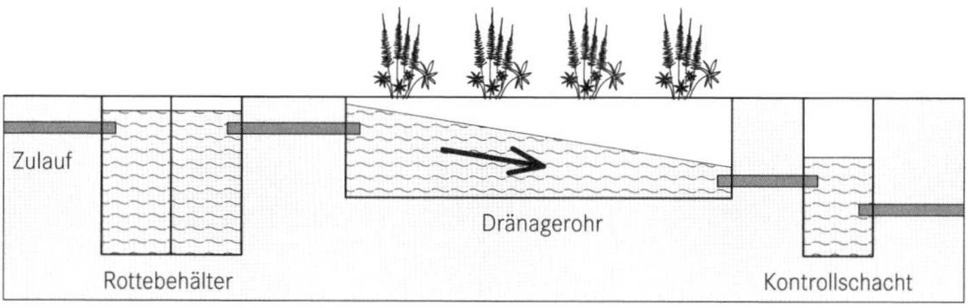

Abb. 56: Pflanzenkläranlage mit horizontaler Durchströmung

entlasten, andererseits aber auch das ökologische Bewusstsein für den natürlichen Wasserkreislauf schärfen und die Verantwortung dafür an den Einzelnen zurückgeben.

Natürliche Klärverfahren verzichten nach Möglichkeit auf den hohen Technik-, Energie- und Installationsaufwand herkömmlicher Klärmethoden, erzielen aber dennoch eine sehr gute Reinigungsleistung. Für den eigentlichen Reinigungsprozess des Abwassers ist kaum Fremdenergie erforderlich, jedoch haben naturnahe Klärverfahren einen hohen Flächenbedarf. Die Dimensionierung der Anlage insgesamt hängt davon ab, welchen Verschmutzungsgrad das zu klärende Abwasser aufweist.

Pflanzenkläranlagen

Pflanzenkläranlagen gehören zu den naturnahen Verfahren zur Abwasserklärung, die am meisten verbreitet sind. Es handelt sich hierbei um mit Schilfpflanzen bewachsene Abwasserteiche, deren Reinigungsleistung in erster Linie durch pflanzliche und tierische Mikroorganismen erfolgt. Nicht die Pflanzen selbst sorgen also für die Klärung des Wassers, sondern Mikroorganismen, die an deren Wurzeln leben, ernähren sich von den im Abwasser enthaltenen Nährstoffen und reinigen es auf diese Weise. Meist besteht der Grund des Abwasserteiches aus sandigen Bodenfiltern, die entweder vertikal oder horizontal vom Abwasser durchströmt werden. Zum Absetzen der im Abwasser enthaltenen Feststoffe wird ein Rottebehälter oder eine sogenannte Dreikammergrube als eine

Abb. 57: Schönungsteich

Art Filter vorgeschaltet. Hier findet durch permanente Luftzufuhr ein Kompostierungsprozess des Klärschlamms statt.

Zunächst fließt schwach verschmutztes Grauwasser aus Duschen oder Waschbecken oder Schwarzwasser aus den Toiletten über ein separates Leitungsnetz per Schwerkraftentwässerung aus dem Gebäude und wird dann durch den im Erdreich liegenden Rottebehälter hindurchgeleitet und so von den groben Inhaltsstoffen befreit. Von dort aus wird das Abwasser nach dem Prinzip der vertikalen Durchströmung, bei der die Fläche kleiner, der Bodenfilter dafür aber tiefer angelegt ist, mit einer Pumpe schwallweise auf dem Schilfbeet verteilt. > Abb. 55

Bei dem Prinzip der horizontalen Durchströmung, einem flächigen, aber weniger tiefen System, fließt das Schmutzwasser langsam quer durch das Schilfbeet hindurch und wird dabei gereinigt. > Abb. 56 Ausgewählt werden die Systeme nach der zur Verfügung stehenden Fläche im Außenbereich des Gebäudes. Bei manchen Abwasserklärmethoden werden auch beide Durchströmungsarten hintereinander durchlaufen, um eine optimale Reinigungsleistung zu erzielen.

Das Schilfbeet selbst besteht lediglich aus einem Filterbett aus Sand und Kies. Da das Abwasser meist unmittelbar in den Bodenfilter sickert, ist nicht unbedingt eine Wasserfläche, sondern lediglich die bepflanzte Fläche zu sehen. Im Anschluss an den mehrstufigen Reinigungsprozess kann das Wasser über einen Kontrollschacht, in dem die Qualität des Abwassers regelmäßig geprüft wird, entweder in einen Vorfluter oder in einen Schönungsteich geleitet werden, der bei entsprechender Wasserqualität als Badeteich genutzt werden kann. > Abb. 57 Das geklärte Wasser könnte aber ebenso als Brauchwasser für die WC-Spülung verwendet werden. > Kap. Abwasser, Nutzung von Abwässern

Naturnahe Klärverfahren benötigen sehr viel Fläche, um funktionieren zu können, insbesondere dann, wenn Schwarzwasser geklärt werden soll. Jedoch ist der ästhetische und natürliche Wert einer Schilffläche sicher höher einzuschätzen als der eines herkömmlichen Kläranlagengeländes. Pflanzenkläranlagen stellen nicht ausschließlich eine ökologische Alternative zu herkömmlichen Klärverfahren dar. Auch wenn Gebäude zu weit von der öffentlichen Kanalisation entfernt liegen, kann eine naturnahe Kläranlage für die Klärung des Abwassers sorgen.

UMGANG MIT REGENWASSER

Auch Regenwasser ist ein Teil des Wasserkreislaufes in Gebäuden, weil es vom Gebäudedach und von versiegelten Flächen des Grundstücks als Schmutzwasser abfließt und zusammen mit dem häuslichen Abwasser entsorgt werden muss.

Die starke Versiegelung der Städte bringt mit sich, dass Regenwasser nicht auf einfachem Weg in den Boden sickern und über den natürlichen Kreislauf ins Grundwasser gelangen kann, wie es wünschenswert und oft auch möglich wäre. Stattdessen wird es über ein Leitungssystem in die Kanalisation abgeführt. > Abb. 58 Bei stärkeren Regenfällen zeigt sich jedoch, dass die Aufnahmekapazität der Kanäle oftmals nicht ausreicht, sodass immer größere Mengen von mit Regenwasser vermischtem Schmutzwasser ungereinigt in Flüsse und Seen fließen.

Anstelle der schnellen Abführung des Regenwassers in die Kanalisation wird heute eine langsame und differenzierte Ableitung ohne Vermischung mit Schmutzwasser angestrebt. Bei der Auswahl der geeigneten

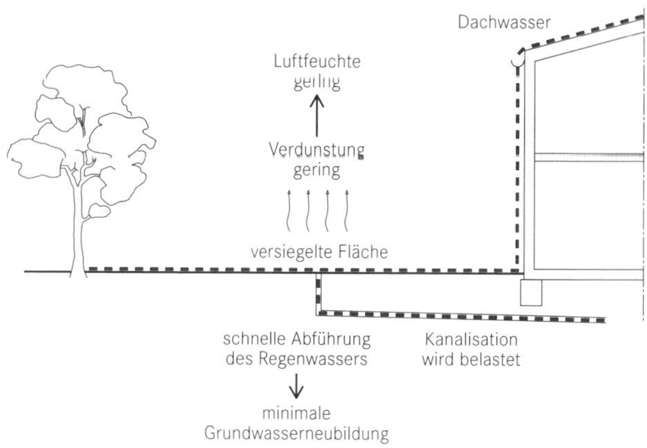

Abb. 58: Konventionelle Regenwasserableitung

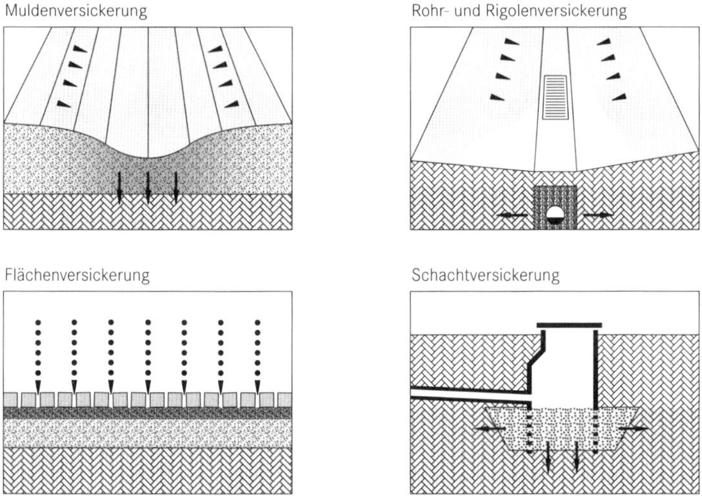

Abb. 59: Möglichkeiten der Regenwasserversickerung

Systeme sind sowohl die Häufigkeit und Menge der örtlichen Niederschläge als auch die Bodenbeschaffenheit und die Höhe des Grundwasserstandes zu beachten.

Regenwasserversickerung

Um den natürlichen Wasserkreislauf zu erhalten, sollten insbesondere in Wohngebieten nicht überbaute Flächen, Wege und Plätze möglichst wasserdurchlässig gestaltet werden, beispielsweise mit Rasen oder Kies. Auch durch das Entsiegeln bereits bebauter Oberflächen kann erreicht werden, dass Regenwasser auf natürliche Weise in den Boden gelangt und der Grundwasserspiegel wieder steigt.

Für die Möglichkeiten einer Regenwasserversickerung ist die Bodenbeschaffenheit des Grundstücks entscheidend. Je sandiger der Boden ist, desto durchlässiger ist er auch, und die Versickerung kann auf einfache Weise erfolgen. Ist der Boden zu lehmig oder tonig, sodass Niederschlagswasser nicht ohne Weiteres versickern kann, sind besondere Einrichtungen vorzusehen, etwa grasbewachsene Mulden, die das Wasser kurzzeitig einstauen, Mulden-Rigolen- oder Schachtversickerungssysteme usw. > Abb. 59 Sie verzögern den Abfluss des Niederschlagswassers und halten bei Starkregen das Wasser zurück, sodass die Kanalsysteme nicht überlastet und Hochwasserspitzen verringert werden. Auch das Stadtklima erfährt durch die Regenwasserversickerung eine deutliche Verbesserung.

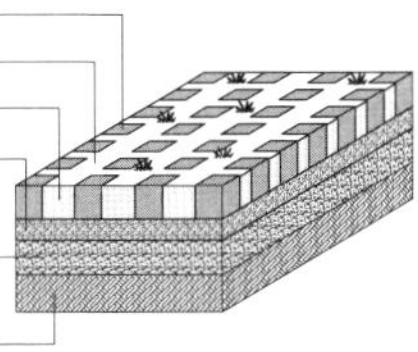

Abb. 60: Prinzip der Flächenversickerung

Abb. 61: Rasengittersteine zur Flächenversickerung

Durch Versickerungssysteme auf dem Grundstück werden die Anschlusskosten an die Kanalisation reduziert. Durch Unterhaltungs- oder Pflegeaufwendungen bei komplexeren Retentionsmaßnahmen wie z. B. Dachbegrünungen in Kombination mit Regenwasserteichen oder umfassenden Versickerungssystemen – beispielsweise Mulden-Rigolen-Systeme – können die Kosten jedoch wieder steigen.

Flächenversickerung

Bei der Flächenversickerung versickert Regenwasser ohne vorheriges Einstauen im Boden. Eine Möglichkeit der Flächenversickerung stellen Rasengittersteine dar > Abb. 60 und 61 oder wasserdurchlässige Pflasterungen, die sich insbesondere für Parkflächen, Wohn- oder wenig genutzte Fahrwege eignen. Auch eine Rasenfläche oder ein Kiesweg kann als Versickerungsfläche dienen, wenn die Bodenbeschaffenheit günstig ist. Eine erste Reinigung des Regenwassers erfolgt bei der Flächenversickerung bereits in der obersten Bodenschicht. Infolge des langsamen Abflusses durch die Schichten des Erdreichs wird der Reinigungsprozess bis in das Grundwasser fortgeführt.

Muldenversickerung

Die Muldenversickerung zählt zu den Oberflächenversickerungen mit Verzögerung des Regenwasserabflusses. Eine Versickerungsmulde ist eine grasbewachsene Vertiefung im Boden, in der Regenwasser einige Stunden eingestaut werden kann. > Abb. 62 Innerhalb dieser Zeit sickert das Wasser langsam in das Erdreich ein und gelangt schließlich ins Grundwasser.

Der Flächenbedarf einer Versickerungsmulde ist geringer als der einer Flächenversickerung. Bei einer Einstautiefe von 30 cm werden etwa 10 bis maximal 20 % der angeschlossenen Dachflächen für die Bemessung zu Grunde gelegt. Die Reinigung des Regenwassers erfolgt durch das Passieren der unterschiedlichen Bodenschichten. Versickerungsmulden sind kostengünstig herzustellen und erfordern einen geringen Wartungsaufwand. Sie können überdies gestalterisch in Frei- und Grünräume eingebunden werden.

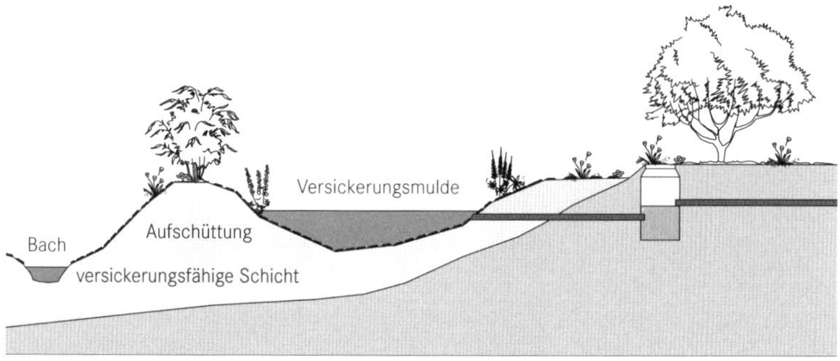

Abb. 62: Muldenversickerung

Mulden-Rigolen-Systeme

Bei einem Mulden-Rigolen-System werden zwei Versickerungsmöglichkeiten miteinander kombiniert, die grasbewachsene Versickerungsmulde und ein Kiesbett (Rigole), in dem meist zusätzlich ein Drainagerohr verlegt wird. Die oberste, etwa 30 cm dicke Schicht der Mulde dient als Speicher und Filter des Regenwassers. Aus der Mulde wird es punktuell oder flächig in die Rigole eingeleitet, die mit Grobkies gefüllt und mit einem Filtervlies ummantelt ist. Der Restabfluss des Regenwassers wird mit Hilfe des Drainagerohrs langsam weitertransportiert und gelangt schließlich zu einem Vorfluter oder in die Kanalisation. Auf dem Weg dorthin verteilt und reduziert sich die Wassermenge durch das poröse Rohr zunehmend, sodass nur ein sehr geringer Teil des Regenwassers am Zielort ankommt. Die Mulden-Rigolen-Versickerung ist auch für schlecht durchlässige Böden und gleichzeitig große Wassermengen geeignet.

Regenwasserretention

Unter Retention wird die Rückhaltung von Regenwasser verstanden. In einer größeren Stadt könnten dem Kanalnetz durch die Rückhaltung von Regenwasser viele Millionen Liter Abwasser erspart bleiben. Retentionssysteme sollen den direkten Abfluss des Regenwassers in die Kanalisation verzögern und gleichzeitig verringern. Im Wesentlichen lässt sich diese Verzögerung durch Gründächer oder Retentionsteiche erreichen. Je nach Aufbauhöhe des Substrates speichern Gründächer das Niederschlagswasser und geben es verzögert und um zwei Drittel verringert an die Kanalisation ab. Sie verbessern das Stadt- und insbesondere das örtliche Mikroklima und sind durch die Verdunstung in der Lage, an heißen Sommertagen zu kühlen und Staub zu binden.

Dachbegrünung

Bei der Dachbegrünung wird zwischen extensiver und intensiver Dachbegrünung unterschieden. Während die extensive Begrünung aus einem 3 bis 15 cm hohen Substrataufbau besteht, wird für eine intensive Begrünung ein Substrataufbau von etwa 15 bis 45 cm benötigt. Beide

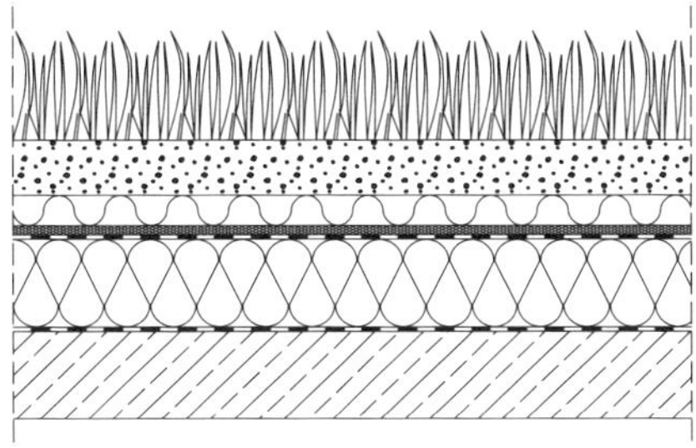

Abb. 63: Gründach mit typischem Aufbau

Gründacharten bestehen oberhalb des üblichen Dachaufbaus aus einer Trennschicht zur Dachhaut als Wurzelschutz, die verhindern soll, dass Pflanzenwurzeln die Dachhaut zerstören. Dazu kommen eine Dränschicht, die das Restregenwasser abführt, sowie die eigentliche Vegetationsschicht. > Abb. 63 Beim Dachaufbau kann es sich um Warm-, Kalt- oder Umkehrdächer handeln, die sich durch Lage und Belüftung der Dämmschicht unterscheiden.

Zur extensiven Dachbegrünung mit einem geringen Substrataufbau zwischen 3 und 7 cm werden Moose und Sukkulenten mit minimalem Wasser- und Nährstoffbedarf gepflanzt. Einen etwas höheren Bodenaufbau bei geringem bis mäßigem Wasserbedarf benötigen Gräser oder Kräuter. Die intensive Dachbegrünung besteht aus höher wachsenden Gräsern, Stauden oder Gehölzen. Je höher der Substrataufbau angelegt wird, desto wirkungsvoller sind die Regenwasserrückhaltung und die Verdunstungsleistung des Daches. Demgegenüber sind jedoch Pflegeaufwand und Lastannahmen für die Dachkonstruktion höher einzustufen.

Jedes Flachdach kann mit einer Dachbegrünung versehen werden, wenn die Dachkonstruktion hierfür geeignet und hinreichend abgedichtet ist und die Belastbarkeit des Daches das erhöhte Gewicht des Substrates ermöglicht. Bei geneigten Dächern bis etwa 15 Grad sind darüber hinaus keine besonderen Sicherheitsmaßnahmen zu treffen, bei stärker geneigten Dachflächen werden sogenannte Schubsicherungen erforderlich, die dafür sorgen, dass der aufgebrachte Mutterboden nicht abrutschen kann.

Beim Gründach wird das Regenwasser durch Pflanzen und Bodenschichten mechanisch gereinigt. Daher könnte es anschließend in einer Zisterne gesammelt und als Betriebswasser für die WC-Spülung genutzt werden. Da durch das Einstauen jedoch nur noch ein Drittel des anfallenden Regenwassers in der Zisterne ankommen würde, lohnt sich der Einbau eines zweiten Leitungsnetzes meist nicht. Über die generelle

Abb. 64: Gestaltungselement für die Regenwasserableitung

Entlastung der Kanalsysteme durch die Retention hinaus bieten Gründächer einen Ausgleich von Temperaturextremen und verbessern den sommerlichen und winterlichen Wärmeschutz des Gebäudes.

Retentionsteiche

Retentionsteiche nehmen das von den Dächern abfließende Wasser auf und unterscheiden sich von Muldensystemen, indem sie nach unten mit einer Teichfolie abgedichtet sind und ständig Wasser enthalten. Als Biotop angelegt, sind Retentionsteiche überdies an den Uferzonen bepflanzt und stellen Lebensraum für zahlreiche Tierarten zur Verfügung. Das Regenwasser wird meist oberirdisch über Wasserläufe von den Dächern in den Teich geleitet. Der Überlauf des Teiches erfolgt bei Starkregen meist in eine benachbarte Muldenversickerung. Retentionsteiche können mit ihrem hohen Gestaltungswert Freiräume in Siedlungsbereichen aufwerten.

Gestaltung mit Regenwasser

Zur Verbesserung des Nutzwertes von Freiräumen und Erlebnisbereichen können auch gestalterische Elemente zur Regenwasserversickerung oder zur Regenwasserrückhaltung genutzt werden. Anstelle von unterirdischen Kanälen wird das Wasser dabei durch offene Rinnen und Bachläufe geleitet und kann auf diese Weise überhaupt erst als wichtiges Lebenselement wahrgenommen werden. > Abb. 64

○

O **Hinweis:** In *Basics Entwurfselement Wasser* von Axel Lohrer, erschienen im Birkhäuser Verlag, Basel 2008, werden Anregungen und Planungshinweise zum Einsatz von Wasser in der Freiraumgestaltung gegeben.

NUTZUNG VON ABWÄSSERN

Angesichts der Tatsache, dass sich die Trinkwasseraufbereitung durch den immer höheren Schadstoffeintrag zunehmend kostspieliger und aufwendiger gestaltet, aber nur für wenige Bereiche tatsächlich qualitatives Trinkwasser benötigt wird, ist es unverständlich, dass Millionen Kubikmeter Regen- und Abwasser jährlich ungenutzt in der Kanalisation verschwinden. In den letzten Jahren wurden deshalb zunehmend Konzepte entwickelt, die eine Substitution des Trinkwassers durch Regen- oder Grauwassernutzung ermöglichen.

Regenwassernutzung

Die Nutzung des Regenwassers spart Trinkwasser und entlastet Kanalisation und Klärwerke. Für die WC-Spülung, die Gartenbewässerung und die Waschmaschine ist der Einsatz von Regenwasser hygienisch unbedenklich, sofern es weder Schwermetalle noch andere toxische

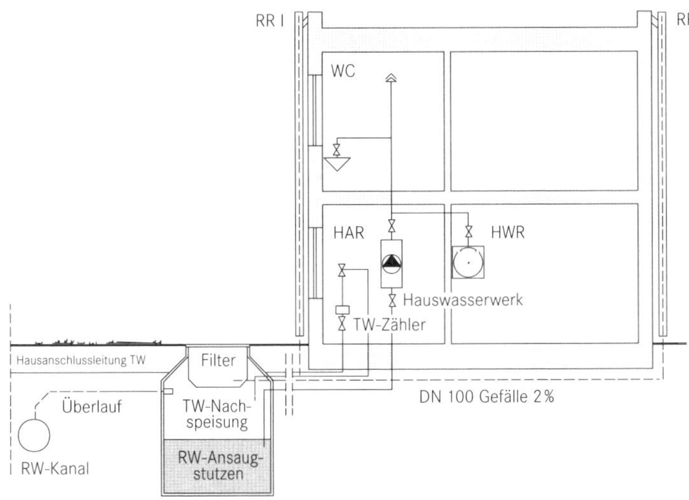

Abb. 65: Regenwassernutzungsanlage mit Leitungsführung

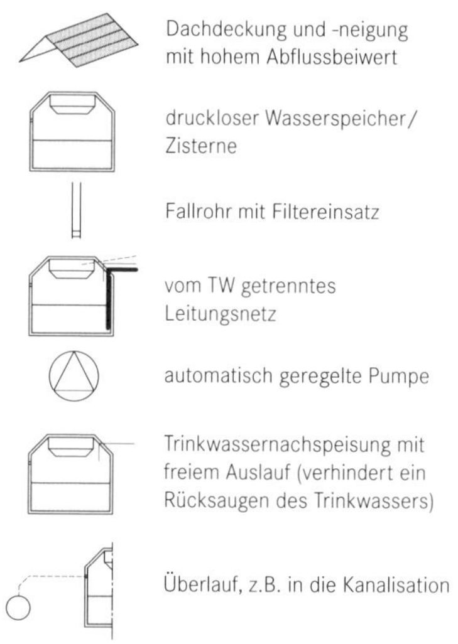

Abb. 66: Typische Komponenten einer Regenwassernutzungsanlage

Stoffe enthält. Die Qualität des anfallenden Regenwassers ist abhängig vom Ort und der Beschaffenheit der abführenden Flächen. Die Dachfläche könnte beispielsweise mit Straßenstaub oder Vogelkot verunreinigt sein und aus diesem Grund zu viele Keime aufweisen. Auch bei der Entwässerung von Straßen- oder Parkflächen ist das Wasser wegen möglicher Benzin- oder Ölrückstände für eine weitere Nutzung ungeeignet. In diesem Fall sollte auf die Regenwassernutzung besser verzichtet werden. Die Anlagenkomponenten einer Regenwassernutzungsanlage lassen sich ansonsten mit relativ geringem Aufwand in ein Gebäude einplanen. > Abb. 65 und 66

Auffangfläche Dach

Für das Sammeln und Nutzen von Regenwasser ist als Auffangfläche die Größe und Beschaffenheit der Dachfläche entscheidend. Ist die Dachoberfläche glatt, kann eine größere Menge Regenwasser abfließen, als wenn sie aus porösem Material besteht, das einen Teil des Wassers aufnimmt und verdunsten lässt. Alle üblichen Dachmaterialien, wie z. B. Tonziegel, Betondachsteine oder Schiefer, sind für das Auffangen von Regenwasser geeignet. Bei Metalldächern kann es jedoch zum Vergrauen der Wäsche kommen, sofern auch eine Waschmaschine an die Regenwasserleitung angeschlossen wird. Soll ausschließlich die WC Spülung mit Regenwasser versorgt werden, bestehen auch bei Metalldächern keine Bedenken.

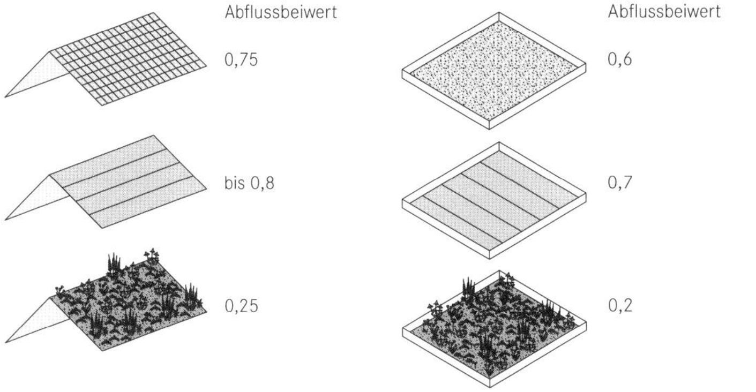

Abb. 67: Abflussbeiwerte verschiedener Dächer

Die Menge des Regenwassers, das in der Zisterne ankommt, ist von der Niederschlagsmenge und -häufigkeit sowie dem Abflussbeiwert des Daches abhängig. Ein Abflussbeiwert von 0,75 bedeutet, dass 75 % des auf dem Dach ankommenden Niederschlags über die Regenfallleitung in die Zisterne abfließen können. Die Höhe des Abflussbeiwertes liegt generell zwischen 0,0 und 1,0 und ist vom Material der Dachdeckung abhängig. Je glatter das Material ist, desto höher ist auch der Abflussbeiwert. > Abb. 67

Sammelbehälter Zisterne

Als Sammelbehälter dient eine Zisterne, die das über Regenfallleitungen und Filter abfließende Dachflächenwasser aufnimmt und speichert. Sie ist in ihrer Größe und Lage variabel. Erdverlegte Zisternen sind zu empfehlen, wenn kein Kellerraum im Gebäude vorhanden ist. Ansonsten werden die Tanks aus lichtundurchlässigem Kunststoff in einem möglichst gleichbleibend kühlen und dunklen Kellerraum aufgestellt, um eine Keimentwicklung und Algenbildung im Wasser zu verhindern. Zisternen sind in verschiedenen Größen ab ca. 1000 l erhältlich. Bei sehr hohem Bedarf werden entweder mehrere Kunststofftanks gekoppelt, oder es wird eine wasserdichte, erdverlegte Betonzisterne in beliebiger Größe hergestellt.

Berechnung der Speichergröße

Die Auslegung der Speichergröße richtet sich sowohl nach dem Regenwasserdargebot als auch nach dem Regenwasserbedarf. Für die Berechnung des Regenwasserdargebots sind die regionalen Niederschlagshöhen maßgeblich, die beim zuständigen Wetteramt erfragt werden können. Beispielsweise liegen sie in Deutschland je nach Region zwischen 600 und 800 mm pro Jahr. Die Länge einer Trockenperiode beträgt hier durchschnittlich etwa 21 Tage. Für die Bemessung des Regenwasserdargebots muss darüber hinaus die Größe der Dachfläche und der Abflussbeiwert des Dachmaterials zu Grunde gelegt werden.

Berechnung des jährlichen Regenwasserdargebots in ltr/a:

■ Auffangfläche (m^2) × Abflussbeiwert (w) × jährl. Niederschlagshöhe (mm/a)

Berechnung des Betriebswasserjahresbedarfs in ltr/a:

Personenbezogener Tagesbedarf × Anzahl Personen × 365 Tage

Berechnung des Speichervolumens in ltr:

$$\frac{\text{Betriebswasserjahresbedarf} \times 21 \text{ Tage}}{365 \text{ Tage}}$$

Bei einem ausgeglichenen Verhältnis von Regenwasserertrag und Betriebwasserbedarf hat sich eine Speichergröße von ca. 5 % des Jahresertrages als ausreichend erwiesen.

Trinkwassernachspeisung und Verteilung

Für Trockenperioden ist eine Möglichkeit der Nachspeisung von Trinkwasser aus dem öffentlichen Netz vorzusehen. Die Nachspeisung kann über einen freien und frostsicheren Auslauf direkt in die Zisterne oder innerhalb einer Hauswasserstation im Gebäude erfolgen. Eine Hauswasserstation beinhaltet die Pumpe für die Beförderung des Regenwassers, die Steuerung der Anlage, eine Regelung des Anlagendrucks sowie weitere Sicherheitseinrichtungen. In jedem Fall muss bei der Nachspeisung sichergestellt sein, dass Trinkwasserleitungen nicht unmittelbar mit Regenwasser in Berührung kommen, um den Schutz des Trinkwassers im öffentlichen Netz zu gewährleisten. Überschüssiges Wasser, das die Zisterne nicht mehr aufnehmen kann, muss über einen Notüberlauf in die öffentliche Kanalisation geleitet werden können.

Grauwasserrecycling

In hochverdichteten Innenstadtgebieten, wo zur Klärung des Abwassers der Platz für eine Pflanzenkläranlage generell nicht ausreicht, eignen sich für die Reinigung und Wiederverwendung von schwach verschmutztem Wasser auch biologische Grauwasserreinigungsanlagen. Sie lassen sich am besten im Kellergeschoss von Gebäuden unterbringen und setzen sich, je nach Reinigungsverfahren, aus unterschiedlichen An-

■ **Tipp:** Die Dachfläche wird bei der Regenwassernutzung in der Projektion ermittelt. Es wird also die Fläche zu Grunde gelegt, die von oben zu sehen ist.

Abb. 68: Tauchtropfkörperanlage

lagenkomponenten zusammen. Welche Anlage eingesetzt wird, entscheidet sich nach dem zur Verfügung stehenden Platz, der Anzahl der Nutzer und dem möglichen Kostenrahmen. Schwarzwasser muss bei diesen Anlagen getrennt in die öffentliche Kanalisation abgeführt werden.

Tauchtropfkörperanlage

Eine Tauchtropfkörperanlage beispielsweise besteht aus einem Absetzbecken, einer mechanischen Reinigung in einem Vorhaltebecken sowie einem Schöpfrad, welches das Grauwasser kontinuierlich in einen sich drehenden Tauchtropfkörper befördert. > Abb. 68 Der Tauchtropfkörper besteht aus Polyethylen-Filterrohren, welche die Bewuchsfläche für einen Mikroorganismenteppich darstellen, der für einen großen Teil der Reinigungsleistung verantwortlich ist. Der Tauchtropfkörper rotiert mit etwa 0,5 Umdrehungen pro Minute und ist immer bis über die Hälfte in das Abwasserbecken getaucht, während die andere Hälfte durch den Kontakt mit der Luft die Mikroorganismen mit Sauerstoff versorgt. Die auf dem Tauchtropfkörper bei diesem Vorgang ständig anwachsende Biomasse löst sich nach einiger Zeit schließlich von dem Rotationskörper und sinkt auf den Boden des Wassers ab. Das geklärte Abwasser ist nach dem Durchlaufen der verschiedenen Reinigungsstufen nicht mehr fäulnisfähig und kann als Betriebswasser genutzt werden.

Membranfilteranlage

Eine weitere Möglichkeit der Grauwasserklärung stellt die Membranfilteranlage dar, die das Grauwasser zunächst in einem belüfteten Sieb mechanisch vorklärt, mit Hilfe von Mikroorganismen und Sauerstoffzufuhr von den organischen Bestandteilen befreit und anschließend beim Durchfließen durch mehrere, nebeneinander angeordnete Mikrofiltrationsmembrane reinigt. Die Membranfilteranlage ist ein geschlossenes System, das sich problemlos und Platz sparend in einem Kellerraum aufstellen lässt.

Grauwasserrecycling zählt zu den umweltschonenden Abwasserbehandlungsverfahren. Es sorgt wie auch die Regenwassernutzung dafür, dass weniger Trinkwasser kostenintensiv gereinigt und über weite Strecken in die Haushalte transportiert werden muss. Darüber hinaus wird der Abwasseranfall reduziert und die Kläranlage entlastet. Wird das aufbereitete Wasser versickert, unterstützt es die Grundwasserneubildung und damit den natürlichen Wasserkreislauf.

Mit der Abwasserklärung und ihren aufgezeigten umweltschonenden Alternativen schließt sich der in seinen einzelnen Stationen beschriebene Wasserkreislauf, da das geklärte Abwasser in natürliche Gewässer zurückbefördert wird. Mit der Trinkwassergewinnung und der erneuten Versorgung von Gebäuden beginnt der Kreislauf von vorn.

Schlusswort

Die Auseinandersetzung mit dem Thema Brauchwasser zeigt, dass heute eine große Variationsbreite im Umgang mit Trink- und Abwasser existiert und dass darüber hinaus eine komplexe und sorgfältige Planung durch die Architekten notwendig ist, um ein Trink- und Abwasserleitungsnetz einschließlich der daran angeschlossenen Sanitärgegenstände sinnvoll in ein Gebäude zu integrieren.

Um jedoch zu einer nachhaltigen Entwicklung im Umgang mit der Ressource Wasser zu gelangen, wie das derzeit insbesondere im Bereich des energiesparenden Bauens geschieht, besteht weiterhin großer Handlungsbedarf. Auch wenn im Wesentlichen nur in niederschlagsarmen Ländern dauerhafte oder temporäre Wasserknappheit auftritt, müssen übergreifende Lösungen umgesetzt werden, die den natürlichen Wasserkreislauf langfristig sichern und nicht belasten. Anstatt immer aufwendigere und kostspieligere Reinigungs- und Aufbereitungstechniken für Trinkwasser zu entwickeln, sollten Schadstoffe nach Möglichkeit gar nicht erst ins Grundwasser gelangen. Um dies umzusetzen, sind jedoch komplexe Maßnahmen erforderlich, die außerhalb der Einflussnahme eines Gebäudeplaners liegen.

Architekten können insofern Einfluss auf den Umgang mit Wasser nehmen, als sie Bauherren entsprechend beraten und ihnen das Spektrum der Möglichkeiten innerhalb ihres Gebäudes aufzeigen – nicht nur, um zu einem anspruchsvoll gestalteten Bad, sondern auch, um zu einem sparsamen Umgang mit Trinkwasser und damit zu einer geringeren Menge Abwasser zu gelangen. Einfache Maßnahmen zur Reduzierung des Trinkwasserverbrauchs wie Spararmaturen oder auch weitergehende Einrichtungen zur Verwendung des Regenwassers sowie die verschiedenen Formen der Abwassernutzung und der Regenwasserbewirtschaftung bieten umweltfreundliche Alternativen zu herkömmlichen Wasser- und Abwassertechniken. Darüber hinaus unterstützen sie den nachhaltigen Schutz des kostbaren Trinkwassers. Weiterentwicklungen auf diesem Gebiet werden schon allein aus Kosten- und Umweltschutzgründen zukünftig großen Wert auf den Aspekt der Wasser- und Energieersparnis legen. Anlagen zur Erwärmung des Trinkwassers mit Hilfe von Solarenergie unterstützen dieses Prinzip. Wenn die Bereitschaft vorhanden ist, können problemlos Konzepte zur Regen- oder Grauwassernutzung umgesetzt werden. Insgesamt werden diese Maßnahmen, auch wenn jede einzelne keine große Wirkung zu haben scheint, in ihrer Breitenwirkung maßgeblich zum Gewässerschutz und zur Stabilisierung des Wasserkreislaufs beitragen.

Peter Wotschke

Elektroplanung

Einleitung

Mit den technischen Möglichkeiten wachsen die Ansprüche, die Bauherren an moderne Gebäude stellen. Die Errichtung wie auch der Betrieb sollen mit hoher Sicherheit und großer Flexibilität über den gesamten Lebenszyklus hinweg erfolgen. Die haustechnischen Installationen sollen elektrisch betrieben, überwacht und gesteuert werden. Gleichzeitig soll von dem Gebäude eine geringe Umweltbelastung ausgehen und vor allem der Energieverbrauch so gering wie möglich sein. Bei der Reduktion der Umweltbelastung durch Gebäude ist daher die energetische Optimierung die wichtigste Maßnahme.

Für den Architekten bedeutet dies, über Funktionsweisen und technische Entwicklungen stets fundierte Kenntnisse zu haben, um die technischen Ansprüche der Bauherren umsetzen zu können.

Eine besondere Herausforderung ist die Abstimmung der haustechnischen Gewerke untereinander. Dazu gehören im Wesentlichen Heizung, Raumlufttechnik, Brandschutz, Einbruchschutz, Gebäudeleittechnik und elektrische Energieverteilung. Es gilt, die Anforderungen nicht einfach auf die einzelnen Gewerke heruntergebrochen, sondern aufeinander abgestimmt zu behandeln. Ein entscheidender Faktor ist die Vernetzung der Komponenten in der Elektroplanung.

Dieser Band ermöglicht einen Einstieg in die Planung elektrotechnischer Installationen und führt vom Starkstrom über den Schwachstrom hin zur Gebäudeleittechnik, um Architekten ein Grundverständnis für die Zusammenhänge zu bieten.

Grundlagen der Stromversorgung

Spannungsnetze

Die Standardversorgung für den Wohnungsbau erfolgt in der Regel durch das Niederspannungsnetz 230/400 V. Das Mittelspannungsnetz (10.000 V oder 20.000 V) versorgt Einrichtungen wie Krankenhäuser, Verwaltungsgebäude und Kaufhäuser, das Hochspannungsnetz (110.000 V) Industrieanlagen.

Stromarten

Bei Strom kann man je nach Stromstärke und Flussrichtung zwischen verschiedenen physischen Stromarten unterscheiden, beispielsweise zwischen:

- Gleichstrom, bei dem sich Stärke und Richtung des Stromflusses zeitlich nicht ändern. Solarzellen und Batterien liefern Gleichstrom, der zum Betrieb elektronischer Geräte benötigt wird.
- Wechselstrom, der seine Richtung periodisch ändert. In Deutschland beruht fast die gesamte elektrische Energieversorgung auf Wechselstrom. An Steckdosen liegt Wechselstrom an, mit dem die meisten Haushaltsgeräte betrieben werden.
- Drehstrom, einer Kombination mehrerer phasenverschobener Wechselströme. Haushalte werden mit Dreiphasen-Drehstrom versorgt. Geräte mit höherer Leistung werden meist über eine Drehstromsteckdose oder auch direkt ohne Steckdose angeschlossen, z. B. Elektroherd.
- Mischstrom, eine Überlagerung von Gleichstrom und Wechselstrom.

Des Weiteren unterscheidet man Stromarten in Graustrom aus verschiedenen Stromquellen und Ökostrom aus erneuerbaren Quellen. Die Produktion von Ökostrom basiert auf erneuerbaren Biomasse-Rohstoffen und auf Quellen wie Erdwärme, Sonne und Wind.

Stark- und Schwachstrom

Man kann die Stromversorgung entsprechend ihrer Nutzung in zwei Bereiche untergliedern: die Bereitstellung von Strom vor allem für den Anschluss von elektrischen Geräten über Steckdosen, den Starkstrom auf der einen Seite, und die Bereitstellung von Schwachstrom für den Betrieb von Informations- und Kommunikationseinrichtungen, mit denen vor allem der Betrieb des Gebäudes überwacht und gesteuert wird.

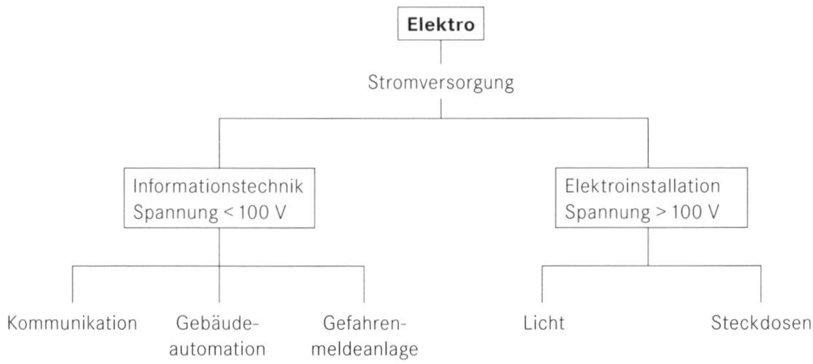

Abb. 1: Elektrotechnik in Gebäuden

STARKSTROM AUF DEM WEG ZUM VERBRAUCHER

Der Begriff Starkstrom wird umgangssprachlich für den Dreiphasen-Drehstrom gebraucht. Dieses Prinzip basiert auf drei miteinander verbundenen Wechselströmen, die den Transport von Strom im Netz ermöglichen.

Um Strom transportieren zu können, ist ein gewisser Wert an Spannung erforderlich. Sollen weite Strecken zurückgelegt werden, wird unter anderem die Hoch- oder sogar Höchstspannung verwendet. Sie ermöglicht aufgrund ihrer Leistungsfähigkeit den Energietransport in regionale beziehungsweise gebietsbedingte Netze.

Starkstrom beziehungsweise Dreiphasenstrom ist somit für den Transport und die anschließende Verteilung der Energie erforderlich. Dabei durchläuft der Starkstrom diverse Transformationsprozesse, bis er mit einer Spannung von 230 Volt oder 400 Volt beim Haushaltsverbraucher Verwendung findet. Spannungen bis maximal 1000 Volt bezeichnet man als Niederspannung. Mit Niederspannung arbeiten die meisten elektrischen Geräte in Haushalts-, Gewerbe- und Industrieanwendungen.

Technisch gesehen wird für die Erzeugung von Starkstrom ein Generator mit drei Spulen versehen, die kreisförmig angeordnet werden – daher der Begriff Dreiphasen-Wechselstrom. Hierdurch entstehen drei Wechselspannungen, die ihre Leistungsfähigkeit zu unterschiedlichen Zeiten abrufen und hierdurch eine eminente Leistung generieren.

Die Beförderung über weite Strecken und die anschließende Nutzung wird dadurch erst ermöglicht – beispielsweise vom Kraftwerk als Stromerzeuger bis zum Endverbraucher als Stromnutzer. > Abb. 2

Neben Starkstromanlagen gibt es noch weitere Spannungsanlagen zum Energietransport. Eine Starkstromanlage beinhaltet Netze mit einer Spannung von größer als 50 Volt und Strömen mit mehr als 2 Ampere.

Eine Starkstromanlage kann dabei in verschiedene Spannungsebenen unterteilt werden. > Tab. 1

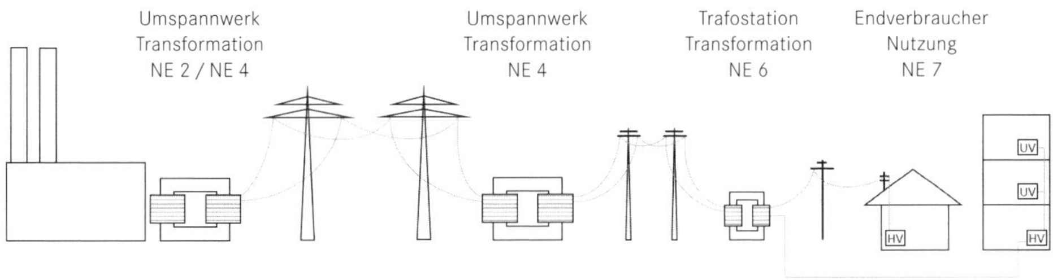

Abb. 2: Übersicht Starkstromnetz

Tab. 1: Netzebenenstruktur im Verbundsystem europäischer Stromnetzbetreiber

Netzebene	Beschreibung	Zuordnung	Spannung	Beispiele
NE 1	Überregionales Übertragungsnetz	Höchstspannungsnetz	220/380 kV	Großkraftwerke, Windparks, europäisches Verbundnetz
NE 2	Umspannwerk, Unterwerk	Höchst- auf Hochspannung		
NE 3	Überregionales Verteilnetz	Hochspannung	110 kV	Mittelgroße Kraftwerke, z. B. Bio- und Wasserkraftwerke
NE 4	Umspannwerk, Unterwerk	Hoch- auf Mittelspannung HS/MS		
NE 5	Regionales Verteilnetz	Mittelspannung	10/20/30 kV	Kleinkraftwerke, z. B. Windkraft- und Photovoltaik-Anlagen
NE 6	Transformatorstation	Mittel- auf Niederspannung MS/NS		
NE 7	Lokales Niederspannungsnetz	Niederspannung	230 V/400 V	Kleinkraftwerke, z. B. Photovoltaik-Anlagen Brennstoffzellen

In Abhängigkeit von zu übertragender Leistung und Länge des Transportweges wird die jeweilige Spannungsebene ausgewählt, um möglichst verlustarm die elektrische Energie vom Kraftwerk zum Verbraucher zu transportieren. Näherungsweise kann angenommen werden, dass die maximale Entfernung in Kilometern etwa der Spannung in Kilovolt entspricht. Der Wechsel der Spannungsebenen erfolgt mit Hilfe von Transformatoren in Umspannwerken, bei kleineren Spannungen in Transformatorstationen.

HOCH- UND MITTELSPANNUNGSANLAGEN

Für Hoch- und Mittelspannungsnetze sind neben den Leitungswegen vor allem Schaltanlagen und Transformatoren wesentliche Komponenten. Werden größere Gebäude oder Industrieanlagen mit Starkstrom versorgt, sind diese in die Planung zu integrieren.

Schaltanlagen

Als Schaltanlage bezeichnet man die Summe aller Komponenten, die in Schaltschränken in einem Schaltanlagenraum untergebracht sind. Schaltschränke beinhalten neben diversen weiteren Anlagenteilen vor allem die einzelnen Schaltgeräte. Schaltgeräte sind Geräte zum Verbinden (Einschalten) oder Unterbrechen (Ausschalten) von Stromkreisen, um diese vom Netz trennen, für kurzzeitige Arbeiten vom Netz nehmen oder erden zu können. Schaltanlagen für Hoch- und Mittelspannungsnetze werden in der Regel in eigenen Räumen bzw. Containern untergebracht, wobei diverse Schutzvorschriften zu beachten sind.

Transformatoren

Transformatoren sind eine der wesentlichen Komponenten für die Energieübertragung und -verteilung. Mit Hilfe von Transformatoren können Spannungen erhöht oder reduziert werden. Der Transformator besteht aus einem Eisenkern, der zwei Spulen (Primär- und Sekundärspule) miteinander verbindet. Wird an die Primärspule eine Wechselspannung angelegt, verursacht dies einen Wechselstrom, der in beiden Spulen ein sich änderndes Magnetfeld bewirkt.

In Abhängigkeit von der Anzahl der Windungen in den jeweiligen Spulen induziert das Magnetfeld eine gegenüber der Primärspannung erhöhte oder reduzierte Sekundärspannung in der Sekundärspule. Ihre Auslegung ergibt sich aus dem Anwendungsbereich, der Konstruktion, der Nennleistung und dem Übersetzungsverhältnis.

Das sich ändernde Magnetfeld bewirkt auch im Eisenkern Induktionsströme. Diese erwärmen den Eisenkern, was einen Energieverlust und einen Kühlbedarf zur Folge hat. Die Kühlung kann flüssig oder trocken erfolgen. Entsprechend werden Transformatoren unterschieden in ölgefüllte Drehstrom-Transformatoren („Öltransformatoren") und Drehstrom-Trocken-Transformatoren („GEAFOL-Transformatoren").

Öltransformatoren

In Öltransformatoren erfolgt die elektrische Isolierung wie auch die Kühlung über Mineralöl oder synthetische Öle. > Abb. 3 Der Einsatz derartiger Stoffe erfordert in der Planung besondere Maßnahmen des Gewässer- und Brandschutzes. So sind z. B. Auffangwannen und Sammelgruben vorzusehen, aus denen der Austritt von Flüssigkeiten verhindert werden muss. Weiter sind Räume feuerbeständig getrennt und Türen feuerhemmend auszuführen. Auffangwannen und Sammelgruben sind so anzuordnen, dass eine Brandausbreitung ausgeschlossen werden kann.

O

Trocken-Transformatoren

In Trocken-Transformatoren erfolgt die elektrische Isolierung z. B. über Epoxidharze oder feste Isolierstoffe. Gekühlt wird über Konvektion in der Umgebungsluft, was bei der Planung zu berücksichtigen ist. Gegenüber Öltransformatoren haben Gießharztransformatoren den Vorteil, dass mit dem Transformatorenöl auch die damit verbundene Brand- und

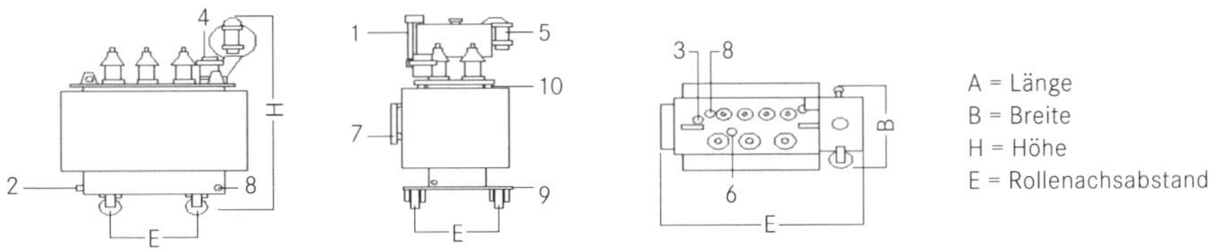

1 Ölstandsanzeiger
2 Ölablassvorrichtung
3 Thermometertasche
4 Buchholzrelais (auf Bestellung)
5 Luftentfeuchter (auf Bestellung)
6 Einstellvorrichtung für Umsteller
7 Leistungsschild (umsetzbar)
8 Erdungen
9 Zugöse d = 30 mm
10 Zurröse

Abb. 3: Komponenten eines Öltransformators

Grundwassergefahr entfällt. Zudem sind sie nahezu wartungsfrei und können vergleichsweise einfach bewegt werden. Ihr Einsatz ist allerdings auf einen Leistungsbereich etwa 40 Megavoltampere (MVA) und eine Betriebsspannung bis 36 Kilovolt (kV) beschränkt. > Abb. 4 ○

Werden Transformatoren in Gebäuden untergebracht, so muss durch die Gebäudeplanung gewährleistet sein, dass die Transformatoren ausgetauscht werden können. Dadurch sind entsprechend große Außentüren, Anfahrtswege und gegebenenfalls Möglichkeiten vorzusehen, die Transformatoren auf Schienen aus dem Gebäude bewegen zu können.

○ **Hinweis:** Öltransformatoren finden Anwendung als Leistungstransformatoren etwa bei Energieversorgern in Übertragungs- und Verteilungsnetzwerken, in Raffinerien, Onshore- und Offshore-Plattformen.

○ **Hinweis:** Gießharztransformatoren finden vorwiegend Anwendung als Verteilungstransformatoren im Bereich des Mittelspannungsnetzes in der Öl- und Gasindustrie, in Gießereien, bei der Aluminiumherstellung, in Stahlwerken, aber auch in öffentlichen und gewerblichen Gebäuden wie Flughäfen, Krankenhäusern usw.

Abb. 4: Beispiel eines 40 MVA-Transformators

Abb. 5: Beispiel Niederspanungsschaltanlage

NIEDERSPANNUNGSSCHALTANLAGEN

Zur Versorgung von Niederspannungsanlagen sind weitere Schaltanlagen erforderlich. Niederspannungsschaltanlagen und -verteiler stellen somit die Bindeglieder zwischen den Einrichtungen zur Erzeugung (Generatoren), zum Transport (Kabel, Freileitungen) und zur Umformung (Transformatoren) elektrischer Energie auf der einen Seite und den Verbrauchern wie z. B. Heizung, Beleuchtung, Klimatisierung und Informationstechnik auf der anderen Seite dar.

Wie Mittelspannungsschaltanlagen werden auch Niederspannungsschaltanlagen selten vor Ort individuell gebaut, sondern als fabrikfertige Schaltanlage ausgeliefert. > Abb. 5

Die meist modularisierten Schrankgrößen werden in eigenen Schalträumen untergebracht. Sinnvoll ist die Einplanung von Schaltwartenböden als erhöhtes Bodensystem, auf dem die Schaltschränke montiert werden können und von unten die Leitungszufuhr erfolgen kann. > Abb. 6

Blindstromkompensation

Innerhalb der Schaltanlagen sind die Blindstromkompensationsanlagen von besonderer Bedeutung. Blindstrom ist ein Nebenprodukt der Energielieferung. Es ist der Strom, der bei induktiven Verbrauchern (z. B. Motoren, Transformatoren, Vorschaltgeräten, d. h. Spulen jeder Ausführung) zur Erzeugung eines Magnetfeldes benötigt wird. Durch Blindstrom werden zusätzliche Verluste in Kabeln und Transformatoren erzeugt. Der Blindstrom erfordert somit größere Leitungsquerschnitte und ergibt höhere Energieverluste bei der Übertragung. In den meisten Industrie-,

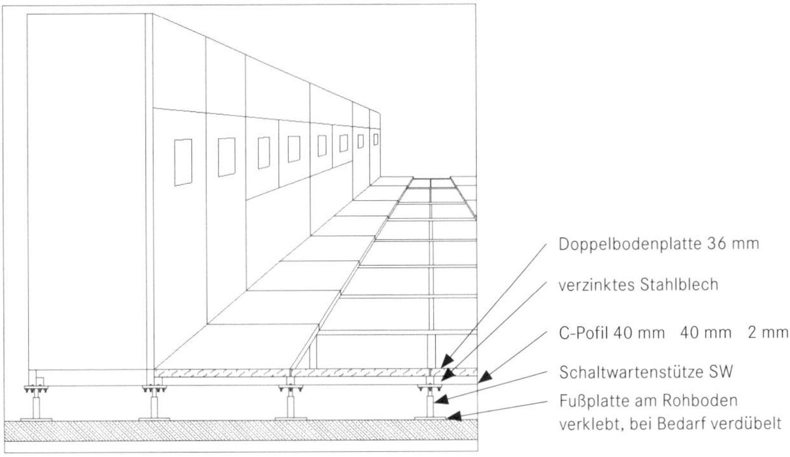

Abb. 6: Schaltwartenboden

Gewerbe- und Dienstleistungsbetrieben wird deshalb zusätzlich zur bezogenen Wirkenergie auch die Blindenergie gemessen. Blindstromkompensationsanlagen können den verursachten Blindstrom kompensieren, indem sie die notwendige Kondensatorkapazität automatisch dem aktuellen Bedarf anpassen.

BEDINGUNGEN DER ERDUNG

Zentrale Starkstrom- und Niederspannungsanlagen benötigen eine Erdung zum Ableiten von Stromströmen ins Erdreich. Man unterscheidet in Abhängigkeit von Erdungsverhältnissen der Stromquelle, der Körper in der Verbraucheranlage sowie der Ausführung des Neutralleiters und des Schutzleiters die Form des Stromnetzes in TN-, TT- und IT-Systeme. > Tab. 2

In dieser international harmonisierten Bezeichnung kennzeichnet der erste Buchstabe die Erdungsverhältnisse der Stromquelle (T: direkte Erdung der Stromquelle [Betriebserder], I: Isolierung aller aktiven Teile gegenüber Erde).

Der zweite Buchstabe kennzeichnet die Erdungsverhältnisse der Körper der Betriebs- und Verbrauchsmittel in der Verbraucheranlage (T: direkt geerdeter Körper, unabhängig von einer gegebenenfalls bestehenden Erdung, N: direkt mit dem Erder der Stromquelle [Betriebserder des Netzes] verbundene Körper).

Daraus leiten sich die grundsätzlichen Netzformen ab, die in Tab. 2 zusammenfassend dargestellt sind.

Tab. 2: Netzformen

Netzform	Stromquelle	Körper
TN-System TN-S TN-C TN-C-S	Direkt geerdet	Mit Erdung der Stromquelle geerdet N und PE getrennt geführt N und PE in einem Leiter N und PE teilweise kombiniert, teilweise getrennt geführt Neutralleiter (N) / Schutzleiter (PE)
TT-System	Direkt geerdet	Direkt geerdet
IT-System	Gegen Erde isoliert	Direkt geerdet

Bis ins 20. Jahrhundert hinein wurde in Haushalten häufig ein TN-C-System installiert, welches jedoch in ungünstigen Fällen eine erhebliche Gefahrenquelle darstellt. Daher wird es heutzutage nicht mehr oder nur eingeschränkt eingesetzt. Sicherer als das TN-C-System ist das TN-S-System, das vorwiegend in größeren gewerblichen Anlagen eingesetzt wird. Beim TN-C-S-System handelt es sich meist um die Kombination eines TN-C-Systems beispielsweise für das Verteilungsnetz des Energieversorgers mit einem TN-S-System in der Kundenanlage.

Das TT-System wird in zahlreichen Ländern Europas als Standard verwendet. Das IT-System hingegen findet man vor allem in Operationssälen von Krankenhäusern, in der chemischen Industrie oder bei der Stromversorgung von Pumpen der Grundwasserhaltung.

Die Art der Erdverbindung des Mittel- bzw. Niederspannungsnetzes ist mit Bedacht zu wählen, da sie maßgeblich den Aufwand für die Schutzmaßnahmen bestimmt. Des Weiteren beeinflusst sie niederspannungsseitig die elektromagnetische Verträglichkeit (EMV). Erfahrungsgemäß hat das TN-S-System das beste Aufwand-Nutzen-Verhältnis für elektrische Netze in der Niederspannung. > Kap. Elemente der Niederspannungsanlagen in Gebäuden, Erdungsanlagen

Arten der Stromversorgung

Grundsätzlich lässt sich die Stromversorgung in vier Bereiche unterteilen. Für die Stromversorgung von Gebäuden sind die beiden erstgenannten zuständig:

- Öffentliche Stromversorgung: Hauptanteil der Elektrizitätsversorgung
- Private Stromerzeuger: zahlenmäßig stärkste Gruppe, aber geringster Anteil an der Gesamtstromerzeugung
- Eigene Kraftwerke der Industrie
- Eigenanlagen z. B. der Deutschen Bahn

Für die Planung von Gebäuden sind gegebenenfalls privatwirtschaftliche Stromerzeuger relevant. Im Folgenden werden typische Möglichkeiten beschrieben.

STROMERZEUGUNG MIT EIGENANLAGEN

Privatwirtschaftlich wird aus Windkraftanlagen, Photovoltaik-Anlagen, Kleinst-Wasserkraftwerken, KWK-Anlagen (Kraft-Wärme-Kopplung) und anderen Kleinkraftwerken Strom in das öffentliche Netz eingespeist. Diese zahlenmäßig stärkste Gruppe hat derzeit noch den geringsten Anteil an der Gesamtstromerzeugung. Für die direkte Stromerzeugung am und im Gebäude haben sich derzeit hauptsächlich die Photovoltaik (PV) und die Kraft-Wärme-Kopplung (KWK) durchgesetzt.

Kopplung mit dem öffentlichen Netz

In der Regel werden Eigenanlagen an das öffentliche Netz angeschlossen, um überschüssige Energie einspeisen zu können. Der mit Eigenanlagen erzeugte Strom kann aber auch ohne Kopplung mit dem öffentlichen Netz direkt im Haus verbraucht werden. Solche autarken, netzunabhängigen Systeme (Inselsysteme) sind üblich bei entfernt gelegenen Gebäuden wie z. B. Berghütten, wo sich der Aufwand bzw. die Kosten für eine Netzkopplung nicht lohnen. Das Erzeugen von Eigenstrom zum direkten Verbrauch im Gebäude stößt bei regenerativen Quellen (Sonne und Wind) rasch an Grenzen, weil diese – verursacht z. B. durch Windstille oder Bewölkung – nicht kontinuierlich in der jeweils benötigten Menge verfügbar sind.

Speicherung von regenerativem Strom

Der Bedarf an elektrischer Energie ist zumeist zu solchen Zeiten am größten, in denen die Ausbeute gerade bei sonnenbasierter Stromerzeugung am geringsten ist. Das gilt z. B. für künstliches Licht, wenn natürliches Licht nicht ausreicht. Deshalb muss die gewonnene Energie zunächst gespeichert werden.

Die dezentrale Speicherung regenerativ erzeugter Energie stellt zurzeit noch eine besondere technische Herausforderung dar. Batterieanlagen sind meist platz-, kosten- und wartungsintensiv bei kurzen Speicher- und Entladezeiten. Daher dienen typischerweise nicht Batterien, sondern das öffentliche Stromnetz als Speichermedium. Das bedeutet, dass der Strom über einen Einspeisezähler vom netzgeführten Wechselrichter ins Netz eingespeist wird. Man spricht hier von netzgekoppelten Systemen.

Einspeisevergütung

Die eingespeiste Energie wird vergütet. Die Höhe der Vergütung ist gesetzlich festgelegt und wird oftmals gefördert. Wie alle anderen Stromverbraucher bezieht der Hausbesitzer den benötigten Strom aus dem Netz über einen Bezugszähler. Die verbrauchte Menge kann mit dem eingespeisten Strom verrechnet werden. Der Betreiber einer Eigenanlage nutzt somit in der Regel nicht die selbst erzeugte Energie.

Für jeden Einzelfall ist zu prüfen, ob bzw. unter welchen Bedingungen der Einsatz von Eigenanlagen wirtschaftlich vertretbar und ökologisch sinnvoll ist. Die am meisten verbreiteten Anlagen sind Photovoltaik-Anlagen und Blockheizkraftwerke, welche im Folgenden erläutert werden.

PHOTOVOLTAIK-ANLAGEN

Unter Photovoltaik (PV) versteht man die direkte Umwandlung von Sonnenlicht in elektrischen Strom mit Hilfe von Solarzellen. Physikalische Grundlage ist der sogenannte photoelektrische Effekt. Durch Lichteinstrahlung in einem Halbleitermaterial (Solarzelle) werden positive und negative Ladungsträger freigesetzt, sodass in einem geschlossenen Stromkreis ein Stromfluss generiert wird.

Da der entstehende Gleichstrom im Haushalt nicht unmittelbar verwendet werden kann, muss er mit Hilfe eines Wechselrichters zuerst in Wechselstrom umgewandelt werden. Der erzeugte Wechselstrom kann dann direkt im Haus verbraucht oder ins öffentliche Netz eingespeist werden. Ergänzt werden PV-Anlagen durch Abschalt- und Schutzvorrichtungen z. B. gegen Blitzschlag.

Die Solarzellen werden zu Solarmodulen oder Solarpanelen zusammengeschaltet, die meist auf nach Süden ausgerichteten Dächern montiert, in die Fassade von Gebäuden integriert oder auf einem Freigelände errichtet werden. Alle Solarmodule werden wiederum miteinander verbunden und bilden den Solargenerator.

Solarmodule bzw. -panele werden in verschiedensten Formen angeboten. Neben der klassischen Dachmontage > Abb. 7 werden Solarzellen auch in Fassadenmaterialien, Dachziegel und -bahnen, Oberlichter, Glasscheiben usw. eingearbeitet, sodass hieraus architektonische Gestaltungsspielräume entstehen. Bei der Planung ist jedoch zu berücksichtigen, dass diese möglichst optimal orientiert werden sollten, um einen hohen Wirkungsgrad zu entfalten. Zudem müssen Oberflächen regelmäßig gereinigt werden, um durch die Verschmutzung keine Wirkungsgradverluste hinnehmen zu müssen. Bei Betrachtung des Lebenszyklus eines Gebäudes sollte zudem beachtet werden, dass Solarzellen im Laufe der Zeit deutlich an Effizienz einbüßen, sodass eine Austauschbarkeit gegeben sein sollte.

Abb. 7: Installation von Photovoltaikanlagen als aufdach- (links) oder gebäudeintegrierte Anlage (rechts)

BLOCKHEIZKRAFTWERKE

Als Blockheizkraftwerk (BHKW) oder auch als Kraft-Wärme-Kopplung (KWK) wird die gleichzeitige Produktion von Strom und Wärme in einem Gerät bezeichnet, das meist mit Gas betrieben wird. In der Anlage treibt ein Gas-Verbrennungsmotor einen Generator an, der elektrischen Strom liefert. Die bei diesem Prozess entstehende Wärme wird zudem für Heizung und Warmwasseraufbereitung verwendet. BHKW erreichen durch die doppelte Nutzung von Energie einen sehr hohen Wirkungsgrad.

In Abhängigkeit vom Anwendungsbereich können BHKW in verschiedene Leistungsgruppen unterteilt werden. So werden Maxi-BHKW beispielsweise für Schulen oder Verwaltungsgebäude, Midi-BHKW für kleine Unternehmen, Mikro-BHKW für Doppel-/Mehrfamilienhäuser und Pico-BHKW für Einfamilienhäuser eingesetzt. > Abb. 8

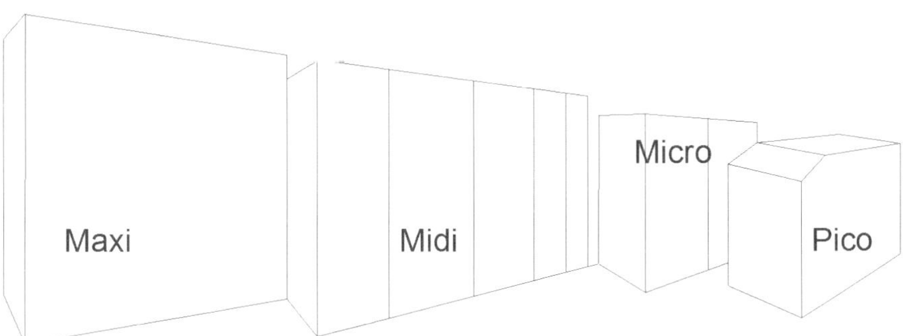

Abb. 8: Beispiele von Blockheizkraftwerken

Diese Technologie wird zumeist dezentral in ländlichen Regionen eingesetzt, findet jedoch auch in urbanen Wohnsiedlungen Verwendung. Die bei der Stromerzeugung entstehende Prozesswärme wird in räumlicher Nähe unmittelbar für die Wärmeversorgung verwendet. Übertragungsverluste entfallen daher weitestgehend, sodass KWK-Anlagen unübertroffen hohe Wirkungsgrade von bis zu 92 % erreichen – ganz wesentlich höher als in den modernsten Großkraftwerken, die einen Wirkungsgrad von kaum mehr als 60 % aufweisen können. Allerdings entstehen bei Blockheizkraftwerken teils hohe Wartungs- und Instandhaltungskosten.

Umweltschonende Blockheizkraftwerke haben sich in den vergangenen Jahren etabliert, allerdings aufgrund der Größe bisher hauptsächlich für Mehrfamilienhäuser und Gewerbebetriebe. Die für einen wirtschaftlichen Betrieb in Ein- und Zweifamilienhäusern erforderlichen Anlagen sind als sogenannte Micro-BHKW überhaupt erst seit wenigen Jahren auf dem Markt. Ähnlich wie Photovoltaikanlagen werden auch KWK-Anlagen gefördert. ■

■ **Tipp:** Ist ohnehin eine Ersatzstromversorgungsanlage geplant, ist immer zu prüfen, ob im Hinblick auf ein Gesamtenergiekonzept ein Blockheizkraftwerk wirtschaftlich betrieben werden kann. Eine Investition lohnt sich in der Regel dann, wenn die Amortisationszeit sieben Jahre, im begründeten Einzelfall zehn Jahre, nicht überschreitet.

ABSICHERUNG DER STROMVERSORGUNG

Die Versorgung mit elektrischem Strom kann in Gebäuden auf unterschiedliche Art und Weise erfolgen. Typischerweise unterscheidet man drei mögliche Netzstrukturen:

1. Die Allgemeine Stromversorgung (AV) stellt eine Grundversorgung aller regelmäßig vorkommenden Verbraucher dar.
2. Die Sicherheitsstromversorgung (SV) versorgt parallel zur AV Anlagen, die bei Stromausfall bzw. im Gefahrenfall für den Schutz von Personen sorgen sollen, wie etwa Brandmelder oder Fluchtwegleuchten.
3. Die Unterbrechungsfreie Stromversorgung (USV) hingegen versorgt Anlagen, die auch im Falle eines Stromausfalls ununterbrochen betrieben werden müssen. Dazu zählen z. B. elektrische Geräte in Operationssälen, Produktionsmaschinen in der Industrie oder Flugfeld- und Tunnelbeleuchtungen. Die Versorgung erfolgt dann über Batterieanlagen oder Notstrom-Dieselaggregate.

Wohngebäude weisen meist nur eine AV auf. Eine SV ist vor allem bei größeren oder öffentlich zugänglichen Gebäuden vorzusehen.

Eine USV-Anlage ist erforderlich, wenn die Stromversorgung maximal 30 Minuten unterbrechungsfrei erhalten bleiben muss, auch wenn z. B. die öffentliche Stromversorgung ausfällt. Man unterscheidet hierbei zwischen einer dynamischen und statischen USV. Als Grundlage für die Planung einer USV ist eine Risikoanalyse zu erstellen.

Dynamische USV

Die beiden wesentlichen Bestandteile einer dynamischen USV sind der Elektromotor und der Generator, aufeinander abgestimmt als Maschinensatz. Die kritischen Verbraucher werden dabei über den Generator versorgt.

Durch den Einsatz von Schwungmassenspeichern und/oder Batteriesystemen kann eine Überbrückung von Spannungsausfällen auf eine begrenzte Zeit, meist im Sekunden- oder Minutenbereich, erreicht werden. Die Überbrückungszeit kann zudem durch Ankopplung eines Dieselmotors verlängert werden. Allerdings müssen die Zwischenspeicher den Generator so lange mit Energie versorgen, bis der Dieselmotor hochgelaufen ist.

Statische USV

Bei der statischen USV werden zur Beeinflussung der Versorgungsspannung Bauteile der Leistungselektronik wie Dioden und Transistoren verwendet. Abhängig von der Einflussnahme, der Qualität der USV-Ausgangsspannung und dem Verhalten bei Netzstörungen werden die statischen USV-Anlagen entsprechend klassifiziert:

- Klassifizierung 3: Passiver Standby-Betrieb (Off-line) als Kompensation bei kurzen Netzausfällen, Spannungsschwankungen und Spannungsspitzen
- Klassifizierung 2: Line-Interactive-Betrieb als Kompensation kontinuierlicher Unter- und Überspannungen
- Klassifizierung 1: Double-Conversion-Betrieb (On-line) unter anderem als Kompensation bei kurzen Spannungsstößen, sporadischen Blitzeinwirkungen und periodischen Spannungsverzerrungen

Wenn eine räumliche Trennung der elektrischen Verbraucher von den Komponenten der elektrischen Energieversorgung gewünscht ist, werden in der Regel größere USV-Leistungseinheiten eingesetzt.

Die Systeme aus USV und Batterie sollten aus Gründen der Belüftung, der elektromagnetischen Verträglichkeit (EMV), der Geräusche, der Wartung, des Brandschutzes usw. in eigenen Betriebsräumen untergebracht sein.

Notstromversorgungsanlage (NSV)

Muss die Stromversorgung mehr als 30 Minuten unterbrechungsfrei erhalten bleiben, ist eine Notstromversorgungsanlage (NSV) vorzusehen, welche über einen längeren Zeitraum Strom erzeugen kann. Eine NSV ist unter Berücksichtigung des Gleichzeitigkeitsfaktors nur für die unbedingt erforderlichen Stromverbraucher zu erstellen. Redundante Anlagen sind nur dort zu planen, wo äußerst wichtige Anlagen versorgt werden müssen.

Zur Leistungserhöhung und zur Verbesserung der Verfügbarkeit können parallel geschaltete USV-Systeme genutzt werden. Zu beachten ist, dass sich mit zunehmender Anzahl von Bauteilen der Serviceaufwand erhöht und die gestiegene Systemkomplexität zu neuen Fehlerursachen führen kann.

Tab. 3: Energiequellen im Vergleich

Energiequellen	Transformator	Generator	USV
Auswahl	Anzahl und Leistung entsprechend der benötigten Leistung für die normale Stromversorgung	Anzahl und Leistung entsprechend der Gesamtleistung der Verbraucher, welche versorgt werden, falls die Transformatoren keine Energie liefern können	Anzahl, Leistung und Energie abhängig von der Zeitdauer für die Bereitstellung der unabhängigen Stromversorgung und der Gesamtleistung der Verbraucher, die von der USV versorgt werden
Anforderung	– hohe Versorgungssicherheit – Überlastfähigkeit – geringe Verlustleistung – geringe Geräuschpegel – keine Einschränkungen für Aufstellung – Einhaltung der Umwelt-, Klima- und Brandschutzklassen	– Deckung der Energie für die Ersatzstromversorgung – bei Turbolader-Motoren Übernahme der Last in Stufen – Verfügbarkeit von ausreichender Dauerkurzschlussleistung zur Gewährleistung der Abschaltbedingungen	– stabile Ausgangsspannung – Verfügbarkeit von ausreichender Dauerkurzschlussleistung zur Gewährleistung der Abschaltbedingungen – wartungsarme Pufferbatterien zur Energieversorgung – Einhaltung von Geräuschpegelgrenzwerten – geringe Oberwellenbelastung für das vorgeordnete Netz
Vorteile	– hohe Übertragungsleistungen möglich – stabile Kurzschlussströme – galvanische Trennung	– dezentrale Verfügbarkeit – autarke Energieerzeugung	– geringe Verluste – Spannungsstabilität – galvanische Trennung
Nachteile	– hohe Einschaltströme – Abhängigkeit vom öffentlichen Netz	– Netzinstabilität bei Netzschwankungen – kleine Kurzschlussströme	– sehr geringe Kurzschlussströme

Elemente der Niederspannungsinstallation in Gebäuden

Zur Nutzung und Verteilung von Strom in Gebäuden sind viele Komponenten notwendig, um eine vollständige Elektroinstallation eines Gebäudes zu erreichen. Neben den in diesem Kapitel vorgestellten Elementen von Niederspannungsinstallationen werden Schwachstromanlagen (z. B. für Telefon und Datentechnik) und zunehmend auch im Wohnungsbau Installationen zur Gebäudeautomation benötigt, welche in den folgenden Kapiteln erläutert werden.

HAUSANSCHLUSS

Der Hausanschluss verbindet das öffentliche Netz mit dem eigenen Gebäude. Hierzu wird im öffentlichen Raum ein Netzanschluss hergestellt, welcher mit einer Hausanschlussleitung über die Hauseinführung bis zum Hausanschlusskasten geführt wird. Für die Hauseinführung werden in der Regel genormte Bauteile verwendet, welche die Kabel wasserdicht in Kelleraußenwände bzw. Bodenplatten durchleiten und gegebenenfalls mit weiteren Anschlussleitungen kombiniert werden. > Abb. 9

Hausanschlusskasten und Verteilung

Die Hausanschlussleitung endet im Hausanschlusskasten, der Schnittstelle zwischen Stromversorger und privater Stromverteilung im Haus. Im Weiteren wird im Hauptverteiler ein zentraler Stromzähler bzw. ein Stromzähler je Nutzungseinheit montiert, welche zur Abrechnung der Verbräuche dienen. Der Hauptverteiler umfasst zudem die Sicherungen und Schalter für die weiteren Nutzungseinheiten bzw. Stromkreisverteiler. > Abb. 10 und Kap. Stromkreise

Hausanschlussraum

Je nach Projektgröße und -art werden nach den vor Ort geltenden Vorschriften verschiedene Räume für die haustechnischen Anschlüsse und Installationen vorgesehen. In kleineren Wohngebäuden ist in der Regel ein kombinierter Raum für alle Installationen möglich. > Abb. 11 Grundsätzlich sollte die Aufteilung der jeweiligen Wandflächen geplant werden, sodass alle Installationen entsprechend Montageflächen zur Verfügung haben.

Die Abmessungen der Grundflächen in Technikräumen ergeben sich aus den Abmessungen der benötigten Komponenten und den entsprechenden Sicherheitsvorschriften. > Abb. 12 Auch Randbedingungen wie z. B. Raumbelüftung, Deckenbelastung und Transportwege sind bei der Raum- und Gebäudeplanung zu beachten. Zu groß dimensionierte Räume mindern die Wirtschaftlichkeit eines Gebäudes (Raumnutzung). Zu klein dimensionierte Räume können dazu führen, dass eine Anlage nicht genehmigungsfähig ausgeführt werden kann, oder sie erzwingen zumindest teure Sonderlösungen bei der eingesetzten Technik.

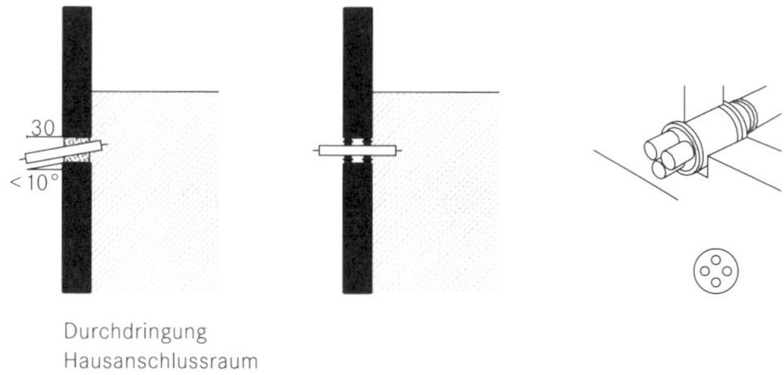

Abb. 9: System der Hauseinführung und des Hausanschlusses

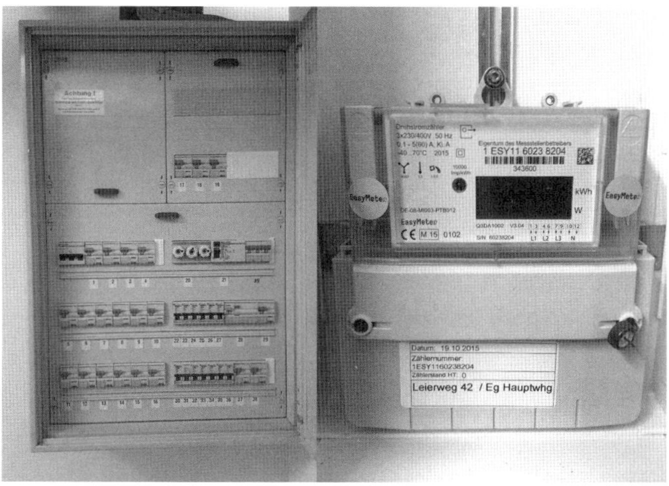

Abb. 10: Verteilerkasten und Stromzähler

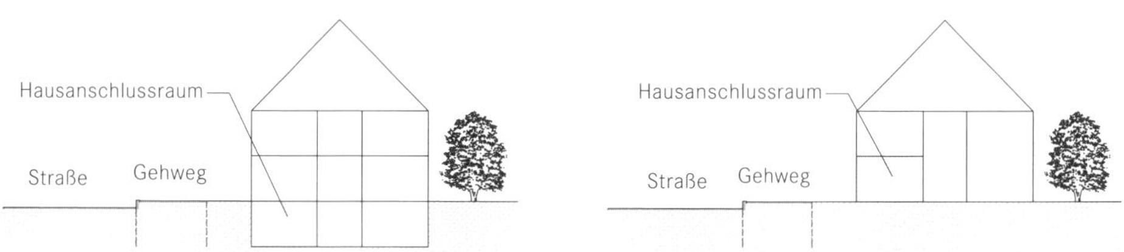

Abb. 11: Positionierung des Hausanschlussraums im Gebäude

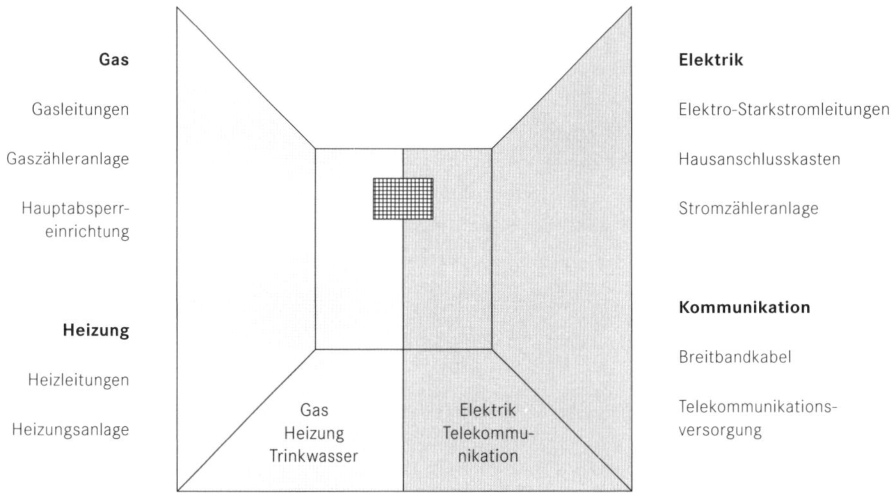

Abb. 12: Installationsprinzip des Hausanschlussraums

ERDUNGSANLAGEN

Zur wirksamen Gestaltung von Schutzmaßnahmen gegen elektrischen Schlag ist die sogenannte Schutzerdung (engl. protective earthing, PE) als Teil der Stromversorgung des Gebäudes und des Blitzschutzes unentbehrlich. Die Erdung sorgt für ein Ableiten elektrischer Spannungen oder unterschiedlicher Potenziale (z. B. beim Blitzeinschlag). Erdungsanlagen müssen mit dem Potenzialausgleich verbunden werden.

Für die Erdung können Tiefen-, Ring- und Fundamenterder verwendet werden.

Tiefenerder

Ein Tiefenerder ist ein Erder, der im Allgemeinen senkrecht und tief in den Boden eingebracht wird. Der Tiefenerder ist die einfachste Lösung zum Nachrüsten einer Erdungs- oder Blitzschutzanlage. Als Einzelerder wird eine Tiefe von 9 m empfohlen. Kommen mehrere Tiefenerder zur Anwendung, können die erforderlichen Erderlängen in mehrere parallel geschaltete Längen aufgeteilt werden. Alle Tiefenerder müssen mit einem Ringerder verbunden werden.

Ringerder

Ein Ringerder ist ein Oberflächenerder, der im Abstand von 1 m in einer Tiefe von 0,5 m rund um das Außenfundament eines Bauwerks verlegt wird. Um seine Wirkung entfalten zu können, muss der Ringerder mit mindestens 80 % seiner Gesamtlänge Kontakt zur Erde haben.

Je nach Bodenbeschaffenheit unterliegen jedoch alle diese Erder einer mehr oder weniger starken Korrosion. Auch Beschädigungen durch Erdarbeiten sind nicht auszuschließen.

Um diese Nachteile zu vermeiden, ist für Neubauten ein Fundamenterder vorzusehen. Der Fundamenterder wird in das Gebäudefundament eingelegt und verbessert die Wirksamkeit aller Maßnahmen zum Schutz gegen elektrischen Schlag. Der Hauptpotenzialausgleich wird so wesentlich wirksamer.

Fundamenterder

Der Fundamenterder ist schon bei der Ausschreibung der Rohbauarbeiten zu berücksichtigen. Die Ausführung übernimmt im Allgemeinen der Fundamenthersteller in Zusammenarbeit mit der zuständigen Elektrofachkraft. Da der Fundamenterder Bestandteil der elektrischen Anlage des Gebäudes ist, sollte die Abnahme – noch vor Einbringen des Betons – durch verantwortliche Fachkräfte beider Gewerke erfolgen.

Ein Fundamenterder besteht aus nicht isolierten Leitern, meist aus Band- oder Rundstahl, der in die Fundamente der Außenwände oder in die Bodenplatte des Gebäudes eingebettet wird. Über den verhältnismäßig gut leitenden Beton steht er großflächig mit der Erde in Verbindung.

Der Fundamenterder ist als geschlossener Ringerder auszuführen. Über eine auffällig gekennzeichnete, korrosionsgeschützte Anschlussfahne (feuerverzinkter Stahl mit Kunststoffmantel oder Edelstahl) von mindestens 1,50 m Länge ist er mit der Hauptpotenzialausgleichsschiene – meist im Hausanschlussraum – zu verbinden. Für den Blitzschutz sind weitere Anschlussfahnen vorzusehen.

Der verzinkte oder unverzinkte Stahl muss allseitig von mindestens 5 cm Beton umgeben sein. Damit wird eine hohe Korrosionsbeständigkeit erreicht, die praktisch der Lebensdauer des Gebäudes entspricht. Rundstahl sollte mindestens 10 mm Durchmesser haben. Bandstahl (mindestens 30 mm 3,5 mm bzw. 25 mm 4 mm) ist hochkant zu verlegen.

Bei großen Gebäuden wird empfohlen, die umspannte Grundfläche durch leitende Querverbindungen in Maschenweiten von etwa 20 m 20 m aufzuteilen. Bei Reihenhäusern sollte unter jedem Haus entsprechend der Grundstücksgröße ein kleiner geschlossener Ring gebildet werden.

Bei einer „weißen Betonwanne“ (wasserundurchlässiger Beton), einer „schwarzen Wanne“ (mit Bitumen abgedichtet) oder einer Wanne mit Perimeterdämmung (Wärmedämmung) wird zur zuverlässigen Verbindung mit der Erde ein Ringerder gefordert, der außerhalb des Fundamentes angeordnet ist. Zu beachten ist, dass der Ringerder aus Edelstahl gefertigt sein sollte, da er nicht von Beton umschlossen und somit nicht vor Korrosion geschützt ist.

Potenzialausgleich

Voraussetzung für einen wirksamen Überspannungsschutz ist ein Potenzialausgleich. > Abb. 13 Der Potenzialausgleich ist die elektrisch leitende Verbindung, die Körper (Gehäuse) elektrischer Betriebsmittel und fremde leitfähige Teile auf gleiches oder annähernd gleiches Potenzial bringt.

Abb. 13: Potenzialausgleichsschiene unter Einbindung der Anschlussfahne (rechts)

Der Potenzialausgleich wird in der Regel im Kellergeschoss, meist im Hausanschlussraum, installiert und verbindet

- den Schutzleiter der elektrischen Anlage,
- die Erdungsanlage,
- alle Ableitungen der Überspannungs-Schutzeinrichtungen der energie- und informationstechnischen Netze,
- die Schirme von Leitungen und Kabeln,
- die metallene Gebäudekonstruktion, Gas-, Wasser- und Heizungsanlagen und
- die äußere Blitzschutzanlage.

STROMKREISE

Als Stromkreis bezeichnet man die Gesamtheit aller elektrischen Verbraucher, die von demselben Verteiler versorgt und derselben Sicherung geschützt wird. In Wohngebäuden erhält meist jeder Raum einen Stromkreis für Leuchten und Steckdosen. Für Haushaltsgroßgeräte wie Elektroherd, Backofen, Geschirrspülmaschine, Waschmaschine usw. ist ein eigener Stromkreis vorzusehen, auch wenn die Geräte über Steckdosen angeschlossen werden. Anschlüsse für Drehstrom erhalten ebenfalls einen eigenen Stromkreis.

Ebenso wie die Anzahl der Steckdosen und Anschlüsse muss auch die Anzahl der Stromkreise den Ausstattungswerten entsprechen. Werden über die Mindestforderung hinaus Steckdosen und Anschlüsse vorgesehen, ist auch die Anzahl der Stromkreise angemessen zu erhöhen.

Stromkreisverteiler

Stromkreisverteiler verteilen die vom Zähler bereits erfasste elektrische Energie auf die einzelnen Stromkreise. Dazu dienen Installationsverteiler. In Wohnungen werden meist Installationskleinverteiler, auch Wohnungsverteiler genannt, installiert. In Einfamilienhäusern ist es üblich, Stromkreisverteiler und Zähler in einem gemeinsamen Schrank zusammenzufassen. > Abb. 14

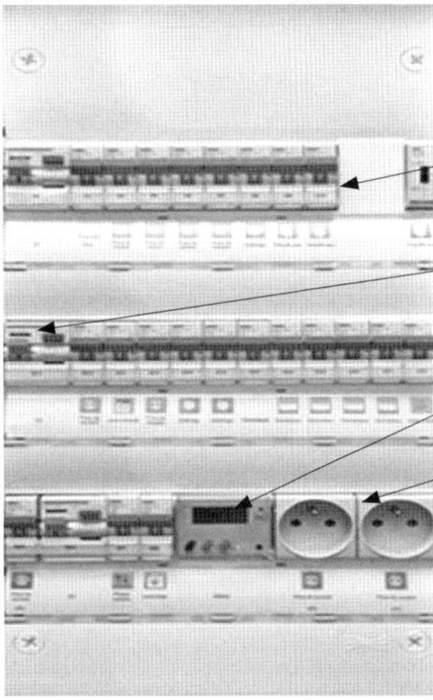

Abb. 14: Aufbau und Anordnung von Einbauten in einem Verteilerkasten

Im Stromkreisverteiler sind folgende Einrichtungen untergebracht:

- Überstromschutzeinrichtungen, also Leitungsschutzschalter oder Sicherungen mit einem maximalen Bemessungsstrom von 63 A
- Fehlerstrom-Schutzschalter (FI-Schutz)
- Anschlussklemmen
- Fernschalter
- Schaltschütze, Zeitschalter u. Ä.

Die meisten dieser Einbauten sind so gestaltet, dass sie zeitsparend auf Tragschienen, sogenannte Hutschienen, aufgeschnappt werden können.

Je nach Art der Räume, in denen die Verteiler montiert werden, sind Schutzarten von IP 30 (trockener Raum) bis IP 54 (für feuchte Räume oder im Freien) vorgesehen.

Verteiler werden für Wandeinbau, -aufbau und Hohlwandmontage (Bezeichnung: H) angeboten. Da die Abmessungen der Fabrikate unterschiedlich sind und nicht mit den am Bau üblichen Mauerwerksrastern harmonieren, sollten die Nischen üblicherweise so groß gewählt, dass auch ein verhältnismäßig großer Verteiler Platz findet. Alternativ ist eine frühzeitige Abstimmung mit dem Elektroplaner bzw. -installateur zum Produkt und dessen Größe erforderlich. Entstehende Hohlräume werden zugeputzt.

Bei der Anordnung der Verteiler ist darauf zu achten, dass diese in gut zugänglichen Räumen bzw. Bereichen platziert werden. Wegen der Schaltgeräusche von Relais und Schaltschützen sollten Verteiler nicht in Wände zu Schlafräumen oder Kinderzimmern eingebaut werden. Die Anordnung der Verteiler sollte auch mit der Lage und Größe des Hausanschlusskastens bzw. des Elektroraums abgestimmt werden, um die Leitungswege entsprechend gestalten zu können.

Alle Schaltschränke und Verteiler sollten möglichst in ihrer Größe mit einer Reserve von 20 % für zukünftige Komponenten dimensioniert werden.

LEITUNGEN UND KABEL

Die elektrische Energie wird in der Regel über Leitungen und Kabel transportiert. Sie wird vom Kraftwerk über viele Zwischenstationen bis zu den Betriebsmitteln, den elektrischen Geräten und Systemen, im Gebäude befördert.

Adern

Als Leitung bezeichnet man ein Bündel mehrerer Adern in einer Umhüllung. Eine Ader ist ein Leiter mit (Kunststoff-)Isolierung. Ist eine Leitung mit einem zusätzlichen festen Mantel versehen, bezeichnet man sie als Kabel.

Im Wohnungsbau kommen ausschließlich Kupferleitungen zum Einsatz. Wechselstromverbraucher werden mit 3-adrigen, Drehstromgeräte oder spezielle Schaltungen mit 5-adrigen Leitungen versorgt. Die Leitungen unterscheiden sich durch ihren Aufbau und ihre Isolierung, die meist aus Kunststoff oder Gummi besteht. Die Leitungsadern sind zur leichteren Identifizierung farblich gekennzeichnet. Folgende Kombinationen sind üblich:

- 3 Adern: grün-gelb, schwarz oder braun, hellblau
- 5 Adern: grün-gelb, schwarz, hellblau, braun, schwarz

Die grün-gelb gekennzeichnete Ader darf grundsätzlich nur als Schutzleiter (PE) oder für den Neutralleiter mit Schutzfunktion (PEN) verwendet werden. > Kap. Erdungsanlagen

Kabel und Leitungen werden mit Buchstaben-Kombinationen gekennzeichnet, die über Bauart und Verwendungszweck Auskunft geben. Im Wohnungsbau wird das Kunststoffkabel „NYY" am häufigsten verwendet. > Abb. 15

Soll ein Kabel als Erdkabel verwendet werden, wird es zusätzlich noch mit einem Kunststoffmantel versehen. Ein solches Erdkabel kann dann direkt ins Erdreich verbracht werden.

Anschlüsse und Verbindungen

Anschlüsse und Verbindungen von Leitungen mit Geräten untereinander werden hauptsächlich mit Hilfe von Schraubklemmen und schraubenlosen Klemmen hergestellt. Verwendet werden auch Pressverbinder oder Steckverbinder. > Abb. 16

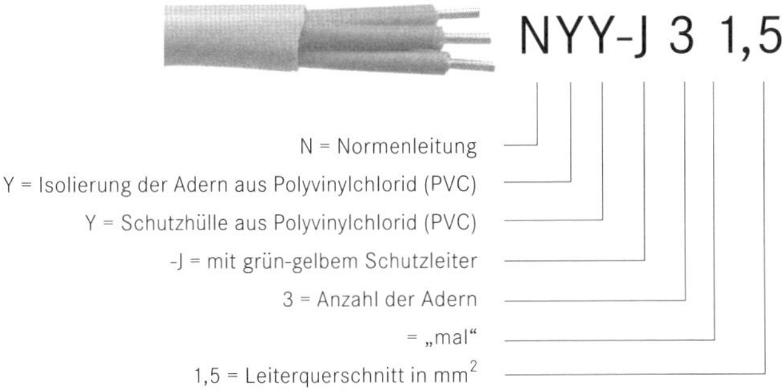

Abb. 15: Aufbau und Erläuterung NYY-j 3 1,5

Abb. 16: Verbindungsmöglichkeiten für elektrische Leitungen

Grundsätzlich gilt, dass Leiterverbindungen oder -abzweigungen nur auf isolierender Unterlage bzw. mit isolierender Umhüllung vorgenommen werden dürfen. Die Verbindungsstellen müssen zugänglich bleiben. Dafür sind geeignete Anschlussräume, d. h. Verbindungsdosen oder -kästen, erforderlich. Je nach Art der verwendeten Dosen ergeben sich dabei unterschiedliche Leitungsführungen.

Leitungen werden in speziellen Abzweig- oder Geräte-Verbindungsdosen verbunden.

LEITUNGSFÜHRUNG

Aufputz-/ Unterputzinstallation

Die Installation von elektrischen Leitungen kann entweder

- sichtbar als Aufputzinstallation,
- sichtbar auf Installationskanalsystemen oder
- unsichtbar als Unterputzinstallation direkt im Mauerwerk oder in den Beton,
- in baulichen Hohlräumen oder
- in Installationsdoppelböden, Unterflurkanälen oder Hohlraumböden

vorgenommen werden. Nicht gestattet ist die Verlegung in Lüftungskanälen und in Schornsteinzügen und -wangen.

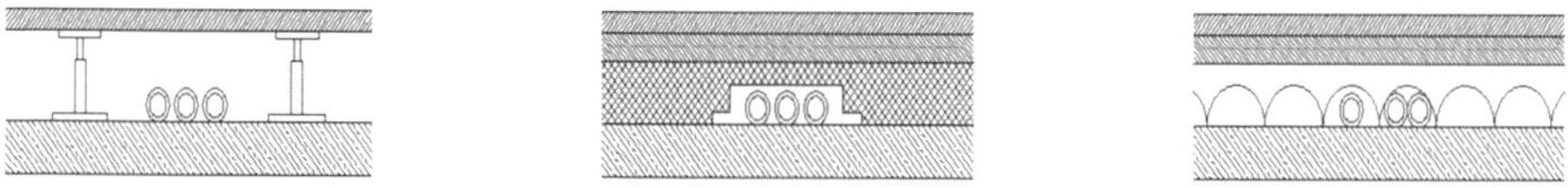

Doppelboden Unterflurkanal Hohlraumboden

Abb. 17: Unsichtbare Leitungsführung in Böden

In Wohngebäuden erfolgt die Leitungsführung überwiegend unterputz. Dabei empfiehlt sich die Leitungsführung in Leerrohren, da auf diese Weise nachträgliche Installationen oder Erweiterungen zerstörungsfrei vorgenommen werden können.

Bei Nichtwohngebäuden erfolgt die Leitungsführung überwiegend in abgehängten Decken, aufgeständerten Fußböden oder Brüstungskanälen. > Abb. 17 Dies erleichtert die Revisionierbarkeit und ermöglicht bspw. bei Nutzungsänderung eine variable Anordnung von Schaltern, Steckdosen und Lampen.

Installationszonen

Um Kollisionen mit anderen Leitungen wie z. B. Gas-, Wasser- oder Heizungsleitungen zu minimieren und Beschädigungen von Leitungen z. B. durch das Bohren von Dübellöchern oder das Einschlagen von Nägeln zu verhindern, erfolgt die Leitungsführung unterputz in Wänden nur senkrecht oder waagerecht. Nach Möglichkeit erfolgt die Verlegung zudem in definierten Installationszonen. In Fußböden und Decken kann dagegen auf dem kürzesten Wege verlegt werden.

Eine untere waagerechte Installationszone wird dabei mit einem Achsmaß von 30 cm und einer Breite von 30 cm oberhalb des Fußbodens, eine obere waagerechte Installationszone unterhalb der Zimmerdecke angeordnet. Lichtschalter, Steckdosen und Schalter über Arbeitsflächen werden in einer mittleren waagerechten Installationszone angeordnet. In der Nähe von Türen und Fenstern und Raumecken sind senkrechte Installationszonen vorzusehen. Innerhalb dieser Zonen sind vorzugsweise mittig neben den elektrischen Leitungen auch Anschlüsse, Schalter und Steckdosen anzuordnen. > Abb. 18

Bei der Verlegung von Leitungen muss darauf geachtet werden, dass sie vor mechanischer Beschädigung (die weitere Personen- und/oder Sachschäden nach sich ziehen könnten) geschützt sind. Dies kann entweder durch ihre Lage oder eine Verkleidung erfolgen.

Steckdosen, Schalter oder Installationsdosen, die außerhalb der Installationszonen liegen, müssen mit einer senkrechten Stichleitung aus der am nächsten gelegenen horizontalen Installationszone versorgt werden.

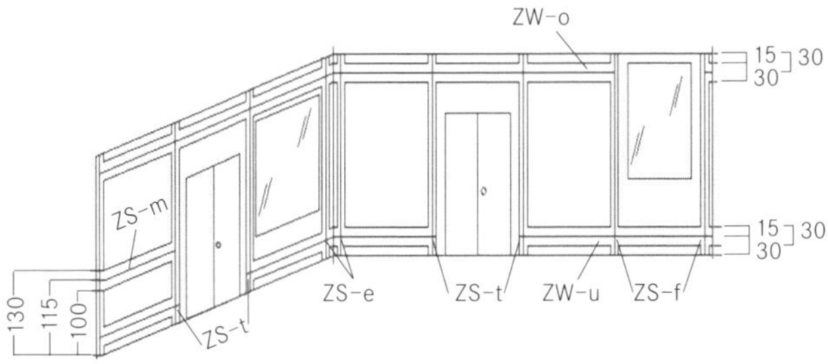

ZS-t: senkrechte Installationszonen an Türen:
10–30 cm neben den Rohbaukanten

ZS-f: senkrechte Installationszonen an Fenstern:
10–30 cm neben den Rohbaukanten

ZS-e: senkrechte Installationszonen an Wandecken:
10–30 cm neben den Rohbauecken

ZW-u: waagerechte Installationszone:
15–45 cm über dem Fußboden

ZW-o: waagerechte Installationszone:
15–45 cm über der Deckenbekleidung

ZW-m: mittlere waagerechte Installationszone:
100–130 cm über dem Fußboden

Abb. 18: Installationszonen für elektrische Leitungen, Schalter und Steckdosen

VERLEGESYSTEME

Unterputz-Verlegung

Sollen Kabel unterputz verlegt werden, so sind grundsätzlich keine umfangreichen Halte- oder Schutzeinrichtungen erforderlich – sofern die zu verlegenden Kabeltypen dafür geeignet sind. Die Kabel können dann z. B. in Wänden und Decken verzogen werden. Wände und Decken werden vor dem Verputzen entweder geschlitzt, sodass Kabel oberflächengleich verlegt werden können. Oder es werden Flachkabel verwendet, die innerhalb des Putzes verlegt werden können. > Abb. 19 Beim Schlitzen ist darauf zu achten, dass die tragkonstruktive Eigenschaft der Bauteile nicht geschwächt wird.

In Leichtbau- bzw. Gipskartonwänden erfolgt die Leitungsverlegung in der Regel im Hohlraum, sodass im Bauprozess die Wand zunächst einseitig aufgestellt und erst nach erfolgter Installation geschlossen wird.

Gibt es keine Brandschutzanforderungen an Decken, so ist es möglich, auch Leitungen (z. B. für einen Lampenauslass) durch Bohrungen im Geschoss darüber auf der Rohdecke zu verziehen. Hierbei sollten jedoch auf jeden Fall Leerrohre verwendet werden, da bei Nachinstallationen sonst der gesamte Bodenaufbau im Geschoss darüber entfernt werden muss.

Abb. 19: Verlegearten bei Wänden und Decken

Abb. 20: Beispiele Gitterrinnen (links), Kabeltrassen (rechts) Leerrohr

Abb. 21: Aufputz-Installation mit Express-Schelle, Kabelklemme, Kabelsammelhalterung, Greif-Iso-Schelle, Leerrohr

Folgende kabelspezifische Tragekonstruktionen und Verlegearten stehen für die Aufputz-Installation zur Verfügung: > Abb. 20 und 21 Aufputz-Verlegung

- Kabelrinnen
- Gitterrinnen
- Leitungsführungskanäle
- Kabelleiter
- Sammelhalterungen
- Kabelklammern
- Stahlpanzerrohre

Aus Kostengründen werden Kabel oft in großer Anzahl in einem Kanal geführt. > Abb. 22 Dies bietet die Möglichkeit, zentralen Zugriff bei Störungen zu erhalten und unkompliziert nachinstallieren zu können. Um die Versorgungszuverlässigkeit jedoch sicherzustellen, sollte die Anzahl der Kabel in einem Kabelkanal auf die vom Hersteller zugelassene Menge beschränkt bleiben. Vor allem redundante Systeme sollten in getrennten Kanälen geführt werden.

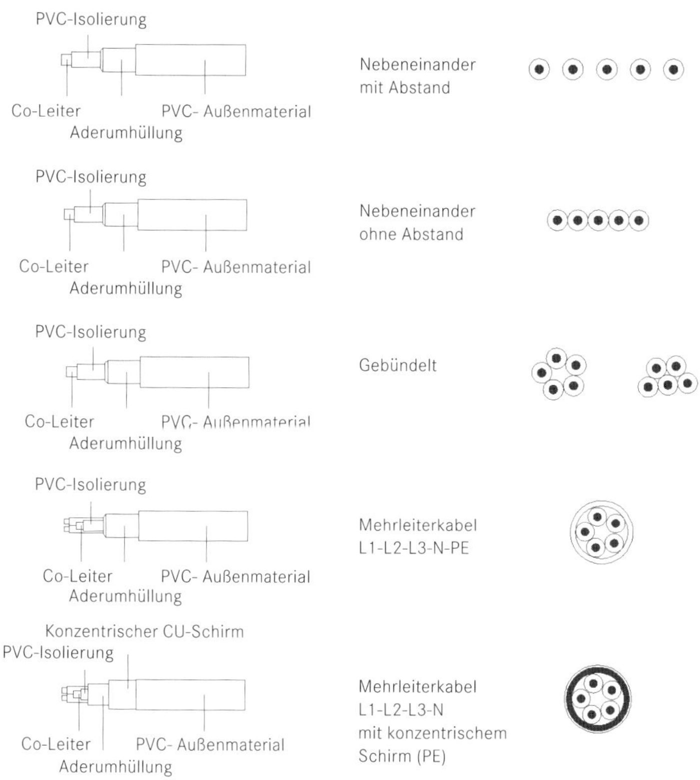

Abb. 22: Aufbau und Anordnung von Leitern in verschiedenen Kabeln

Schienenverteilersysteme

Für bestimmte Nutzungen, wie z. B. in Bürogebäuden, Gewerbekomplexen oder Einkaufszentren ist die Flexibilität im Zuschnitt der Nutzungseinheiten ein wichtiger Standortparameter. Dies macht eine höhere Flexibilität in der Energieverteilung und der Positionierung der Verbraucher erforderlich. Kabel können dies in geringem Maße leisten, wenn sie sichtbar verlegt werden. Dies führt aber zu einer optischen Beeinträchtigung und ist mit vergleichsweise großem Aufwand verbunden. Eine wirtschaftliche Alternative kann die Energieverteilung mit Schienenverteilersystemen sein.

In der nachfolgenden Tabelle sind die beiden Energieverteilungssysteme vergleichend gegenübergestellt.

Tab. 4: Zentrale Energieverteilung mit Schiene und Kabel im Vergleich

Merkmal	Schienenverteilersystem (SVS)	Kabelinstallation
Brandverhalten	Sehr geringe Brandlast	Bis 10-fach höhere Brandlast der PVC-Kabel als bei SVS
Flexibilität	Variabel einsetzbare Abgangskästen; Montagearbeiten auch unter Spannung möglich	Veränderungen und Erweiterung möglich; Montagearbeiten nur im spannungsfreien Zustand möglich
Material	Halogenfreie Schienenkästen	Standardkabel sind nicht halogen- und PVC-frei
Montageaufwand	Unkomplizierte Montage mit einfachen Hilfswerkzeugen	Aufwendige Montage mit zahlreichen Hilfswerkzeugen
Netzaufbau	Linienförmiger Aufbau mit Verbraucherabgängen über Abgangskästen	Sternförmige Versorgung der Verbraucher, dadurch Kabelhäufung am Einspeisepunkt
Platzbedarf	Kompakte Bauweise, standardisierte Winkel- und Versatzelemente	Viel Platzbedarf durch Biegeradien, Verlegeart, Häufung sowie Strombelastbarkeit
Preis	Vergleichsweise hohe Errichtungskosten	

Zentrale
Energieverteilung
mit Schiene

Zentrale
Energieverteilung
mit Kabel

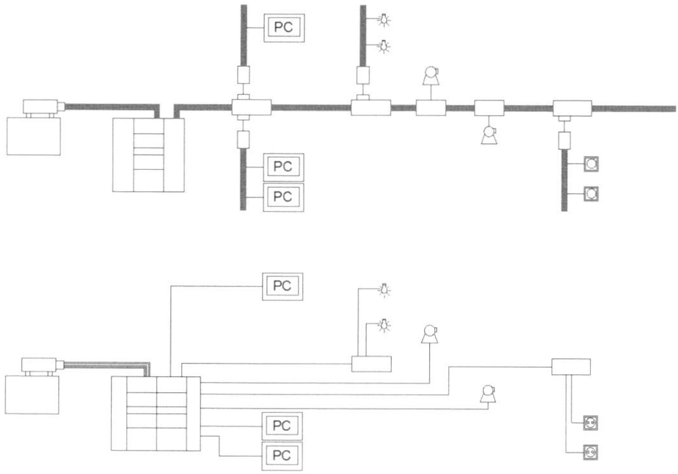

Abb. 23: Zentrale Energieverteilung mit Schiene und Kabel

INSTALLATIONSDOSEN

Installationsdosen werden nach ihrem Verwendungszweck folgendermaßen eingeteilt:

- Verbindungsdosen – auch Abzweigdosen oder Verteilerdosen genannt – dienen zur Aufnahme von Verbindungsklemmen für Leiter bis 4 mm Querschnitt.
- Gerätedosen, sogenannte Schalterdosen, dienen zur Montage von Installationsgeräten (Schalter, Steckdosen, Dimmer, Aktoren usw.) in der Wand und können ohne eingebaute Geräte auch als Verbindungsdosen verwendet werden.
- Geräte-Verbindungsdosen – auch Geräte-Abzweigdosen oder Durchgangsdosen genannt – sind für Installationsgeräte und zusätzliche Verbindungsklemmen für Durchgangsverdrahtungen vorgesehen.
- Anschlussdosen dienen mit Klemmen zum Anschließen begrenzt ortsveränderlicher Geräte (z. B. Elektroherde oder Wandleuchten) an die ortsfeste Installation.

Abb. 24: Abzweigdose

Abb. 25: Geräte-Verbindungsdose

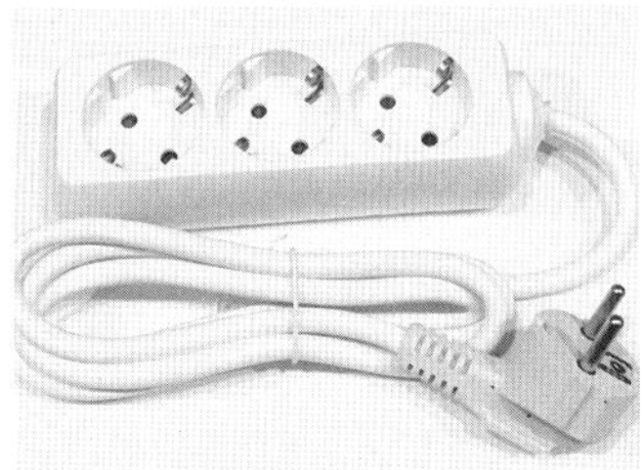

Abb. 26: Schuko-Stecker

Abzweigdosen

Diese klassische Installationsform sieht für jeden Verbindungspunkt eine eigene Abzweigdose mit 70 mm Durchmesser und einer Tiefe entsprechend den Gerätedosen vor. Dies erlaubt spätere Änderungen oder Ergänzungen der Anlage ohne großen Aufwand. Der Materialaufwand ist relativ hoch, da im Vergleich zur Verwendung von Geräte-Verbindungsdosen mehr Kabel und Abzweigdosen benötigt werden.

Geräte-Verbindungsdosen

Geräte-Verbindungsdosen verfügen über ausreichenden Raum, sodass in der für die Unterbringung von Schaltern, Steckdosen, Dimmern usw. vorhandenen Gerätedose zusätzlich eine Verzweigung von Leitungen erfolgt. Dies erlaubt eine kostengünstige Installation, da Abzweigdosen bei dieser Variante nicht mehr erforderlich sind.

Schutzkontaktsteckdosen und -stecker

Schutzkontaktsteckdosen und Schutzkontaktstecker dienen gemeinsam mit jeweils dreiadrigen Anschlussleitungen dem sicheren Verbinden nicht ortsfester elektrischer Geräte mit einem Schutzleiter. Zwei gegenüberliegende Schutzkontakte sowohl in der Steckdose als auch im Stecker sorgen für eine sichere Verbindung mit dem Schutzleiter. Sie garantieren aufgrund ihrer besonderen geometrischen Gestaltung dafür, dass beim Stecken die Schutzleiter von Stecker und Steckdose vorauseilend, d. h. zeitlich immer vor den spannungsführenden Buchsen und Steckerstiften miteinander verbunden werden. ○

○ **Hinweis:** Für den Begriff Schutzkontakt hat sich die abkürzende Bezeichnung „Schuko" eingebürgert.

Um zu gewährleisten, dass die Schutzmaßnahmen im Gebäude wirksam werden, sollten grundsätzlich nur Schutzkontaktsteckdosen verwendet werden. Steckdoseneinsätze für Unterputzinstallationen gibt es sowohl mit Krallenbefestigung (z. B. für Mauerwerk oder Beton) als auch mit Schraubbefestigung (z. B. für Trockenbauwände). Die Befestigung muss so ausgeführt werden, dass die Steckdose beim Ziehen des Steckers nicht aus der Verankerung gerissen werden kann. Auch darf die Isolierung der Aderleitungen beim Befestigen nicht beschädigt werden.

Stecker, Steckdosen und Verlängerungsleitungen (mit Stecker und Kupplung) sind immer so anzuschließen, dass die Steckerstifte in nicht gestecktem Zustand in keinem Fall unter Spannung stehen können. Steckdosen, Schalter, Fernmeldedosen usw. werden aus funktionellen Gründen und aufgrund des einheitlichen Designs oft miteinander kombiniert. Zudem müssen sie so gestaltet werden, dass durch getrennt abnehmbare Abdeckungen der Starkstromteil gegen direktes Berühren geschützt bleibt. ■

SCHALTER

Installationsschalter

Schalter und Steckdosen gibt es in großer Vielfalt. In der Wohnungsinstallation sind sie oft die einzig sichtbaren Elemente der Elektroinstallation. Die Vielfalt betrifft demzufolge insbesondere das Design, sodass sie jedem denkbaren Stil der Wohnungseinrichtung oder der Gestaltung und Farbe der Wände angepasst werden können. ■

Schaltungen

Die im Gebäude sichtbaren, in oder auf der Wand befestigten Installationsschalter dienen in der Regel dem Schalten von Lichtstromkreisen. Handbetätigte Schalter für ortsfeste Installationen werden mit vielfältigen technischen Merkmalen angeboten. Je nach Betrachtungsweise werden nachfolgend genannte Arten unterschieden.

Nach der Funktion gibt es, entsprechend den Grundschaltungen, 1-, 2- oder 3-polige Schalter:

■ **Tipp:** Die meisten Hersteller bieten verschiedene Reihen an Installationsgeräten in jeweils einheitlicher Gestaltung, oft mit einer Vielzahl von Varianten und Kombinationen für unterschiedlichste Ausstattungsniveaus und -wünsche. Bei der Planung ist daher zu prüfen, ob alle notwendigen Funktionen von der gewünschten Schalterserie umfasst werden.

■ **Tipp:** Neben den Schutzkontaktsteckern passen auch die sogenannten Europa-Stecker in die Schutzkontaktsteckdosen. Die Europa-Stecker passen in allen europäischen Ländern in die Steckdosen.

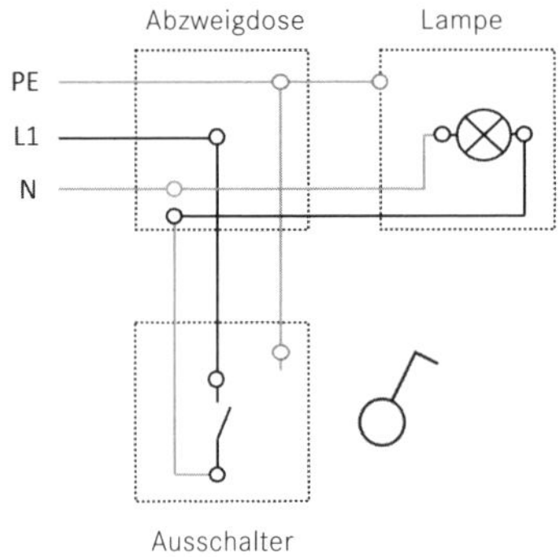

Abb. 27: Schema der Ausschaltung

- Ausschalter, mit denen von einer Schaltstelle aus geschaltet wird. Dies ist die häufigste Anwendung im Privatbereich, bei der mit einem Schalter eine Leuchte geschaltet wird. > Abb. 27
- Gruppenschalter, mit denen von einer Schaltstelle aus zwei Leuchten so geschaltet werden, dass immer nur die eine oder die andere Leuchte in Betrieb ist. Eine solche Schaltung verwendet man z. B. zum Schalten von Garagentoren oder Jalousien.
- Serienschalter, z. B. in der Ausführung mit zwei Wippen, mit denen von einer Schaltstelle aus mehrere Leuchten unabhängig voneinander geschaltet werden. Serienschalter verwendet man z. B. in Bädern, um Spiegel- und Deckenleuchte zu schalten. > Abb. 28
- Wechselschalter – auch Flur- oder Hotelschalter genannt –, schalten von zwei Schaltstellen aus. Diese Schaltung verwendet man in kleinen Fluren oder Räumen mit zwei Zugängen. > Abb. 29
- Kreuzschalter schalten von drei oder mehr Schaltstellen aus. Diese Schaltung besteht immer aus zwei Wechselschaltern und beliebig vielen Kreuzschaltern. Eingesetzt wird diese vorwiegend in Räumen mit mehr als zwei Zugängen. > Abb. 30

Die Schalter können meist mit oder ohne Glimm-Kontrolllampe (Kontrollampe brennt bei eingeschaltetem Licht) oder auch mit Orientierungslicht (Schalterbeleuchtung, die bei ausgeschaltetem Schalter brennt) versehen werden.

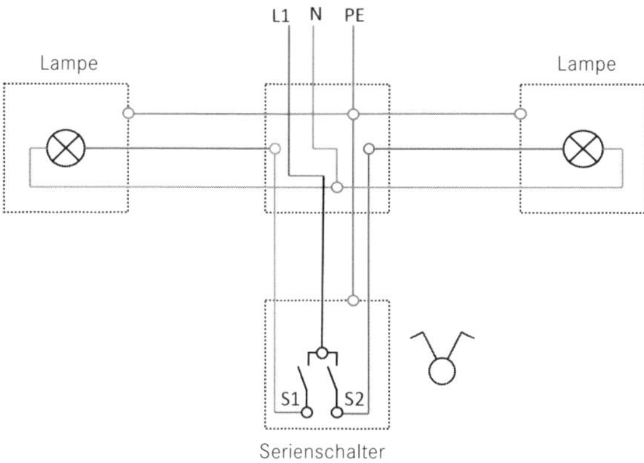

Abb. 28: Schema der Serienschaltung

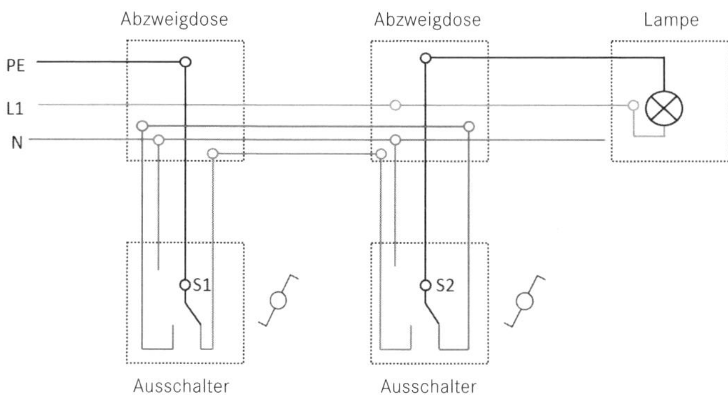

Abb. 29: Schema der Wechselschaltung

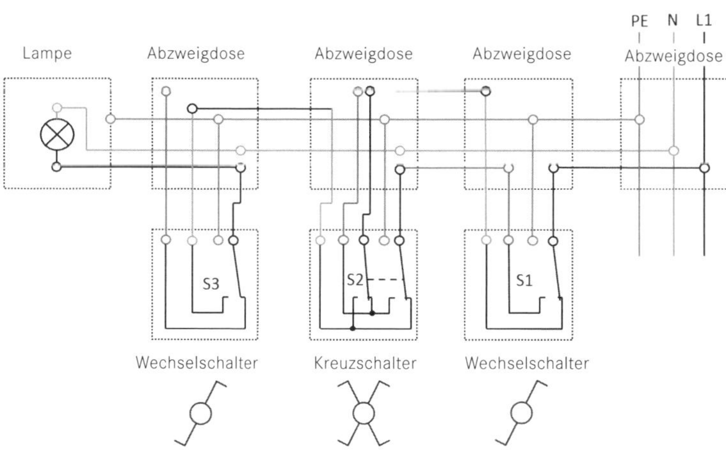

Abb. 30: Schema der Kreuzschaltung

Abb. 31:Beispiele für Dreh-, Wippen-, Kipp-, Druck- und Zugschalter (v. l. n. r.)

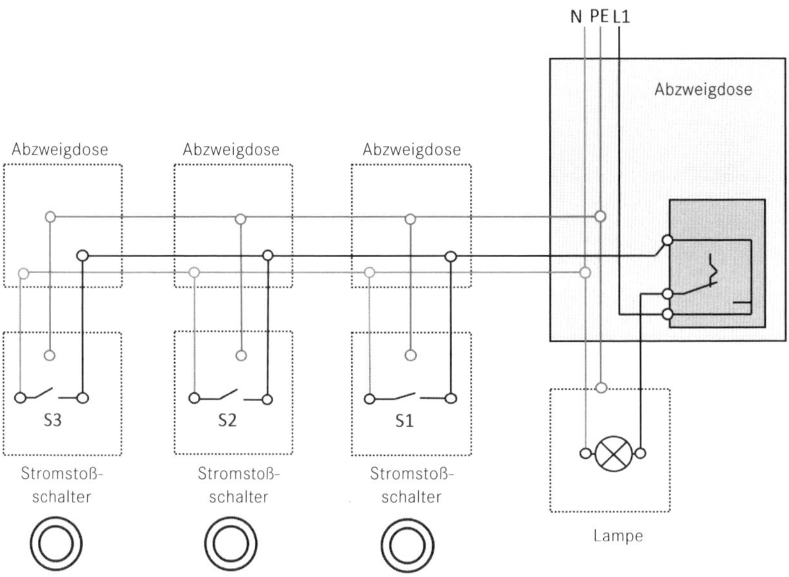

Abb. 32: Schema der Stromstoß-/Taster-/Relaisschaltung

Nach der technischen Ausführung wird z. B. unterschieden in Dreh-, Wippen-, Kipp-, Druck- und Zugschalter in Aufputz- oder Unterputzausführung, auch für Hohlwände, Türrahmen und Schalttafeln. Es gibt Ausführungen mit Schraubanschlussklemmen, schraubenlosen Klemmen, für starre oder starre und flexible Leiter. > Abb. 31

Spezielle Ausführungen für unterschiedliche Zwecke können sein: Taster für die Installationsfernschaltung, elektronische Schalter, fernbedienbare Schalter, Schalter in Kombination mit Dimmern, Zeitschalter usw.

Taster

Die sogenannte Installationsfernschaltung ist eine Lampenschaltung mit elektromagnetischer Fernbedienung mit Hilfe eines Stromstoßschalters. > Abb. 32 Statt der herkömmlichen Schalter (d. h. Aus-, Serien-, Wech-

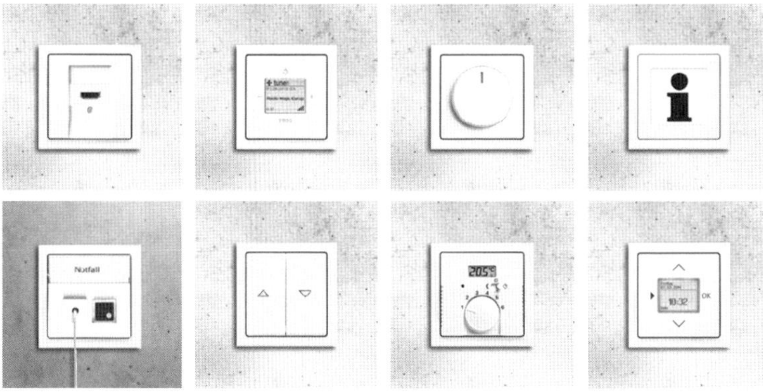

Abb. 33: Vielfalt an Installationsgeräten mit einheitlicher Gestaltung (Quelle: Busch-Jäger Elektro GmbH, Lüdenscheid)

sel- und Kreuzschalter mit der entsprechenden Verdrahtung) werden hier einfache Taster benutzt. Eine Stromstoßschaltung besteht aus dem Hauptstromkreis mit der (den) zu steuernden Lampe(n) und dem Steuerstromkreis mit beliebig vielen Tastschaltern.

Beim Betätigen eines Tasters erhält der Installationsfernschalter, der auch als Stromstoßschalter oder Stromstoßrelais bezeichnet wird, einen Impuls – einen Stromstoß. Dieser Stromstoß löst die Schalthandlung im Stromkreis aus. Der Installationsfernschalter hat zwei (oder auch mehrere) Schaltstellungen, die durch die von den Tastern bewirkten Impulse gewechselt werden. Beim nächsten Stromstoß wird die jeweils folgende Stellung eingenommen. Installationsfernschalter werden im Allgemeinen im Stromkreisverteiler auf der Hutschiene untergebracht.

Vorteilhaft ist, dass beliebig viele Taster an den Installationsfernschalter angeschlossen werden können. Das ist besonders praktisch z. B. in langen Fluren oder ausgedehnten Treppenhäusern, wo aus zahlreichen Positionen heraus geschaltet werden kann.

Dimmer

Dimmer werden benutzt, um die Helligkeit von Beleuchtungen stufenlos steuern zu können. Dimmer unterscheiden sich sowohl in der Art der Bedienung (z. B. über Drehen, Berühren) und der Art des Leuchtmittels, da nicht jedes Leuchtmittel mit jedem Dimmer kombinierbar ist.

Weitere Schalterarten

Darüber hinaus gibt es eine Vielzahl von Spezialschaltern. Hierzu gehören z. B. Schlüsselschalter, Bewegungsmelder, Dämmerungsschalter, Funkschalter, welche in der Regel ebenfalls über gleiche Schalterprogramme von den Herstellern angeboten werden. Hinzu kommen Schwachstromelemente für Telefon, Netzwerk, Audio/Video, Gegensprechanlagen, Lautsprecher, Jalousie, Heizungsregelung, Zeitschaltuhren usw.

> Abb. 33

Tab. 5: Beispiele für Mindestschutzarten

Fremdkörperschutz	1. Ziffer	Feuchteschutz	2. Ziffer	Schutzart	Beispiel
d > 12,5 mm	2	Kein	0	IP 20	Steckdose im Wohnbereich
d > 1,0 mm	4	Spritzwasser	4	IP 44	Abgedeckte Leuchte in Bad oder Dusche
Staub	5	Strahlwasser	5	IP 55	Verteiler in einer Schwimmhalle

SCHUTZARTEN

Für die Unterbringung von Schaltern, Steckdosen, Dimmern usw. in den Wänden werden Gerätedosen benötigt. Gerätedosen für Schalter, Steckdosen oder andere Geräte werden in Unterputz-Ausführung (UP) angeboten und gehören nicht zum Lieferumfang für UP-Steckdosen oder -Schalter. Aufputz-Gerätedosen sind dagegen meist Bestandteil der Installationsgeräte, z. B. für die Feuchtraum-Installation in Schutzart IP 44.

BELEUCHTUNGSANLAGEN

Zu den Beleuchtungsanlagen gehören neben den ortsfesten Leuchten für die Allgemein- und Akzentbeleuchtung auch die ortsfesten Leuchten für die Sicherheitsbeleuchtung (Sicherheitsbeleuchtungsanlage, Sicherheitsleuchte, Einzelbatterie-Leuchte). ○

Neben der Sicherheitsbeleuchtung, welche meist einen eigenen, abgesicherten Stromkreis erhält, sind alle Leitungen für Leuchten in die Raumplanung zu integrieren. Hierbei sind gerade die Wegeführungen zu Leuchtenauslässen vorausschauend zu planen, wenn beispielsweise in Sichtbetondecken Deckenlampen anzuordnen sind. Einige Leuchtenarten arbeiten mit Niedervoltsystemen bzw. benötigen Vorschaltgeräte, sodass die Festlegung der Leuchten und Leuchtmittel frühzeitig im Planungsprozess sinnvoll ist. Einbauleuchten werden oftmals in spezifische Hohlkörper eingebaut, welche bereits bei der Betonage der Decke einzupassen sind. > Abb. 35 Gerade die rasante Entwicklung im Bereich LED führt dazu, dass Beleuchtungskonzepte aufgrund der Langlebigkeit und des extrem geringen Strombedarfs von LEDs komplett neu überdacht werden können.

○ **Hinweis:** Beleuchtungsanlagen und die Abstimmung mit der natürlichen Belichtung werden ausführlich im Band *Basics Lichtplanung* ab Seite 231 in diesem Kompendium beschrieben. Daher werden hier nur die relevanten Inhalte für die Elektroplanung behandelt.

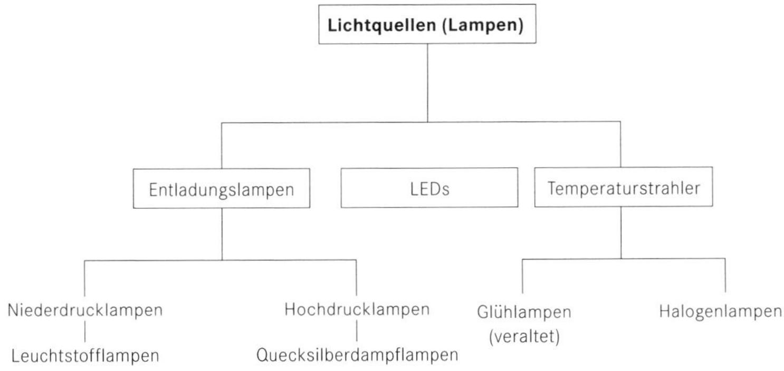

Abb. 34: Klassifizierung von Lichtquellen

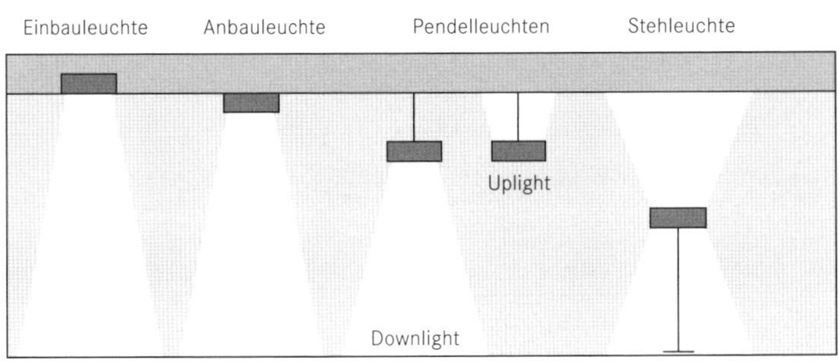

Abb. 35: Leuchtenarten

Eine Notbeleuchtung wird für den Fall benötigt, dass die Stromversorgung der allgemeinen künstlichen Beleuchtung ausfällt. Darum ist bei der Errichtung einzuplanen, dass die Notbeleuchtung unabhängig von der Energieversorgung für die allgemeine künstliche Beleuchtung gespeist wird. Bei der Auslegung der Notbeleuchtung wird zwischen den Einsatzzwecken als Sicherheits- oder als Ersatzbeleuchtung unterschieden. Die Sicherheitsbeleuchtung muss bei einem Ausfall der allgemeinen Stromversorgung zur Erfüllung der Schutzziele, wie z. B. dem gefahrlosen Verlassen eines Orts oder der Vermeidung von Panik und Gewährleistung der Sicherheit bei potenziell gefährdeten Arbeitsplätzen, folgende Funktionen haben: Notbeleuchtung

Tab. 6: Bauliche Anlagen der Notbeleuchtung

Bauliche Anlagen für Menschenansammlungen	Umschaltzeit max. (s)	Bemessungsbetriebsdauer der Stromquelle für Sicherheitszwecke (h)	Be- oder hinterleuchtetes Sicherheitszeichen in Dauerbetrieb	Zentrales Stromversorgungssystem (CPS)	Stromversorgungssystem mit Leistungsbezeichnung (LPS)	Einzelbatteriesystem	Stromerzeugungsaggregat ohne Unterbrechung (0 s)	Stromerzeugungsaggregat kurze Unterbrechung (< 0,5 s)	Stromerzeugungsaggregat mittlere Unterbrechung (< 15 s)
Versammlungsstätten, Theater, Restaurants, Flughäfen, Bahnhöfe	1	3	X	X	X	X	X	X	
Beherbergungsstätten, Heime	15	8	X	X	X	X	X	X	X
Schulen, Hochhäuser, Tiefgaragen, Parkhäuser	15	3	X	X	X	X	X	X	X
Rettungswege in Arbeitsstätten	15		X	X	X	X	X	X	X
Arbeitsplätze mit besonderer Gefährdung	0,5		X	X	X	X	X	X	

- Beleuchtung bzw. Hinterleuchtung der Sicherheitszeichen für Rettungswege
- Ausleuchtung der Rettungswege
- Beleuchtung der Brandbekämpfungs- und Meldeeinrichtungen
- Ermöglichen von Rettungsmaßnahmen

Je nach Anforderung ist gegebenenfalls ein separates brandgeschütztes Leitungsnetz vorzusehen. Dies kann in F90-Bauteilen ohne Brandlast angeordnet werden oder als geschützte E30/E90-Kabel ausgeführt werden. Gegebenenfalls kommen auch Batterielösungen zum Einsatz.

Eine Sicherheitsbeleuchtung ist unter anderem bei Rettungswegen in Arbeitsstätten, Beherbergungsstätten, Heimen, Verkaufsstätten, Restaurants, Versammlungsstätten wie Theater, Bühnen, Kinos, Ausstellungshallen, Tiefgaragen und Parkhäusern , Flughäfen und Bahnhöfen sowie Schulen vorzusehen. > Tab. 6

Ersatzbeleuchtung

Eine Ersatzbeleuchtung wird genutzt, um beim Ausfall der normalen Beleuchtung wirtschaftlich und/oder technisch wichtige Arbeiten weiterführen zu können. Daher müssen zum einen die für die Sicherheitsbeleuchtung geltenden Vorgaben erfüllt werden und zum anderen muss die Leistung der Ersatzbeleuchtung der Leistung der normalen Beleuchtung entsprechen. Bei einem niedrigeren Beleuchtungsniveau darf sie nur zum Herunterfahren oder Beenden der Arbeitsprozesse genutzt werden.

Blitzschutzanlagen

Überspannungen

Überspannungen sind kurzzeitige Spannungsimpulse – sogenannte Transienten (von lat. transire, vorbeigehen) – die nur für Sekundenbruchteile auftreten. Sie erreichen Spannungswerte von mehreren 10.000 Volt. Sie haben sehr kurze Anstiegszeiten von wenigen Mikrosekunden (µs), bevor sie dann relativ langsam über einem Zeitraum von bis zu mehreren 100 µs wieder abfallen.

Ursachen dieser Überspannungen sind:

- direkte oder indirekte Blitzeinschläge in bis zu einigen Kilometern Entfernung (LEMP, engl.: lightning electromagnetic pulse)
- Schalthandlungen im Energienetz oder im Haus (SEMP, engl.: switching electromagnetic pulse)
- Störungen durch elektrostatische Entladungen (ESD, engl.: electro static discharge)

Bei einem Blitzeinschlag ist üblicherweise davon auszugehen, dass etwa 50 % des Blitzstroms über das äußere Blitzschutzsystem (Blitzableiter) in die Erde abgeführt werden. Bis zu 50 % des verbleibenden Blitzstroms fließen über elektrisch leitfähige Systeme wie den Hauptpotenzialausgleich in das Gebäude hinein. Deshalb ist es trotz Vorhandenseins eines äußeren Blitzschutzsystems immer notwendig, auch ein inneres Blitzschutzsystem zu installieren.

Äußerer Blitzschutz

Der äußere Blitzschutz wird durch bauliche Maßnahmen in Form von Fangeinrichtungen, Ableiteinrichtung (Blitzableiter) und Erdungsanlage gebildet. > Abb. 36 und 37 Er bewahrt bauliche Anlagen nur vor mechanischer Zerstörung und Brand. Er verhindert jedoch nicht, dass das vom Blitz getroffene Gebäude in seinem elektrischen Potenzial um einige 10 kV bis einige 100 kV gegenüber der Umgebung angehoben wird. Diese Potenzialdifferenzen übersteigen die Isolationsfestigkeit von Niederspannungsverbraucheranlagen um ein Vielfaches. Deren völlige Zerstörung ist oft die Folge.

Innerer Blitzschutz

Der innere Blitzschutz dagegen wird durch Schutzelemente wie Blitzstromableiter (sogenannter Grobschutz), Überspannungsableiter (Mittelschutz) und durch den Geräteschutz (Feinschutz) realisiert.

Einem auf den Blitzschutz bezogenen Risikomanagement geht eine Risikoanalyse voraus. Mit dieser wird zuerst die Notwendigkeit des Blitzschutzes ermittelt. Anschließend werden die technisch und wirtschaftlich optimalen Schutzmaßnahmen festgelegt. Dabei wird das zu schützende Objekt in eine oder mehrere Blitzschutzzonen (LPZ, en: lightning protection zone) unterteilt.

Abb. 36: Blitzableiter am Haus

Abb. 37: Blitzschutzeinrichtungen auf dem Dach

Blitzschutzzonen

Die Schutzzonen , wie in Abb. 38 dargestellt, sind wie folgt definiert:

- Zone 0 (LPZ 0): In diesem Bereich, der außerhalb eines Gebäudes liegt, gibt es keine Abschirmung gegen elektromagnetische Störimpulse (LEMP). Man unterscheidet innerhalb der LPZ 0 zwei Bereiche. LPZ 0A steht für denjenigen Bereich, der einschlaggefährdet ist. Betroffen sind hier oberirdisch angeordnete Geräte und Leitungen außerhalb von Gebäuden und Schutzbereichen. LPZ 0B hingegen ist der Bereich, der durch eine äußere Blitzschutzanlage vor direkter Blitzeinwirkung geschützt ist. Betroffen sind Leitungen im Erdreich, Geräte und Leitungen im Außenbereich unterhalb von 20 m im Schutzbereich des Gebäudes oder Geräte und Leitungen im Außenbereich oberhalb von 20 m, wenn sich die Geräte oder Leitungen im Schutzbereich einer Blitzschutzanlage oder einer isolierten Fangeinrichtung befinden.

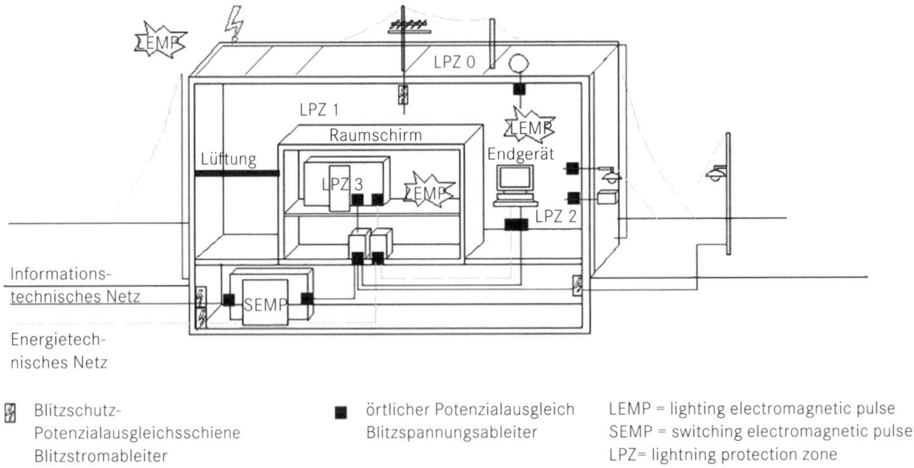

Abb. 38: Schutzzonenkonzept im Blitzschutz

- Zone 1 (LPZ 1): Der Übergang von der LPZ 0B zur LPZ 1 erfolgt durch einen Blitzstromableiter, der z. B. in der Hauptverteilung oder am Gebäudeeintritt installiert wird und bei direkten oder nahen Blitzeinschlägen Schutz bietet. Die Zone 1 betrifft Geräte und Leitungen im Inneren von Gebäuden sowie in deren Kellerräumen.
- Zone 2 (LPZ 2): Der Übergang von der LPZ 1 zur LPZ 2 erfolgt durch einen Überspannungsableiter, der bspw. in der Stromverteilung bzw. Unterverteilung installiert wird und vor Überspannungen schützt, die aufgrund ferner Blitzeinschläge über das Versorgungsnetz einlaufen. In der Zone 2 sind nur noch geringe Überspannungen möglich.
- Zone 3 (LPZ 3): Der Übergang von der LPZ 2 zur LPZ 3 erfolgt durch einen Geräteschutz, also einen mobilen Überspannungsableiter, der z. B. an Steckdosen oder elektrischen Geräten installiert wird. Er schützt vor Überspannungen in der Stromversorgung des Endverbrauchers. In der Zone 3 sind keine Störimpulse durch LEMP sowie Überspannungen vorhanden.

Für jede Blitzschutzzone werden die geometrischen Grenzen, die Blitzbedrohungsdaten und die zu beachtenden Schadensarten festgelegt. Ausgehend vom ungeschützten Zustand des Objekts, wird das angenommene Risiko so lange durch die Anwendung von weiteren Schutzmaßnahmen vermindert, bis nur noch ein akzeptierbares Restrisiko bestehen bleibt. Zu berücksichtigen sind zum einen Schutzmaßnahmen für bauliche Anlagen mit den darin befindlichen Personen, elektrischen und elektronischen Anlagen, zum anderen solche für Versorgungsleitungen.

Schwachstrominstallationen in Gebäuden

Schwachstromanlagen sind elektrische Anlagen, welche im Regelfall keine Ströme führen, die für Menschen gefährlich sind oder große Sachbeschädigungen hervorrufen können. In der Praxis werden solche Schwachstromanlagen mit Spannungen von weniger als 50 Volt und Strömen kleiner als 2 Ampere geführt.

NETZWERK- UND KOMMUNIKATIONSTECHNIK

Telefon-/Internetanschluss

Der Anschluss eines Gebäudes an die externe Kommunikationstechnik erfolgt in der Regel über einen Telefon-/ISDN- bzw. DSL-Anschluss, gegebenenfalls auch über leistungsstarke Glasfaser- oder Satellitenverbindungen. Der Telefonnetzanbieter legt hierbei eine Leitung bis in das Haus. Eine weitere Vernetzung der Anschlussdosen in den Wohnungen bzw. Nutzungseinheiten erfolgt im Rahmen der Elektroplanung. Üblicherweise wird in der Wohnung bzw. Nutzungseinheit an zentraler Stelle eine Telefon-Anschluss-Einheit (TAE-Dose) montiert, von welcher aus Router den internen Netzbetrieb mit Internet, Telefon, Fax usw. organisieren.

Routerlösungen im Wohnungsbau

In Wohnungen werden in der Regel Router mit der TAE-Dose verbunden, welche über weitere Anschlüsse für analoge Endgeräte (Telefon, Fax usw.) und Netzwerkkabel verfügen. Über Wireless Local Area Network (W-LAN) und Digital Enhanced Cordless Telecommunications (DECT) können funkbasiert weitere Geräte in die Kommunikation eingebunden werden. Im gehobenen Wohnungsbau ist es mittlerweile üblich, alle Räume über Ethernet-Verkabelung zu versorgen und entsprechende Anschlussdosen sowie ein Patchfeld im Bereich des Telefon-/Internetanschlusses für den Aufbau eines Heimnetzes vorzuhalten.

Serverlösungen

In größeren Nutzungseinheiten wie z. B. Bürogebäuden werden komplexere Netzwerksysteme aufgebaut, welche in der Regel über eigene Serverschränke bzw. Serverräume verfügen. Alle LAN-gebundenen Datenkabel werden von dieser Stelle aus in der Nutzungseinheit verteilt, sodass eine hohe Installationsdichte im Bereich der Server und Patchfelder entsteht. > Abb 39 und 40 Gegebenenfalls werden für zentrale Nutzungseinheiten (wie z. B. unternehmensweite Datenspeicher) gesonderte Räume eingeplant, die über eine autarke Energie- und Luftversorgung, brandschutztechnische Vorkehrungen sowie hohe Sicherheitsstandards für die Zugänglichkeit verfügen können.

Serverschränke/Racks

Zentrale Einheiten eines Netzwerks sind die Serverschränke (auch englisch Rack genannt), welche meist mit dem Installations-Achsmaß 19 Zoll (ca. 45 cm) und 21 Zoll (ca. 50 cm) eingebaut werden. Die Serverschränke haben in der Regel Außenmaße von 60 cm oder 80 cm Breite

Abb. 39: Netzwerkdosen RJ45

Abb. 40: Vernetzung eines Local Area Network (LAN)

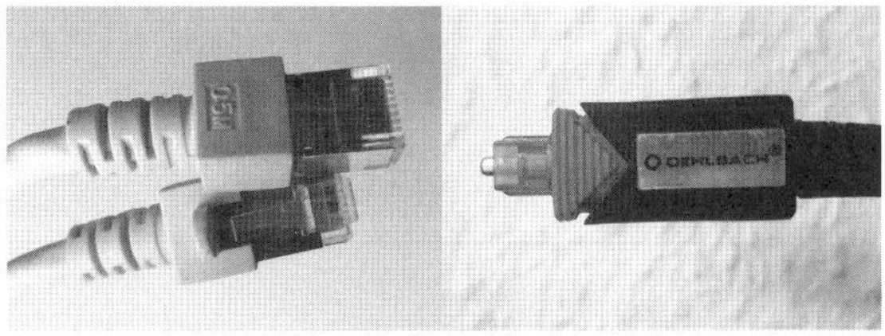

Abb. 41: Netzwerkkabel CAT mit RJ45-Stecker (links) und LWL-Kabel (rechts)

und als Standschränke eine Höhe von 200 cm bis 220 cm. Die Tiefe variiert zwischen 60 cm und 120 cm. Sie ist abhängig von den Einbaukomponenten und der beidseitigen Bedienbarkeit. Zur Installation und Wartung von Serverschränken sollten davor und dahinter jeweils Gangbreiten von 100 cm vorgesehen werden. In kleineren Nutzungseinheiten werden gegebenenfalls nur Patchfelder benutzt, welche sich problemlos in Schrankelementen unterbringen lassen.

Ethernet

Die typische Ethernet-Verkabelung besteht aus RJ45-Patchkabeln oder Lichtwellenleitern (LWL) > Abb. 41, welche eine Verbindung zwischen dem Netzwerkverteiler/Patchfeld und der Anschlussdose bzw. dem Endgerät herstellen. Es ist in der Regel sinnvoll, die Verkabelung von Netzwerken so zu gestalten, dass im Betrieb zu Wartungs- und Austauschzwecken Zugriff auf die Kabel gegeben ist. Dies kann über Hohlraumleitungswege (in Kabelkanälen, Kabelpritschen oder Doppel-/Hohlböden) oder über Leerrohrverkabelung erfolgen.

Power-LAN

Eine zunehmend genutzte Alternative ist die Vernetzung über die Steckdosen der vorhandenen Niederspannungsinstallation (auch Power-LAN genannt). Hier kann auf eine zusätzliche Verkabelung von Netzwerken verzichtet werden.

Tür-/ Hauskommunikation

Die Tür- und Hauskommunikation umfasst in der Regel Sprech- bzw. Videoanlagen für Eingangstüren. Ergänzend zum einfachen Summer, der über eine elektrische Spannung das Türöffnen ermöglicht, gibt es verschiedene Kommunikationssysteme. Gegensprechanlagen werden in der Regel sternförmig von der Klingelanlage der Hauseingangstür zu Hörer-Sprechanlagen an den Eingangstüren der Wohnungen bzw. Nutzungseinheiten verlegt. Sie ermöglichen jedoch keine Kommunikation untereinander. Freisprecheinrichtungen hingegen kommen ohne Hörer aus und können auch als Hauskommunikationsanlage ausgebaut werden. Schlussendlich werden heutzutage oft zusätzliche Videofunktionen ergänzt, die es ermöglichen, den Besucher auch ohne Sprechkontakt zu sehen. Hierzu ist jedoch eine zusätzliche Video-Verkabelung notwendig.

TV/Video/Audio

Der Fernsehempfang kann über Internet, Kabel, Satellit oder Antenne erfolgen. Kabelanschlüsse werden parallel zur Telekommunikation über die Straße ins Haus gelegt, Antennenempfang erfolgt in der Regel dezentral. Die Nutzung von Satellitenanlagen erfordert eine genauere Planung der Leitungswege und der Positionierung der Parabolantenne, da diese zum störungsfreien Empfang über eine freie Direktverbindung zum Satelliten verfügen muss. ○

Die klassische Verteilung von Video-/Audiosignalen im Haus erfolgt über Koaxialkabel und entsprechende Anschlussdosen. > Abb. 42 Koaxialkabel, kurz Koaxkabel, sind zweipolige Kabel mit konzentrischem Aufbau. Sie bestehen aus einem Innenleiter (auch Seele genannt), der in konstantem Abstand von einem hohlzylindrischen Außenleiter umgeben ist. Der Außenleiter schirmt den Innenleiter vor Störstrahlung ab. Heutzutage sind digitale Leitungswege bei den meisten Endgeräten Standard, sodass auch Netzwerkanschlüsse nutzbar sind.

Ergänzend werden je nach Nutzerwunsch Lautsprecherverkabelungen unterputz verlegt, um hochwertige Übertragungswege von Verstärkern zu Lautsprechern zu gewährleisten.

○ **Hinweis:** Man unterscheidet den aktuell üblichen Standard Digital Video Braodcasting (DVB) nach folgenden Kategorien:

- DVB-C: Anschluss über Kabel
- DVB-S: Anschluss über Satellitenempfang
- DVB-T: Anschluss terrestrisch über Antenne

Abb. 42: Anschlussdosen für Koaxial- und Lautsprecherkabel

ELEKTROAKUSTISCHE ANLAGEN

Zu den Elektroakustischen Anlagen (ELA) gehören neben den Sprachalarmanlagen (SAA) auch Elektroakustische Notfallwarnsysteme und Beschallungsanlagen. Nach Möglichkeit sollte die gesamte elektroakustische Anlage in einem Gebäude für unterschiedliche Funktionen zur Verfügung stehen. Dies können sein:

- Notruf- und Rufdurchsage mit frei wählbaren und programmierbaren Gongankündigungen
- Gezielte Alarmierung mit Räumungsanweisungen
- Musikübertragung in guter Klangqualität

Dafür wird das Objekt mit allen Nebenräumen in Lautsprecher-Kreise für Einzelruf aufgeteilt. Bei Durchsagen in einen Lautsprecherkreis dürfen die geschalteten Programme in den übrigen Bereichen nicht unterbrochen werden.

Die Auslösung eines Alarmsignals durch die Brandmeldeanlage soll im Gefahrenfall automatisch auf die vorprogrammierten Lautsprecherlinien erfolgen. Als Alarmsignal wird ein einheitliches Gefahrensignal verwendet. Gezielte Räumungsanweisungen werden digital als Sound-Datei gespeichert und automatisch in den jeweils betroffenen Gebäudeabschnitten durch die Branddetektion der Brandmeldezentrale über überwachte Schnittstellen ausgelöst.

Unterzentralen in abgesetzten Gebäuden mit Eigenprogramm sind an die Hauptzentrale anzuschalten und in die Überwachung der Hauptzentrale zu integrieren. Fremdsysteme zur Musikeinspielung sowie Hintergrund-Musikprogramme über die Alarmierungsanlage sind für die Sicherstellung einer hohen Sprachverständlichkeit für den Alarmfall stumm zu schalten.

Einsatzkräfte von Polizei und Feuerwehr benötigen für die Mobilisierung und Evakuierung von Personen eine auch im Notfall funktionierende Anlage. Das Alarmierungssystem ist daher mit einer USV-Anlage auszustatten, die den Funktionserhalt für mindestens 30 Minuten sicherstellt. Auch die Reservestromversorgung ist zu beachten.

VIDEOÜBERWACHUNG

Unter Videoüberwachung versteht man die Beobachtung von Objekten, Personen oder Geländestrecken mittels Videokamera und Monitor. Die Videoüberwachung wird in der Regel in einem geschlossenen System über fest verlegte Kabel konzipiert (CCTV = Closed Circuit Television).

In der einfachsten Form der Videoüberwachung werden lediglich Videokamera und Monitor verbunden. Je nach Aufgabenstellung wird es jedoch notwendig sein, weitere Komponenten in das Videoüberwachungssystem mit einzubinden.

Analog-Video

Bei analogen Videosystemen werden die Video-Systemsignale (Video, Steuerung und Parametrierung) über Koaxialkabel, Zweidrahtleitungen oder moduliert über Glasfaser übertragen. Die Information dieser Signale besteht aus analogen (nicht abgestuften) Spannungswerten und in der übertragenen Frequenz. In klassischen analogen Videosystemen wird eine Vielzahl von Kameras mit einer Kreuzschiene auf eine Mehrzahl von Monitoren geschaltet. Hierbei entsteht jeweils eine Punkt-zu-Punkt-Verbindung, deren Signalrichtung bereits in der Planung festgelegt worden ist.

Die Verkabelung ist in der Regel sternförmig, wobei Untereinheiten (Satellitsysteme) gebildet werden können. Die Qualität vom analogen Video ist in der Regel sehr gut. Wird jedoch das analoge Videosignal über längere Strecken übertragen, so nimmt die Signalhöhe ab und das Bild verliert an Kontrast. Ebenso werden die hohen Frequenzanteile gedämpft, sodass die Schärfe zunehmend verloren geht. Müssen nun zusätzliche Verstärker (Entzerrer) verwendet werden, steigt das Signalrauschen an. Die Videoqualität sinkt daher mit zunehmender Übertragungsentfernung.

Video over IP (VioIP)

Im Gegensatz zum Analog-Video sind die Video-Systemsignale bei Video over IP alle digital und werden über ein IT-Netzwerk (Local/Wide Area Network LAN/WAN oder Internet) übertragen. Diese IT-Netzwerke bestehen in der Regel aus aktiven Komponenten (Verteiler [„Switch"], Router usw.) und den dazwischenliegenden Verbindungen. Das sind in der Regel UTP-Kabel (Unshielded Twisted Pair, symmetrische, nichtgeschirmte Kabel mit paarweisen verdrillten farbigen Drähten [Cat 5, 6 oder 7], Glasfaser [LWL] oder Funkstrecken [Wireless]).

Die Qualität des digitalen Videosignales im IT-Netzwerk ist von der Länge der Übertragungsstrecke unabhängig und bleibt damit stets erhalten. Auch wird die Richtung des Signalweges erst durch das verwendete Endgerät (Kamera, Monitor, Rekorder usw.) bestimmt und lässt sich daher flexibel ändern. So ist es auch problemlos möglich, weitere Endgeräte in das IT-Netzwerk einzubinden, sofern die zulässige Netzwerklast im betroffenen Zweig nicht überschritten wird.

GEFAHRMELDE- UND ALARMANLAGEN

Gefahrenmeldeanlagen dienen zum zuverlässigen Erkennen und Melden von Gefahren für Personen und Sachen. > Abb. 43 Sie veranlassen selbsttätig oder manuell ausgelöst die Verarbeitung, Übertragung und Ausgabe von Gefahrenmeldungen. Dabei sind die Übertragungswege in Ringtechnik oder Gleichstromtechnik permanent überwacht.

Einbruchmeldeanlagen (EMA)

Einbruchmeldeanlagen (EMA) sind Gefahrenmeldeanlagen, die dem automatischen Überwachen von Gegenständen auf unbefugtes Entfernen sowie von Flächen und Räumen auf unbefugtes Eindringen dienen. Wird die Gebäudehülle überwacht, so sind Magnetkontakte, Sensoren, Bewegungsmelder, Glasbruchmelder usw. in das System einzubinden. Für die Architekturplanung ist zu berücksichtigen, dass alle Fenster, Türen und sonstigen Zugänge entsprechend elektrifiziert werden müssen.

Überfallmeldeanlagen (ÜMA)

Überfallmeldeanlagen (ÜMA) sind Gefahrenmeldeanlagen, die Personen zum direkten Hilferuf bei Überfällen dienen – in der Regel direkt zur Polizei. Parallel kann dieser Alarm als Sekundäralarm von einer externen Sicherheitsleitstelle entgegengenommen werden.

Brandmeldeanlagen (BMA)

Brandmeldeanlagen (BMA) sind Gefahrenmeldeanlagen, die Personen zum direkten Hilferuf bei Brandgefahren dienen bzw. die Brände zu einem frühen Zeitpunkt erkennen und melden.

Sie bestehen aus Brandmeldern, der Brandmeldezentrale (BMZ) mit Energieversorgung einschließlich Notstromversorgung, der Übertragungseinrichtung, Alarmgebern zur Intern-Alarmierung und den Steuereinrichtungen z. B. zum Schließen von Brandschutztüren, zum Öffnen von Rauch- und Wärmeabzügen, zur Ansteuerung von Löschanlagen oder zum Abschalten von Maschinen.

Automatische Brandmelder haben die Aufgabe, bei der Entstehung eines Brandes auftretende Brandkenngrößen wie sichtbarer oder unsichtbarer Rauch, Wärme oder Flammen zu detektieren und an die Brandmelderzentrale zu melden.

Entsprechend den Brandkenngrößen unterscheidet man optische, thermische und chemische Brandmelder oder Kombinationen hiervon, Flammenmelder sowie Sondermelder und Ansaugrauchsysteme. Hinzu kommen die Handfeuermelder, die an Fluchtwegen zur manuellen Alarmauslösung eingesetzt werden. Zur Weiterleitung der Signale sind die Melder einzeln oder in Gruppen an Meldergruppen angeschlossen. Diese werden als Stich- und/oder Ringleitungen zur Brandmeldezentrale geführt.

Die Brandmeldezentrale nimmt die vorab geprüften Signale der Melder auf, bewertet und verarbeitet sie. Im Brandfall erfolgt die optische und akustische Signalisierung der auslösenden Meldergruppen und die Weiterleitung über die Übertragungseinrichtung an eine Hilfe leistende Stelle (Feuerwehr). Die präzise Brandortermittlung wird durch adressierbare

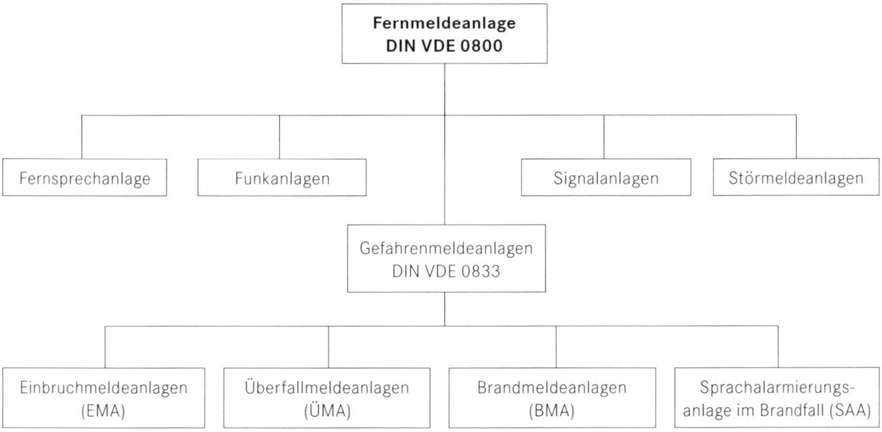

Abb. 43: Strukturelle Einordnung von Gefahrmeldeanlagen

Melder erreicht. Weitere Aufgaben der Brandmelderzentrale sind die Funktionsüberwachung der gesamten Anlage einschließlich der Anzeige eventueller Fehler sowie die Auslösung elektrisch gesteuerter Löschanlagen.

Neben umfangreichen Brandmeldeanlagen in größeren Gebäuden sind auch in Wohnungen Rauchmelder zu installieren. Diese sollten in allen Aufenthalts- und Schlafräumen an der Decke befestigt werden. Hierbei sind auch Batterielösungen ohne weitere Verkabelung denkbar. > Abb. 44 Hochwertige Rauchmelder sind zudem koppelbar, sodass im Eintrittsfall alle Rauchmelder gleichzeitig ein Signal geben können.

Sprachalarmierungsanlagen (SAA)

Zur Alarmierung von Einzelpersonen oder einer ganzen Gebäudebelegschaft sind vorzugsweise akustische Signalgeber mit DIN-Ton einzusetzen. > Abb. 45 In Fertigungsbereichen mit einem Schallpegel über 110 db/A und in öffentlichen Bereichen sind zusätzlich noch optische Signalgeber nötig, da auch hörgeschädigte Personen berücksichtigt werden müssen. Optische Alarmierungseinrichtungen sind die Rundumkennleuchte oder die Blitzleuchte.

Zu den akustischen Alarmierungseinrichtungen gehören neben Sirenen auch Hupen, elektronische Signalgeber mit einstellbaren Tönen, Beschallungsanlagen und Sprachalarmierungsanlagen für die Brandalarmierung.

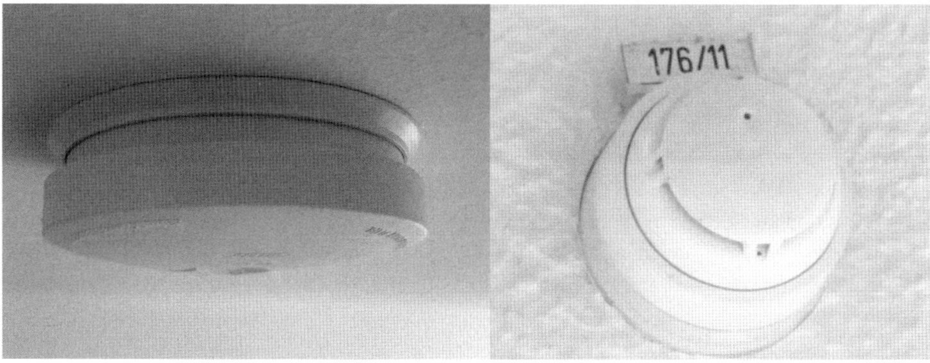

Abb. 44: Rauchmelder (links) und Brandmelder (rechts)

Abb. 45: Alarmierungs-Einbaulautsprecher in einer abgehängten Decke

Gebäudeautomation

BUS-SYSTEME

Einrichtungen, die zur automatischen Steuerung und Überwachung von technischen Anlagen und Abläufen in einem Gebäude sowie zur Kontrolle ihrer Verbrauchsdaten dienen, werden unter dem Begriff Gebäudeautomation (GA) zusammengefasst. Das System wird in die drei Bereiche

1. Managementebene,
2. Automationsebene und
3. Feldebene

unterteilt. > Abb. 47 und Kap. Ebenen der Gebäudeautomation

Die Gebäudesystemtechnik/Bustechnik ist als Teil der Gebäudeautomation zu betrachten, die die Automationsfunktionen und -aufgaben innerhalb der Räume von Gebäuden ausführt. Das ist raum- und gebäudeübergreifend möglich. Der Begriff der Gebäudeautomation entstand, um den Unterschied zur konventionellen Elektroinstallation zu verdeutlichen. Was früher durch Installation einzelner Komponenten realisiert wurde, wird heute von der Systemtechnik – dem Bus-System – erledigt.

Im Gegensatz zur herkömmlichen Elektroinstallation dient das zweiadrige, mit Schwachstrom betriebene Bus-System der Informationsvermittlung und übernimmt, unabhängig von deren Niedrigspannungsversorgung, die Schaltung der Endgeräte. Sensoren senden die aufgenommenen Informationen an die Aktoren. Diese wandeln sie in Schaltsignale für die Endgeräte (z. B. Klimaanlage) um. > Abb. 46 Da hier alle Aktoren und Sensoren an dieselbe Leitung angeschlossen sind, können über ein einziges (Bus)-System komplexe Regelvorgänge gesteuert werden. Die wichtigsten Bus-Systeme sind EIB/KNX, LON und LCN.

EIB/KNX

EIB/KNX wurde ursprünglich unter dem Namen Europäischer Installationsbus (EIB) als gemeinsamer Standard für die Anwendung der Gebäudeautomation im Gewerbe- und Wohnungsbau entwickelt. Nachdem das System modifiziert wurde, ging es als KNX an den Markt. KNX ist der einzige weltweite Standard, der eine Vernetzung von Produkten unterschiedlicher Hersteller ermöglicht. Das System besteht aus sogenannten Teilnehmern, den Sensoren und den Aktoren. Sensoren nehmen physikalische Größen wie Temperatur, Druck oder Luftdruck auf, wandeln sie in eine Information um und geben sie an das Netz weiter. Aktoren empfangen diese Informationen, wandeln sie in physikalische Größen um und lösen eine Funktion etwa bei Leuchten, Heizungen oder Jalousien aus.

Die kleinste Einheit einer KNX-Anlage ist eine Linie. Diese kann aus maximal 64 Teilnehmern bestehen und sollte eine Länge von maximal 100 m haben.

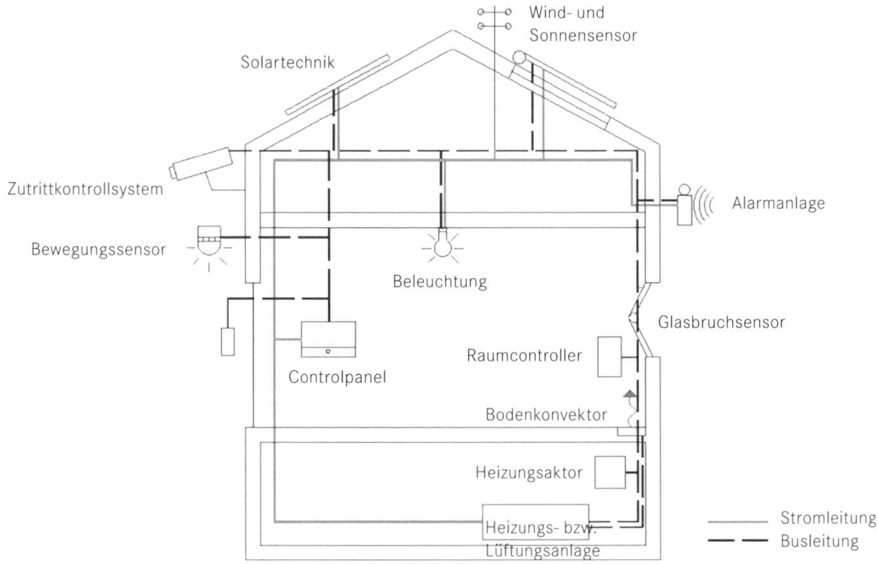

Abb. 46: Einsatzbereiche der Gebäudeautomation

Ursprungsgedanke des Local Operation Network (LON) war die dezentrale Automatisierung mit Hilfe einer Steuereinheit, die in allen beteiligten Geräten – sogenannten Nodes – zum Einsatz kommen kann. In einem LON finden sich neben Sensoren und Aktoren auch Controller. Auf diese Weise werden Informationen, die nur lokal benötigt werden, auch lokal verarbeitet. LON finden vor allem in der Mess-, Steuerungs- und Regelungstechnik (MSR) Anwendung. Für haustechnische Gewerke wie Heizung, Lüftung und Klima findet man diese Technik selten. LON

In der Gebäudeautomation wird darüber hinaus das Local Control Network (LCN) genutzt. Bei diesem System sind die Sensoren und die Aktoren mit Mikrocomputern ausgestattet, die kompakt genug sind, um in Unterputzdosen oder Stromkreisverteilungen Platz zu finden. Das LCN ist dadurch gekennzeichnet, dass es sehr einfach zu planen, zu installieren und zu programmieren ist – nicht zuletzt, weil Sensoren und Aktoren in einem Modul untergebracht werden können. LCN

Als Bus dient das 230 V-Netz, welches aber mit einer zusätzlichen Ader ausgestattet sein muss. Wird dies bei der Elektroinstallation berücksichtigt, ist keine weitere Verkabelung erforderlich. Auch benötigen die LCN-Module keine Netzteile, weil sie direkt an die Stromkabel angeschlossen werden. Ein LCN-Segment besteht aus maximal 250 Modulen. Damit können regelmäßig mehrere Hundert Räume gesteuert werden.

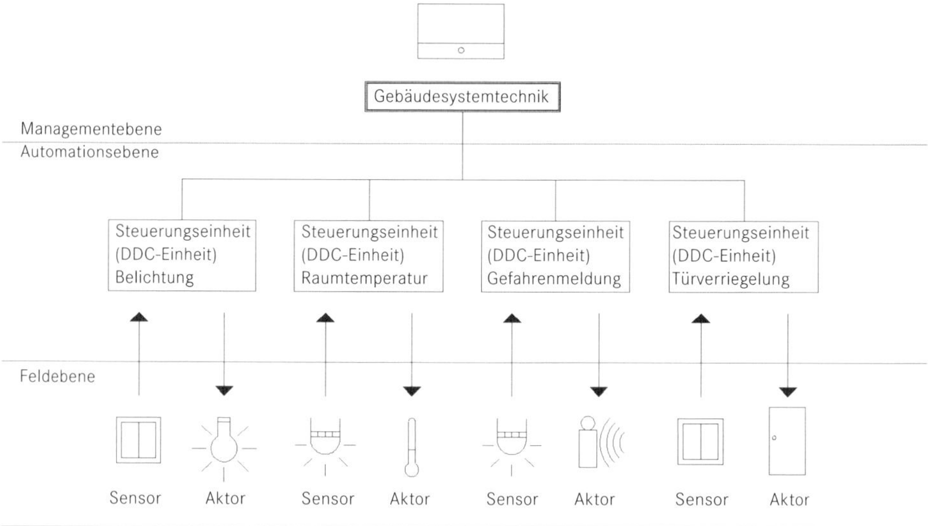

Abb. 47: Ebenen der Gebäudeautomation (GA)

EBENEN DER GEBÄUDEAUTOMATION

Die drei genannten Ebenen der GA-Systeme sind je nach Größe und Komplexität des Objekts bzw. der zu automatisierenden Liegenschaften ausgeprägt. Aufgrund des Fortschrittes in der digitalen Steuerungs- und Regelungstechnik verwischen die Grenzen der einzelnen Ebenen zunehmend. Insbesondere Funktionen der Automationsebene wurden mit leistungsfähigeren digitalen Systemen zunehmend dezentralisiert, d. h. in die Feldebene integriert.

Feldebene

In der untersten Feldebene werden die unterschiedlichen technischen Anlagen des Gebäudes mit Hilfe der Feldgeräte – den Sensoren und Aktoren – betrieben. Sensoren nehmen Informationen auf und senden diese über ein Bus-System (s. o.) an die Aktoren. Die Aktoren empfangen die Daten und setzen sie in Schaltsignale um. Informationen werden in der Feldebene verarbeitet und für die höheren Ebenen bereitgestellt.

Automationsebene

Die Automatisierungsebene übernimmt mit ihren Steuerungseinheiten (DDC – Direct Digital Control) die Überwachung von Grenzwerten, Schaltzuständen, Zählerständen, die Steuerung und die Regelung der gebäudetechnischen Anlagen. Automationsstationen verarbeiten die anfallenden Daten und kommunizieren sie an die Feld- bzw. Managementebene. Sie sind kleine, leistungsfähige Einrichtungen, die in digitaler Technik ausgeführt und mit standardisierten Softwaretools konfiguriert werden können.

Auf der Managementebene erfolgt das übergeordnete Bedienen und Beobachten der Prozesse und die Alarmierung bei Störungen. Informationen der Gebäudeautomation werden hier gesammelt und z. B. am Bildschirm-Arbeitsplatz ausgewertet und am Protokolldrucker ausgedruckt. Die Managementebene hat die Aufgabe, anlagenübergreifende und übergeordnete Regel- und Optimierungsalgorithmen zu realisieren. Als Ausstattungsmerkmal dienen neben einem Computer eine redundante Datenhaltung inklusive Möglichkeiten der Datensicherung und gegebenenfalls eine unterbrechungsfreie Stromversorgung. Managementebene

ÜBERGEORDNETE MANAGEMENTFUNKTIONEN

Managementsysteme können als zentrale Leitwarte oder als verteilte Systeme mit mehreren Bedienstationen auf der Basis einer Client-Server-Architektur realisiert werden. Die Software der Managementsysteme besteht aus einem multitaskingfähigen Betriebssystem, einem leistungsfähigen Datenbanksystem, der Anwendersoftware und einer Software zur Prozessvisualisierung. Die Software kommuniziert über einen definierten Übergabepunkt – den Gebäudeautomationsknoten (GAK) – zwischen Management- und Automationsebene und tauscht Daten mit ihren Datenbanken aus.

Die Nutzung übergeordneter Managementfunktionen setzt eine Zusammenschaltung aller zugehörigen GA-Systeme zu einem interoperablen Gesamtsystem voraus. Es muss für die Aufschaltung unterschiedlicher Systeme offen sein. Hierzu benötigt das System eine offene Kommunikationsschnittstelle wie z. B. das firmenneutrale Datenübertragungssystem FND oder das BACnet, sodass bei Bedarf der Anschluss weiterer Automatisierungseinrichtungen an die Bedien- und Managementeinrichtungen möglich ist.

Mit BACnet/IP steht eine Methode zur Verfügung, BACnet-Automationsnetzwerke über Gebäude- und Liegenschaftsgrenzen hinweg wachsen zu lassen. Für den Datentransport kommt dabei meist Ethernet zur Anwendung. Der Aufbau eines Ethernet-Netzwerks erfolgt über Router, Hubs, Switches, Repeater und Transceiver. BACnet/IP-Netzwerke

Ein BACnet/IP-Netzwerk ist ein virtuelles Netzwerk und besteht aus einem oder mehreren IP-Teilnetzwerken (IP-Domänen), die dieselbe BACnet-Netzwerknummer tragen. Es enthält eine Anzahl von Knoten, die unter Verwendung des BACnet/IP-Protokolls kommunizieren. Die BACnet/IP-Knoten können dabei zu verschiedenen physikalischen Netzwerken gehören, die wiederum Teil eines größeren IP-Netzwerks und ausschließlich durch IP-Router gekoppelt sind. Mehrere BACnet/IP-Knoten können zum selben BACnet-Netzwerk gehören.

Mit Hilfe von Bus-Systemen können Steuerungen für Beleuchtung, Rollläden und Jalousien, Heizung usw. einfach und verdrahtungssparend aufgebaut und programmiert werden. Alle Geräte und Systeme im Gebäude kommunizieren über die Busleitung. Zentralfunktionen nutzen Zentralfunktionen diesen Umstand und steuern mit einem einzigen Steuerbefehl – dem Bustelegramm – ein ausgewähltes Gerät oder alle Geräte an. Die entsprechenden Busbefehle müssen lediglich programmiert werden.

Zentralfunktionen können z. B. sein:

- alle Lampen im Gebäude ein oder aus
- alle Fenster schließen
- die Thermostatventile der Heizungen herunterregeln
- Jalousien/Rollläden schließen oder öffnen

Alle Funktionen können beliebig miteinander kombiniert werden. Bei konventionellen Installationen wäre z. B. ein zentrales Ausschalten der Beleuchtung in Verbindung mit dem Herunterregeln der Heizungen lediglich mit einem zusätzlichen Verdrahtungsaufwand zu realisieren. Ist ein Bus-System installiert, muss der Bauherr dem Systemintegrator, der die Anlage programmiert und in Betrieb nimmt, nur die jeweiligen Verbindungen mitteilen. Einige Beispiele:

- „Licht aus“: Per Taster werden beim Schlafengehen sämtliche Leuchten im Haus ausgeschaltet. Einzelne Beleuchtungen wie z. B. die Aquariumsbeleuchtung können ausgenommen werden.
- „Licht ein“: Per Taster oder automatisch, z. B. beim Ansprechen der Alarmanlage, wird das gesamte Licht eingeschaltet.
- „Heizung ein/aus“: Beim Verlassen bzw. Betreten des Hauses werden alle Heizkörper auf einen vorher definierten Wert (z. B. Stellung Frostschutz) heruntergeregelt bzw. hochgefahren.
- „Jalousien hoch/runter“: Morgens und abends oder automatisch, z. B. bei Sturm (Signal vom Windwächter) werden alle Jalousien hochgefahren und alle Markisen eingezogen.
- „Fenster schließen“: Beim Verlassen des Hauses müssen nicht alle Fenster einzeln kontrolliert werden; sie schließen auf einmal oder automatisch bei entsprechenden Signalen vom Regen- bzw. Windwächter.
- „Verlassen des Hauses“: Aus Sicherheitsgründen werden alle elektrischen Verbraucher ausgeschaltet (mit Ausnahme von Kühl- und Gefriergeräten); das Licht wird ausgeschaltet (außer der Aquariumsbeleuchtung); alle Fenster werden geschlossen; Jalousien heruntergefahren oder zur Anwesenheitssimulation in den Zufallsmodus umgeschaltet; die Heizungen werden auf ein Minimum heruntergeregelt.

Die Möglichkeit, Zentralfunktionen zu programmieren, kann zudem zum Energiesparen beitragen. Sie können auch aus der Ferne – per Internet, Handy usw. – bedient werden, um z. B. vor der Ankunft die Heizung einzuschalten.

Einen hohen Komfort für den Nutzer des Gebäudes zu erzielen, ist neben der Sicherheit und der Energieeinsparung eines der Hauptziele der Gebäudeautomation. Ein hoher Automatisierungskomfort ist dann erreicht, wenn sich das GA-System automatisch auf die vorgegebenen Ziele der Nutzer einstellt und manuelle Nutzereingriffe im Normalfall nicht erforderlich werden. Einige Beispiele dafür sind: Komfortfunktionen

- Helligkeits- und anwesenheitsgesteuerte Ein- oder Ausschaltung der Raumbeleuchtung mit dem Ziel, gleichmäßig helles Licht zur Verfügung zu haben, wenn Personen im Raum anwesend sind.
- Speicherung von „Szenen", die je nach Raumnutzung auf Knopfdruck abgerufen werden können, z. B. beim Vorführen von Präsentationen in Seminarräumen durch Herunterdimmen des Lichts und/oder Schließen der Rollläden.
- Nutzungs- und anwesensheitsgesteuerte Heizungssteuerung, mit der die gewünschte Behaglichkeitstemperatur automatisch geregelt und konstant gehalten wird.
- Automatische Steuerung der Jalousien je nach Sonneneinfall, sodass keine Blendung auftritt und/oder in der warmen Jahreszeit eine Übererwärmung der Räume ausgeschlossen wird.

Durchführung der Elektroplanung

Die Elektroplanung umfasst die Gesamtheit aller elektrischen Leitungswege, Anschlüsse und sonstiger Elemente. Auch wenn die meisten Inhalte der Elektroplanung sicherlich im Rahmen der Ausführungsplanung und der Festlegung von Qualitäten eine wesentliche Rolle spielen, so sind von Beginn an die Belange der Elektroplanung in den Entwurf zu integrieren.

Gerade die Lage und Dimensionierung des Hausanschlussraums und der Leitungswege sind im Entwurfsprozess wichtige Kenngrößen. Zudem versetzt eine frühe Festlegung z. B. des Elektrifizierungsumfangs von Bauteilen den Architekten in die Lage, gegebenenfalls Aufbauhöhen von Decken- und Bodenkonstruktionen abzuschätzen, um Raumproportionen und Gebäudehöhen ermitteln zu können.

So sind iterative Abstimmungsprozesse zwischen der Elektroplanung, der Architektur und den anderen Fachplanungen sowie Sachverständigen in der Planungsfortschreibung notwendig, um zu einer ganzheitlichen Lösung zu gelangen.

AUSFÜHRUNGSPLANUNG

Die Ausführungsplanung soll schlussendlich ein Ergebnis produzieren, in dem die funktionalen Vorgaben des Bauherrn umgesetzt wurden. Außerdem soll die Ausführungsplanung so eindeutig und erschöpfend sein, dass der ausführende Unternehmer seine Montageplanung daraus ableiten kann, ohne weitere Berechnungen, Bemessungen usw. vornehmen zu müssen. Hierzu sind neben den Elektroplänen auf Basis der Architekturplanung Strangzeichnungen, Berechnungen und Festlegungen von Systemen und Qualitäten notwendig. > Abb. 48 und 49

Besonderes Augenmerk ist auf die Koordination mit anderen Gewerken zu legen. Das bedeutet nicht nur, dass die Planung technisch und terminlich ausführbar erstellt wurde und sich die ausführenden Firmen nicht gegenseitig behindern. Vielmehr ist darauf zu achten, dass Kollisionen vor allem mit anderen haustechnischen Gewerken verhindert werden. Das betrifft vor allem die Leitungsführung, aber auch die Brandschottung und die Belegung von Schlitzen und Durchbrüchen sowie Schächten.

DIMENSIONIERUNG

Bezogen auf die elektrische Energieversorgung ist die Abschätzung der benötigten Leistung die wichtigste Aufgabe bei der Grundlagenermittlung. Um eine hohe Effizienz zu erreichen, sollten die Komponenten mit einer Auslastung von etwa 70 % bis 80 % der Maximalleistung arbeiten. Unterdimensionierung führt zu Fehlfunktionen, Überdimensionierung zu überhöhten Kosten.

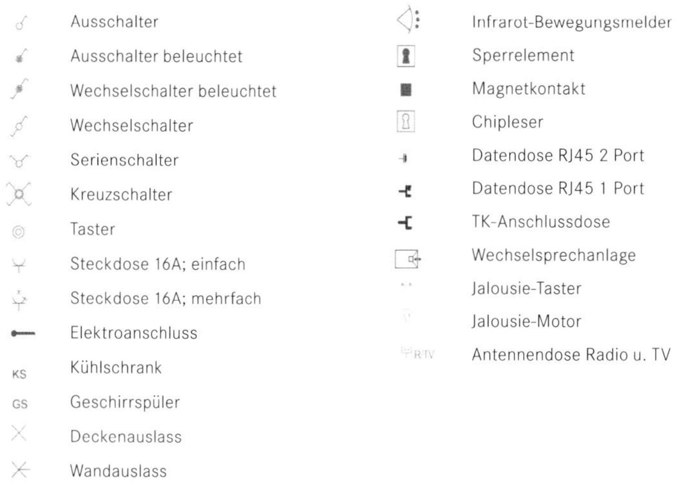

Abb. 48: Planzeichnen in der Elektroplanung

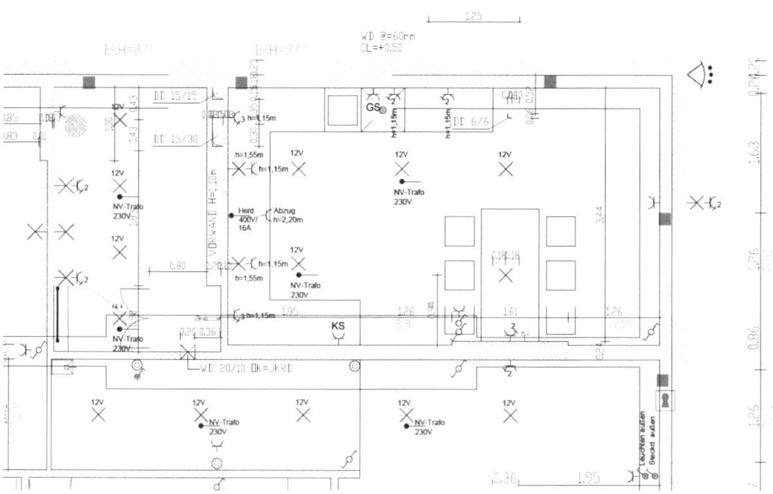

Abb. 49: Ausschnitt aus einem Ausführungsplan Elektro

Leistungsbedarfsrechnung

Die Dimensionierung von Netzen und elektrischen Anlagen erfolgt über die sogenannte Leistungsbedarfsberechnung. In der Berechnung wird berücksichtigt, welche Anschlussleistungen die jeweiligen Anlagenteile haben. Um die Anlagenteile projektieren zu können, müssen Nutzerforderungen, baurechtliche Auflagen, technische Einrichtungen und haustechnische Anlagen für die Entwurfsplanung zunächst grob, für die Ausführungsplanung dann detailliert erarbeitet werden.

Aus der Summe der Anschlusswerte einzelner Körper berechnet sich der Gesamtanschlusswert des Gebäudes. Dieser stellt die maximal erforderliche, elektrische Leistung dar. Beispiele für Anschlusswerte von Elektrogeräten in einem typischen Wohngebäude enthält > Tab. 7

Gleichzeitigkeitsfaktor

Der Leistungsbedarf wird ermittelt aus der Summe der installierten Leistung (bekannt durch die Anschlusswerte) und dem Gleichzeitigkeitsfaktor. Er berücksichtigt, dass nicht alle Verbrauchs- und Betriebsmittel sowie elektrischen Anlagen gleichzeitig eingeschaltet sind oder mit Volllast betrieben werden. Der Gleichzeitigkeitsfaktor g ist das Verhältnis der an einer Stelle des Netzes bzw. der elektrischen Anlage gleichzeitig in Anspruch genommenen Leistungen zu der hinter dieser Stelle installierten Leistung.

Tab. 8 enthält Orientierungswerte des Gleichzeitigkeitsfaktors für Wohngebäude und öffentliche Gebäude. Diese Orientierungswerte sind konkreten, projektspezifischen Ermittlungen nachrangig zu betrachten, da individuelle Energiebedarfe unter Berücksichtigung von tages- und jahreszeitlichen Änderungen im Einzelfall zu gänzlich anderen Faktoren führen. Für die Dimensionierung ist der ungünstigste Lastfall – also der Fall mit dem höchsten gleichzeitig auftretenden Energiebedarf – zu bestimmen.

Ausstattungswert

Neben den elektrischen Haushaltsgeräten sind zudem Steckdosen, Auslässe und Anschlüsse in der Planung zu berücksichtigen. Jedes Wohn-, Ess- und Schlafzimmer sollte gleichmäßig, mindestens mit einer Steckdose pro Wand, ausgestattet werden. Jeder Raum muss mit mindestens einem Schalter für die Beleuchtung bestückt sein. Steckdosen, die mit Spritzwasser in Kontakt kommen können wie z. B. in Küchen, Bädern und Garagen, sind mit einer Fehlerstrom-Schutzeinrichtung (FI-Schutz) zu versehen.

Elektrische Anlagen in Wohngebäuden sind – je nach Ausstattungswert – mit einer Mindestausstattung an Steckdosen, Auslässen und Anschlüssen zu versehen. > Tab. 9

Ein Ausstattungswert wird grundsätzlich für eine Wohneinheit definiert. Jeder einzelne Raum muss dann entsprechend seiner Nutzung den jeweiligen Mindestanforderungen eines Ausstattungswerts entsprechen. Eine raumweise Zuordnung ist möglich, wenn dies entsprechend vereinbart wird.

Die Zuordnung zu den jeweiligen Ausstattungswerten erfolgt unter anderem über die Anzahl der Steckdosen, der Beleuchtungsanschlüsse,

Tab. 7: Anschlusswerte von Haushaltsgeräten

Haushaltsgerät		Anschlusswert in [W]	
		von	bis
Bügeleisen	Wechselstrom	500	1000
Durchlauferhitzer	Drehstrom	12.000	21.000
Einbaubackofen	Drehstrom	2500	5000
Einbaukochmulde	Drehstrom	6000	8500
Elektroherd	Drehstrom	8000	14.000
Fritteuse	Wechselstrom	1600	2300
Gefriergerät	Wechselstrom	120	200
Geschirrspülmaschine	Wechselstrom	3000	4500
Kaffeemaschine	Wechselstrom	700	1200
Kühlschrank	Wechselstrom	100	130
Mikrowellenherd	Wechselstrom	1000	2000
Sauna	Drehstrom	4500	18.000
Staubsauger	Wechselstrom	300	1000
Warmwasserspeicher 15 l – 30 l	Drehstrom	1000	4000
Warmwasserspeicher 50 l – 150 l	Drehstrom	1000	6000
Wäschetrockner	Wechselstrom	3000	3600
Waschmaschine	Wechselstrom	2000	3300

Tab. 8: Gleichzeitigkeitsfaktoren für die Haupteinspeisung

Art des Gebäudes	Gleichzeitigkeitsfaktor	
	von	bis
Wohngebäude		
Einfamilienhäuser	0,4	0,4
Mehrfamilienhäuser		
– allgemeiner Bedarf (ohne elektrische Heizung)	0,6	0,6
– elektrische Heizung und Klimaanlage	0,8	1,0
Öffentliche Gebäude		
Hotels, Pensionen usw.	0,6	0,8
Kleine Büros	0,5	0,7
Große Büros	0,7	0,8
Ladengeschäfte	0,5	0,7
Schulen usw.	0,6	0,7
Krankenhäuser	0,5	0,75
Versammlungsräume	0,6	0,8

Tab. 9: Ausstattungswerte für elektrische Anlagen in Wohngebäuden (nach RAL-RG 678)

Ausstattungswert	Kennzeichnung	Qualität
1	*	Mindestausstattung gemäß DIN 18015-2
2	**	Standardausstattung
3	***	Komfortausstattung
1 plus	* plus	Mindestausstattung gemäß DIN 18015-2 und Vorbereitung für die Anwendung der Gebäudesystemtechnik gemäß DIN 18015-4
2 plus	** plus	Standardausstattung und mindestens ein Funktionsbereich gemäß DIN 18015-4
3 plus	*** plus	Komfortausstattung und mindestens zwei Funktionsbereiche gemäß DIN 18015-4

der Telefon-, Radio-/TV-/Datenanschlüsse für die unterschiedlichen Raumtypen im Wohnbereich. Exemplarisch für die Ausstattungswerte ist die Anzahl der Steckdosen (> Abb. 50) und Beleuchtungsanschlüsse (> Abb. 51) in den nebenstehenden Diagrammen dargestellt.

BERECHNUNGEN

Im Zuge der Ausführungsplanung werden zum einen die in der Entwurfsplanung erstellten Berechnungen um die zwischenzeitlich gewonnenen Erkenntnisse fortgeschrieben. Zum anderen erfolgt die vollständige Berechnung aller Anlagen und Anlagenteile unter Berücksichtigung aller Schnittstellen zum Schallschutz, Wärmeschutz und Brandschutz. Dazu gehören z. B. die

- Kabelquerschnittsberechnung
- Erstellung der Leistungsbilanzen der Anlagen, Lichtruf-, Brandmelde-, Beschallungs-, Antennenanlage
- Übertragungsnetze
- Auslegung der Zentralgeräte

BEMESSUNG

Alle Bemessungen erfolgen auf Grundlage der genannten Berechnungen. Auf dieser Basis werden zentrale Einrichtungen wie Antennen, Brandmeldezentrale (BMZ), Elektroakustische Anlagen (ELA), Datenverteiler usw. bemessen und die Kabel mit entsprechenden Tragsystemen ausgelegt.

SCHEMATA

Schemata mit zusätzlichen Leistungsdaten, Dimensionen, Qualitäten und Komponenten inklusive der Gebäudeautomationskomponenten, die für eine Anlage der Daten erforderlich sind, müssen erstellt werden.

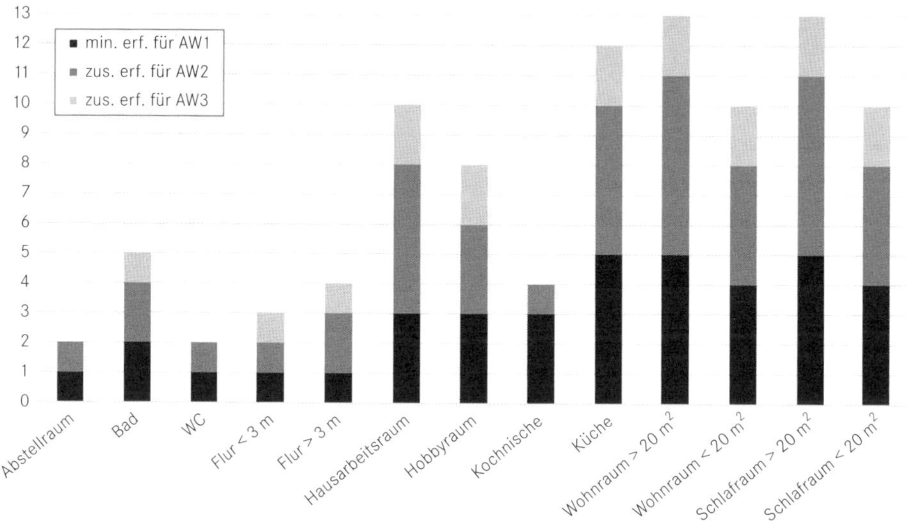

Abb. 50: Anzahl Steckdosen für Ausstattungswerte 1-2-3 (nach RAL-RG 678)

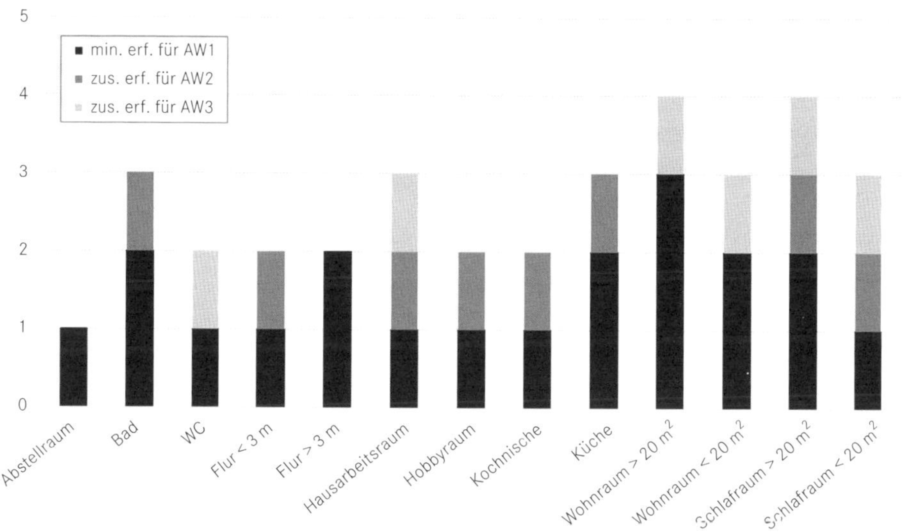

Abb. 51: Anzahl Beleuchtungsanschlüsse für Ausstattungswerte 1-2-3 (nach RAL-RG 678)

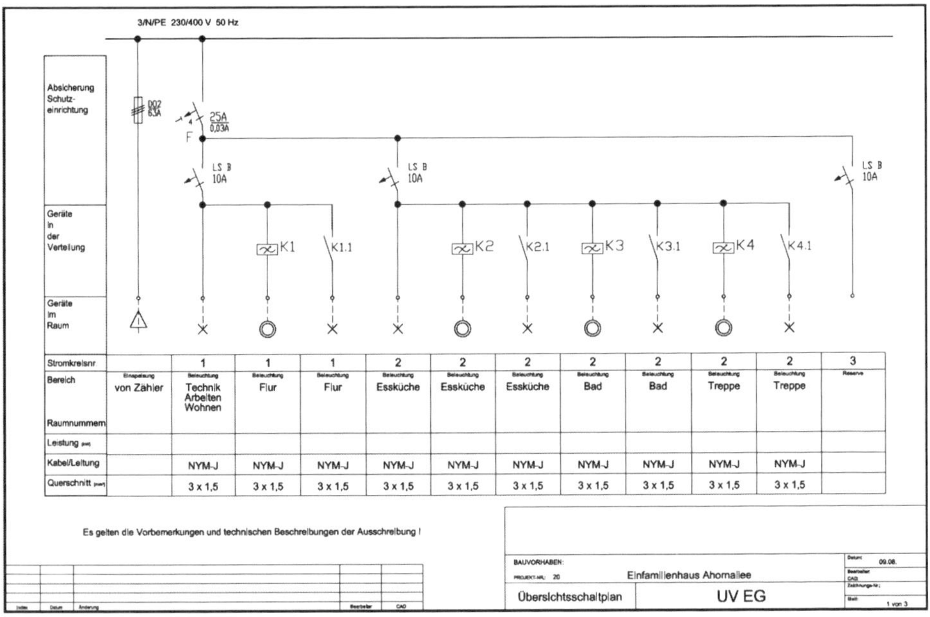

Abb. 52: Übersichtsschaltplan Elektro für ein Einfamilienhaus

Dazu gehören:

- Übersichtsschaltpläne für alle elektrischen Einrichtungen > Abb. 52
- Anlagenschemata
- Funktionsfließschemata oder Beschreibungen für jede Anlage mit Funktionskomponenten und dem Prinzip der Verteilung
- Leistungsaufnahmelisten der bauseits bereitgestellten elektrischen Komponenten

GRUNDRISSE UND SCHNITTE

Eine zeichnerische Darstellung durch Schnitte oder Ausschnittsvergrößerungen der Pläne wird benötigt, sodass Gewerke koordiniert werden können. Hierzu zählen im Speziellen Ein- und Ausfädelungen von Leitungen und Leitungstrassen sowie deren Querungen.

In den Zeichnungen erfolgt eine symbolhafte Darstellung der Bauteile (Lautsprecher, Brandmelder, Sprechstellen, Antennen, Tableaus, Datenanschlüsse usw.). Maßstabsgerecht hingegen werden z. B. Zentralgeräte dargestellt, um die Belegung von Hausanschlussräumen planen zu können. Dabei werden Grundrisse mit einem Maßstab 1:50 erstellt, Schnitte und Details mit einem Maßstab von 1:50 bis 1:1.

ANLAGENBESCHREIBUNG

Schließlich erfolgt die Beschreibung der Anlagenbauteile und anderer Einrichtungen. Dies muss so eindeutig erfolgen, dass für den Leser klar wird, welche Leistungswerte bzw. Kenndaten und gegebenenfalls auch Hersteller gefordert sind.

Schlusswort

Die Elektroplanung ist heutzutage kein Randgebiet der Gebäudeplanung mehr, die gegebenenfalls vor zehn Jahren noch von ausführenden Firmen als Service mit bearbeitet wurde. Mit der zunehmenden Komplexität unserer Gebäude aufgrund steigender Energiestandards und wachsender Komforterwartungen der Bauherren sind Gebäude sehr stark vernetzt und digital gesteuert. Die Erfassung klimatischer Daten, die Überwachung und Steuerung früher manuell betriebener Bauteile und Anlagen wie Fenster und Heizungsanlagen, der allgemein sehr hohe Automatisierungsgrad und schlussendlich die umfangreichen Sicherheits- und Gefahrenüberwachungen sorgen dafür, dass die Leitungslängen und die Anzahl der Komponenten pro Gebäude exponentiell zunehmen. Vollständig vernetzte Gebäudekonzepte wie Smart home, bei dem ergänzend alle nicht mit dem Gebäude verbundenen Geräte wie Haushaltsgeräte in die integrale Planung einbezogen werden, zeigen auf, dass die Entwicklung noch lange voranschreiten wird.

So ist eine sich in Wiederholungschleifen annähernde und integrative Elektroplanung notwendig, um die Belange von Beginn an zu berücksichtigen. Für praktizierende und angehende Architekten ist es daher wichtig, die Strukturen und Prinzipien der Elektroplanung und der zu integrierenden Systeme zu verstehen. Der Band *Basics Elektroplanung* vermittelt verständlich die Grundlagen, mit denen Architekten gemeinsam mit Elektroplanern die Inhalte der Planung abstimmen und fortschreiben können.

Roman Skowranek

Lichtplanung

Einleitung

Bedeutung der Lichtplanung

Für das Leben der Menschen ist Licht von zentraler Bedeutung. Neben der Notwendigkeit für das allgemeine Sehen werden auch der circadiane Rhythmus und der Biorhythmus von ihm bestimmt.

Im Rahmen der Gebäude- und Außenraumplanung stellt die Lichtplanung somit nicht nur gestalterisch ein zentrales Element dar, sondern ist vor allem für das menschliche Befinden von immenser Bedeutung.

Dabei ist zu beachten, dass für jede vorgesehene Nutzung andere Anforderungen entstehen und normative Vorgaben greifen, welche zu Einschränkungen in der Planung führen können. Auch die vorhandenen Gegebenheiten sind von Fall zu Fall unterschiedlich. Eine allgemeine Kategorisierung von Lichtplanung ist also nur sehr schwer möglich, in der Regel ist für jeden Einzelfall Licht individuell zu planen.

Entwicklung der Lichtplanung

Ging es in der historischen Lichtplanung vor allem darum, Tageslicht in Innenräume zu bringen, zu bestimmten Zeiten vordefinierte Bereiche mit Sonnenlicht zu beleuchten oder nächtliche Beleuchtung mit natürlichen Lichtquellen zu gewährleisten, hat die gegenwärtige Lichtplanung eine weitaus größere Auswahl an Variationen und technischen Hilfsmitteln zu bieten, und das menschliche Empfinden passt sich neuen Beleuchtungssituationen an. Im Gegenzug steigen die Anforderungen stetig. Richtlinien sind zu befolgen, Mindest- und Maximalwerte sind einzuhalten, und nicht zuletzt ist die Energieeffizienz von künstlichem Licht und Sonnenlicht zu beachten. Somit ist die Komplexität der Planungsaufgaben gewachsen, welche bei Innenraumplanung und Architektur zu einem immer höheren Spezialisierungsgrad im Bereich der Lichtplanung führt.

Grundlagen der Lichtplanung

Vor der gestalterischen Planung des allgemein vorhandenen oder künstlich hinzugefügten Lichts muss geklärt werden, welche Spezifikationen die jeweilige Lichtquelle erfüllt oder erfüllen darf und welche messbaren Werte bereitgestellt werden. Insbesondere in Hinblick auf planungsrechtliche Vorgaben werden hierbei die physikalischen Eigenschaften als maßgebende Planungsgrundlage herangezogen. Zudem ist festzustellen, welche Aufgabe das Licht zu erfüllen hat. Hier kann es für allgemeine Grundbeleuchtung, Raumbeleuchtung oder Akzentbeleuchtung Anforderungen geben, die sich deutlich unterscheiden und die mit verschiedenen Mitteln erfüllt werden müssen.

PLANUNGSPROZESS

Die einzelnen Schritte der Lichtplanung unterscheiden sich kaum von der üblichen Abfolge der architektonischen Planung. Grundlagenermittlung, Entwurf und Ausführung stecken den Prozess ab. Im ersten Schritt gibt der Bauherr oder Nutzer die gewünschten Funktionen an und definiert besonders auszuleuchtende Bereiche oder spezielle Farbgebungen. Im Entwurf werden insbesondere Bauteile zur künstlichen Beleuchtung wie Leuchtentypen und Art des Leuchtmittels betrachtet, da die Tageslichtkomponente bei der reinen Lichtplanung durch Fensterposition, -größe und -art meist vorgegeben ist. Des Weiteren werden die Bauteile und die Möblierung positioniert. Auf dieser Grundlage können, wenn nötig oder erwünscht, computerunterstützte Simulationen vorgenommen werden, welche die Raumwirkung wiedergeben. Diese Simulationen ersetzen allerdings nicht eine Bemusterung der einzelnen Komponenten in der jeweiligen Einbausituation, denn erst hier kann die abschließende Festlegung erfolgen. Wichtig ist das Zusammenspiel der Lichtplaner mit der Planung der Elektrotechnik, da Kabelwege und Schalterpositionen hier mit einfließen müssen. ○

○ **Hinweis:** Aufgrund der fortschreitenden Möglichkeiten bei der computerunterstützten Entwurfsarbeit lassen sich über Renderings, Beleuchtungsszenarien, Berechnungen usw. viele Situationen im Planungsprozess darstellen. Dies ersetzt jedoch meist nicht die Bemusterung und Überprüfung vor Ort, da die individuelle Wahrnehmung einer Lichtsituation trotz fotorealistischer Renderings nicht bis ins letzte Detail simuliert werden kann.

PHYSIKALISCHE BEGRIFFE UND KENNGRÖSSEN

Aufgrund der Komplexität des Lichtes werden viele verschiedene Kenngrößen genutzt, um eine Beschreibung zu ermöglichen und den verschiedenen Facetten des Themas gerecht zu werden. > Tab. 1

Licht- und Farbspektrum

Für das menschliche Auge ist nur ein kleiner Teil des elektromagnetischen Spektrums wahrnehmbar. Dieser Bereich wird Lichtspektrum oder Farbspektrum genannt, ist aber im Allgemeinen auch als das eigentliche „Licht" zu verstehen. Höhere Frequenzbereiche mit kurzen Wellenlängen wie UV- oder Röntgenstrahlung und niedrige Frequenzbereiche mit langen Wellenlängen (Mikrowellen, Radiowellen) sind für uns unsichtbar. Innerhalb des sichtbaren Lichtspektrums wird durch verschiedene Wellenlängen der wiedergegebene Farbton bestimmt. > Tab. 2

Lichtstrom/ Lichtausbeute/ Lichtmenge

Der Lichtstrom Φ [lm] gibt an, welche Lichtmenge von einer Lichtquelle abgestrahlt wird. Dabei ist das menschliche Auge als Bewertungsorgan notwendig. Für die Berechnung von Lichtausbeute, Lichtmenge, Lichtstärke und Beleuchtungsstärke ist die Angabe des Lichtstroms not-

Tab. 1: Lichttechnische Kenngrößen

Kenngröße	Formelzeichen	Einheit
Lichtstrom	Φ	Lumen [lm]
Lichtausbeute	η	Lumen pro Watt [lm/W]
Lichtmenge	Q	Lumensekunde [lms]
Lichtstärke	I	Candela [cd]
Beleuchtungsstärke	E	Lux [lx]
Tageslichtquotient	D	Prozent [%]
Leuchtdichte	L	Candela pro m^2 [cd/m^2]
Farbtemperatur	–	Kelvin [K]
Farbwiedergabeindex	R_a	–

Tab. 2: Wellenlängen der Farbtöne im Lichtspektrum

Farbton	Wellenlänge [nm]
Rot	710–630
Orange	630–580
Gelb	580–560
Grün	560–480
Blau	480–420
Violett	420–380

wendiger Ausgangswert. Bei künstlichen Lichtquellen werden die Lichtströme, welche für die Lichtberechnungen herangezogen werden, je nach gewähltem Produkt von den Herstellern angegeben. Zur Energiebilanzierung und für Wirtschaftlichkeitsberechnungen ist die Lichtausbeute η [lm/W] einer Lichtquelle entscheidend. Diese stellt den angegebenen Lichtstrom mit der aufgewendeten Energie zum Erreichen des Nennwertes ins Verhältnis. Die Lichtmenge Q [lm × h] gibt den insgesamt von einer Lichtquelle abgegebenen Lichtstrom über einen definierten Zeitraum an. Eine Lichtquelle mit hohem Lichtstrom gibt somit eine größere Lichtmenge je Zeiteinheit ab als eine Lichtquelle mit geringem Lichtstrom.

Lichtstärke

Die Lichtstärke I [cd] ist das Maß des von einer Lichtquelle ausgehenden Lichtstromes in eine bestimmte Richtung. Die Lichtstärke von natürlichen Lichtquellen ist durch Sonnen- und Blendschutz sowie durch Verglasung und Lichtlenkung beeinflussbar. Bei Kunstlicht sind die Bauarten der Leuchten und der verwendeten Lichtquellen oder Leuchtmittel ausschlaggebend. > Abb. 1

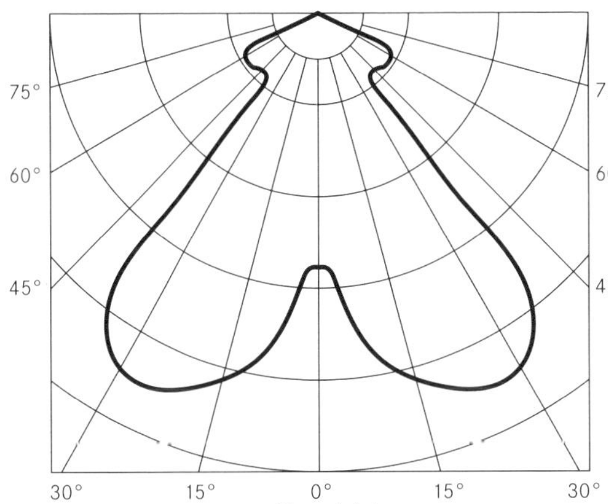

Abb. 1: Relative Lichtstärkeverteilungskurve eines rotationssymmetrischen Reflektors

Beleuchtungsstärke

Die Beleuchtungsstärke E [lx; lm/m²] stellt den Lichtstrom über eine bestimmte beleuchtete Fläche dar. Vor allem bei der Beleuchtung von Arbeitsstätten sind hier umfangreiche normative Vorgaben vorhanden, welche Werte je nach Art des Arbeitsplatzes erreicht werden müssen, aber nicht überschritten werden dürfen. Bei der Tageslichtplanung sind die maßgebenden Werte die allgemein vorhandenen Beleuchtungsstärken der natürlichen Lichtquellen, bei der Kunstlichtplanung wird über Auslegung und Simulationsmodelle berechnet, welche Leuchten und Leuchtmittel zum Erreichen der notwendigen Beleuchtungsstärke benötigt werden. > Tab. 3

○

Tageslichtquotient

Der Tageslichtquotient D ist das Verhältnis der Beleuchtungsstärke im Raum (Raummitte) zur Beleuchtungsstärke im Freien bei bedecktem Himmel. Der Quotient wird immer anhand von konkreten Messwerten oder detaillierten Berechnungen ermittelt. Bei beiden Verfahren können auch Raster mit mehreren Punkten über die betrachteten Räume gelegt werden, um eine übersichtliche Flächendarstellung zu erhalten. Dies ist im Falle von Räumen sinnvoll, welche aus mehreren Richtungen natürlich belichtet werden.

$$D = \frac{E_{innen}}{E_{außen}} \times 100$$

D Tageslichtquotient [%]
E_{innen} Beleuchtungsstärke innen [lx]
$E_{außen}$ Beleuchtungsstärke außen [lx]

Tab. 3: Beleuchtungsstärken natürlicher Lichtquellen auf dem Erdboden

Lichtquelle	**Beleuchtungsstärke [lx]**
Klarer Himmel, sonnig (Sommer)	90.000–130.000
Klarer Himmel, sonnig (Winter)	19.000–25.000
Bedeckter Himmel (Sommer)	15.000–20.000
Bedeckter Himmel (Winter)	5000–8000
Dämmerung	3–750
Mondlicht	0,02–0,30

○ **Hinweis:** In den Normen und Richtlinien sind oftmals mehrere Tabellen und Werte zu einzelnen Kenngrößen zu finden. Beim Auslesen der festgesetzten Werte ist zu beachten, dass sowohl für Mindest- als auch für mittlere Beleuchtungsstärken sowie für horizontale und vertikale Flächen unterschiedliche Anforderungen dargestellt werden.

Die Leuchtdichte ist die physikalische Kenngröße für die durch den Menschen empfundene Helligkeit. Es handelt sich um eine der wenigen Einheiten, die stark von der Richtung des Lichtstroms abhängig sind, der durch eine Lichtquelle abgegeben wird. Somit ist die Leuchtdichte immer auf den Erzeuger bezogen und nicht, wie bei den meisten anderen Kenngrößen, auf den Empfänger der Lichtstrahlung, also das menschliche Auge. Das Empfinden von Dunkelheit bis Blendung durch die Wahrnehmung verschiedener Leuchtdichten variiert je nach Empfindlichkeit des Auges, zudem passt es sich an bestimmte Situationen mit der Zeit an. Auch die Wellenlängen des Lichtes, also der wahrgenommene Farbton, sorgen dafür, dass ähnliche Leuchtdichten differenzierte Empfindungen auslösen. > Tab. 4

Leuchtdichte

Die Leuchtfarbe oder Farbtemperatur (Maßeinheit: Kelvin) beschreibt den durch eine Leuchtquelle verursachten Farbeindruck. Ein niedriger Wert deutet auf einen hohen Rot-Anteil im vorhandenen Farbspektrum hin, wodurch das Licht in der subjektiven Wahrnehmung als warm empfunden wird. Insbesondere bei der Planung künstlicher Lichtquellen hat die Farbtemperatur eine große Bedeutung, da die Planungsaufgabe zumeist darin besteht, die Lichtfarbe des natürlichen Lichtes nachzubilden. Die technischen Möglichkeiten enden allerdings in der Regel bei Farbtemperaturen, die deutlich unterhalb der Werte des natürlichen Lichts liegen. > Tab. 5 Als warmweiß werden Lichtquellen mit einer Farbtemperatur unter 3300 K bezeichnet, das neutralweiße Spektrum bewegt sich zwischen 3300 und 5000 K, höhere Werte ergeben tageslichtweiße oder kaltweiße Lichtquellen.

Licht-/Leuchtfarbe und Farbtemperatur

Mit Hilfe des Farbwiedergabeindex R_a (englisch CRI: Colour Rendering Index) wird die Qualität der Farbwiedergabe unterschiedlicher Lichtquellen dargestellt. Er beschreibt die Wirkung, welche das ausgesendete Licht auf Objekte oder Personen hervorruft. Eine gute Farbwiedergabe wird erzielt, wenn die natürliche Farbgebung optimal wiedergegeben wird (Wert: R_a=100). Für Innenräume mit Aufenthaltsqualität oder Arbeitsplätze sind Lichtquellen mit einem R_a < 80 möglichst nicht zu verwenden. > Tab. 6 Der Farbwiedergabeindex R_a bezieht sich auf die acht am häufigsten verwendeten Testfarben – der Index a verdeutlicht dies und bedeutet hierbei „allgemein".

Farbwiedergabeindex

Tab. 4: Wahrnehmung und Empfindlichkeit des menschlichen Auges

Sehaufgabe	Leuchtdichte
Nachtsehen	3–30 μcd/m² – 3–30 mcd/m²
Dämmerung	3–30 mcd/m² – 3–30 cd/m²
Tagsehen	> 3–30 cd/m²
Blendung	> 100.000–1.000.000 cd/m²

Tab. 5: Beispielhafte Farbtemperaturen natürlicher und künstlicher Lichtquellen

Lichtquelle	Farbtemperatur [K]
Kerze	1500
Glühlampe (60 W)	2700
Glühlampe (200 W)	3000
Halogenlampe (12 V)	3000-3200
Leuchtstofflampe (neutralweiß)	4000
Morgen-/Abendsonne	5000
Bedeckter Himmel	6500-7500
Nebel/Dunst	7500-8500
Wolkenloser Himmel	9000-12.000

Tab. 6: Farbwiedergabeindex verschiedener Lichtquellen

Lichtquelle	Farbwiedergabeindex [R_a]
Glühlampe	Bis 100
LED	80-97
OLED	80-90
Leuchtstofflampe	50-98
Halogen-Metalldampflampe	60-95
Natriumdampf-Hochdrucklampe	18-85
Quecksilberdampf-Hochdrucklampe	45
Natriumdampf-Niederdrucklampe	-44

BELEUCHTUNGSAUFGABEN

Die Planung von Licht und Beleuchtung erfordert grundsätzlich eine ganzheitliche Betrachtung mehrerer Beleuchtungsarten. Zunächst soll die Allgemeinbeleuchtung (oder auch Grundbeleuchtung) für eine gleichmäßige Ausleuchtung eines vordefinierten Bereiches sorgen. Die Akzentbeleuchtung differenziert im nächsten Schritt, indem innerhalb des nun allgemein beleuchteten Bereiches Zonen, beispielsweise Vordergrund und Hintergrund, geschaffen werden. Zudem können besonders hervorzuhebende Punkte oder Oberflächen akzentuiert werden.

Allgemeinbeleuchtung

Die Allgemeinbeleuchtung dient dazu, an allen Stellen eines Raumes eine gleich gute Orientierung zu gewährleisten. Somit sorgt sie dafür, dass die grundlegende Sehaufgabe erfüllt werden kann und der Raum als solcher wahrgenommen wird. > Abb. 2 Da hierzu vorwiegend diffuse Lichtquellen von Nutzen sind, welche die Bildung von Kontrasten, z. B. durch

Abb. 2: Allgemeinbeleuchtung in Wohn- und Konferenzraum

Abb. 3: Beispiele für Akzentbeleuchtung von Objekten und Raumzonen

Schattenwurf oder eine bestimmte Ausrichtung der Lichtstrahlung, verringern, reicht die Allgemeinbeleuchtung in den meisten Fällen nicht aus, um die Funktion des Raumes selbst oder die Aufgabe des Menschen innerhalb des Raumes zu ermöglichen. Hierzu sind in der weitergehenden Planung zusätzliche Schritte vonnöten. Die Allgemeinbeleuchtung wird idealerweise so geplant, dass sie innerhalb eines Raumes auch bei einem Wechsel der Funktion oder Nutzung erhalten bleiben kann.

Akzentbeleuchtung und Beleuchtung von Oberflächen

Die Ausrichtung oder Anordnung von Lichtquellen auf bestimmte Zonen oder Objekte wird als Akzentbeleuchtung bezeichnet. Hierdurch werden Kontraste geschaffen, die durch die Allgemeinbeleuchtung nicht ausreichend hervorgetreten sind. > Abb. 3 Zu diesem Zweck werden bei der Tageslichtnutzung Systeme eingesetzt, welche das Licht lenken oder bündeln, bei künstlichen Lichtquellen gelangen eng strahlende und justierbare Leuchten zur Anwendung. Zur Beleuchtung und Inszenierung von

Abb. 4: Beispiele für die Beleuchtung von Oberflächen

Oberflächen ist eine Kombination der Helligkeit aus der Beleuchtung und dem entstehenden Schatten zu nutzen, um Struktur, Farbgebung und Materialität herauszustellen. Dazu dient oftmals nicht direkt auf die Oberfläche gerichtetes, sondern streuendes Licht oder Streiflicht. ● > Abb. 4

Beleuchtung von Innen- und Außenräumen

Die Aufgaben der Lichtplanung reichen von der städtebaulichen Beleuchtungsplanung bis zur Beleuchtung eines Einzelobjektes in einer Vitrine. Der Anforderungskatalog umfasst für alle Planungen die allgemeine Lage des Innen- oder Außenraumes, die Raumnutzung, die gewünschte oder geforderte Ausleuchtung sowie die Nutzungszeit. Daraufhin ist ein Konzept zu entwickeln, welches die Anteile von Tages- und Kunstlicht, die Art der künstlichen Lichtquellen und die vorhandenen Einbauten, Objekte und Oberflächen berücksichtigt. In der Folge werden die hierzu zur Verfügung stehenden Planungselemente vorgestellt, und es wird eine Übersicht der möglichen Einsatzgebiete an verschiedenen Planungsszenarien gegeben. ○

● **Beispiel:** Bei der Straßenbeleuchtung wird durch das Ausstatten des Straßenraums mit einer ausreichenden Anzahl von Laternen in regelmäßigen Abständen die Allgemeinbeleuchtung gewährleistet. Durch die Anordnung einer größeren Anzahl von Laternen in Kreuzungsbereichen oder reflektierender Beschilderung an Gefahrenpunkten werden diese hervorgehoben, sodass der Mensch diesen Zonen erhöhte Aufmerksamkeit widmet.

○ **Hinweis:** Die zunehmende Bedeutung der Lichtplanung ist auch daran zu erkennen, dass vermehrt durch städtische Behörden Lichtkonzepte erarbeitet werden, die die Funktionalität und Gestaltung der Lichtplanung im öffentlichen Raum definieren. Ziel dieser teilweise bereits verpflichtenden Konzepte ist die Schaffung eines harmonischen Gesamtbildes der städtischen Beleuchtung.

TAGESLICHT

Die Nutzung von natürlichem Sonnen- und Himmelslicht ist eine der Kernaufgaben für die Belichtung von Innen- und Außenräumen. Es kann als ausschließliche Lichtquelle oder als Lichtquelle, unterstützt durch künstliches Licht > Kap. Kunstlicht, dienen. Es ist die Aufgabe der Lichtplanung, für eine der nutzerspezifischen Sehaufgabe angemessene Helligkeit zu sorgen. In vielen Fällen, etwa bei Schreib- oder Bildschirmtätigkeiten, ist eine Dosierung des Lichteinfalls notwendig. Dies kann über Blendschutz oder Lichtlenkung erreicht werden. Bei der Tageslichtplanung ist in nahezu allen natürlich belichteten Räumen der sommerliche Wärmeschutz ein Thema, der Sonnenschutzmaßnahmen je nach Orientierung des Raumes notwendig macht. Im Gesamtkonzept der Lichtplanung sollte es Ziel sein, mit möglichst geringem Einsatz von künstlichem Licht die erforderliche Helligkeit bereitstellen zu können.

Das Tageslicht ist natürlichen Schwankungen ausgesetzt. Dabei spielen sowohl die zeitlichen Aspekte (Tageszeit, Jahreszeit), welche insbesondere den Einstrahlungswinkel des Tageslichtes bestimmen, als auch übergeordnete und untergeordnete örtliche Gegebenheiten eine Rolle. Die übergeordneten Punkte sind durch den Planer nicht oder nur in geringem Maße beeinflussbar (Längen-/Breitengrad des Standortes, Topografie, Abstand und Höhe der umgebenden Bebauung/Bepflanzung), untergeordnete Punkte können in der Entwurfsaufgabe beeinflusst werden (Ausrichtung von Gebäuden und Räumen, Belichtungsflächen). ○

Tageslichtnutzung in Innenräumen

Für das Wohlbefinden ist die Nutzung des Tageslichtes zur Belichtung von Innenräumen von großer Bedeutung. Der menschliche Organismus ist auf das tägliche Verschwinden und Wiederkehren von natürlichem Licht eingestellt, der Schlaf-Wach-Rhythmus wird davon ebenso wie die Hormonausschüttung und die Stoffwechselfunktionen gesteuert. Dieser

> ○ **Hinweis:** Um die Ausrichtung von Gebäuden und die daraus resultierenden Einstrahlungsfaktoren zu planen, können Sonnenstandsdiagramme (siehe Abb. 5) herangezogen werden, welche tages- und jahreszeitabhängige Werte wiedergeben. Beispielhaft sind diese für Kerngebiete Deutschlands in der DIN 5034-2 aufgeführt.

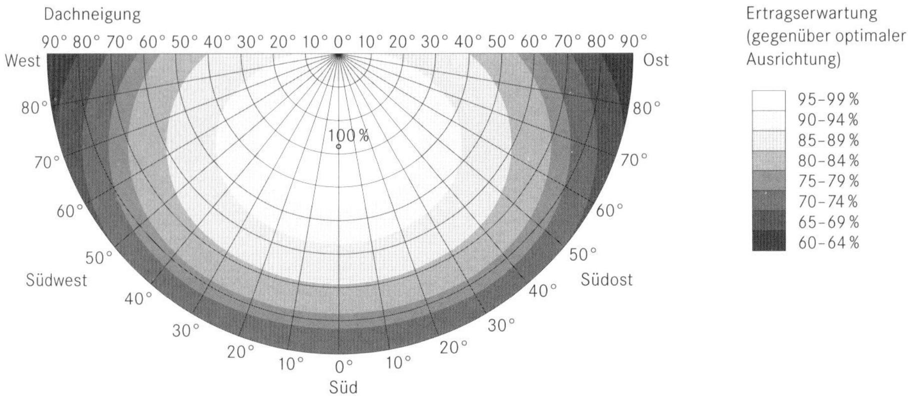

Abb. 5: Beispielhaftes Sonnenstandsdiagramm

Rhythmus bestimmt nicht nur die allgemeine Wahrnehmung, sondern beeinflusst den Menschen auf physische und psychische Art. Das menschliche Auge bewertet bestimmte Lichtsituationen.

Die Nutzung von Tageslicht in der Lichtplanung hat durch diese Verknüpfung grundlegend positive Effekte auf das menschliche Befinden. Auch aus energetischer Sicht ist die Nutzung von natürlichem Licht vorteilhaft, da bei jeder Verwendung von Kunstlichtquellen zusätzliche elektrische Energie zur Beleuchtung notwendig wird. Auch erreicht das Sonnenlicht Farbtemperaturen, welche der Mensch als angenehm empfindet und die durch künstliches Licht nur schwer oder gar nicht wiedergegeben werden können.

Die genannten Probleme, denen der Lichtplaner begegnet (begrenztes Vorhandensein des natürlichen Lichtes im Tagesverlauf, saisonale Unregelmäßigkeiten usw.), führen zu weitergehenden Lösungsmöglichkeiten. Es werden Maßnahmen zur Lenkung und Dosierung des Lichtes eingesetzt, um einen Lichtabfall in die Tiefe des Raumes zu verhindern sowie Blendung zu vermeiden und den Wärmeeintrag zu regulieren. Hierbei ist in der Planungsphase speziell auf die Raumnutzung einzugehen. Insbesondere für Arbeitsplätze bestehen normative Anforderungen, denen durch ausschließlichen Einsatz von Sonnenlicht kaum nachzukommen ist.

Planungselemente zur Tageslichtnutzung

Bei der Tageslichtplanung gibt es verschiedene Elemente, welche zur Nutzung des natürlich vorhandenen Lichts eingesetzt werden können. Geht es in Außenbereichen zumeist eher um die Beschränkung der Einstrahlung, um Blendung zu vermeiden, oder den Sonnenschutz, so sind für Innenräume genaue Analysen bei der Schaffung von Tageslichtöffnungen vorzunehmen.

Abb. 6: Verschiedene Fensterformen und -typen

Fenster

Nahe liegende Möglichkeiten, einen Raum mit Tageslicht zu versorgen, sind Öffnungen in der raumumfassenden Hülle. Größe, Lage, Aufteilung und Materialien der Fenster sind dafür verantwortlich, dass trotz der Fenster nur ein notwendiger Teil des Lichtes in die Innenräume dringt, um Überbelichtung oder zu hohe Wärmeentwicklung zu vermeiden. Das Fenster ist bei der Tageslichtplanung das Element, welches die größte Gestaltungsvielfalt bietet – aber auch höchst umfangreiche Anforderungen erfüllen muss:

- Größe
  Die Größe der Fensteröffnung ist in der heutigen Architektur nahezu frei bestimmbar. Mit konstruktivem Aufwand können Fassaden und Dächer äußerst transparent gestaltet werden. Mit größeren Fensterflächen steigen allerdings auch die Anforderungen an Statik, Sonnenschutz und Wärmeschutz.

- Form
  Auch in der Formgebung der Fenster sind diverse Varianten möglich, runde und trapezförmige Fenster können ebenso realisiert werden wie gebogene Elemente und breite Fensterbänder mit zahlreichen nebeneinander angeordneten Einzelfenstern. > Abb. 6

- Lage und Anordnung
  Sowohl die Lage in der Gebäudehülle (Außenwand, Kellerfenster, Dachflächenfenster, Oberlicht, Innenhof) als auch die Lage im zugeordneten Raum (raummittig, Eckfenster) ist zu bedenken. Zudem kann sich das Fenster in einer bestimmten Bauteilschicht befinden und in der Laibung verschieden positioniert werden (außen-/innenbündig, vorgehängte Verglasung). > Abb. 7

Abb. 7: Fenster im Innenhof, in einer Gebäudeecke und als Oberlicht

Abb. 8: Fenster mit verschiedenen Glas- und Rahmen-Anteilen und Sprossenfenster

- Verhältnis von Glas und Rahmen und Fensteraufteilung
  Grundsätzlich gilt: je größer das Fenster, desto höher der Glasanteil gegenüber den Rahmenprofilen. Mit zusätzlichen Sprossen und Riegeln kann darüber hinaus eine gestalterische oder konstruktive Aufteilung vorgenommen werden. > Abb. 8

- Materialien von Glas und Rahmen
  Die Verglasung spielt für den Blend- und Sonnenschutz sowie den Wärmeschutz eine besondere Rolle. Klare Gläser sorgen für hohe Belichtung, aber auch einen höheren Wärmeeintrag. Durch Einfärbung können die Lichteinträge verringert, durch Mehrfach-Verglasungen die Dämmeigenschaften verbessert werden. Bei den Rahmenkonstruktionen können Holz-, Kunststoff- und Metallwerkstoffe (z. B. Aluminium oder Stahl) oder Kombinationen aus den genannten Materialien verbaut werden.

Neben der direkten Einbringung von Tageslicht durch Öffnungen in der Außenhaut kommen indirekte Systeme zur Lichtlenkung oder Lichtleitung zum Einsatz, die für einen dosierten, gestreuten oder gerichteten Lichteinfall sorgen. Die Tageslichtlenkung erfolgt vorwiegend außenliegend oder innerhalb der Fensterebene mit direkter Reflexion oder Streuung des Sonnenlichtes. Hierzu können herkömmliche Systeme wie Lamellen und Jalousien genutzt werden, welche zusätzlich auch Funktionen des Sonnenschutzes übernehmen, oder lichtlenkende Gläser, bei denen im Glaszwischenraum reflektierende oder spiegelnde Elemente integriert werden. Für die Überbrückung größerer Strecken bei tieferen Räumen sind zusätzlich lichtleitende Maßnahmen erforderlich. Dabei müssen aber nicht unbedingt konstruktiv komplizierte und kostenintensive Lösungen wie Lichtkamine, Lightpipes oder Sonnenleuchten installiert werden > Abb. 9, die in den meisten Fällen ohnehin zu aufwendig oder technisch nicht lösbar sind. Gezielt gewählte Oberflächenstrukturen der Wände und Decken im Innenbereich und Anstriche in hellen Farben mit hohem Reflexionsgrad sind meistens ausreichend, um auch ungünstig geschnittene Grundrissformen ausreichend mit Tageslicht zu versorgen. ○

Indirekte Systeme

Zur indirekten natürlichen Beleuchtung innenliegender Räume ohne direkten Außenbezug, z. B. Flurbereiche in Bürogebäuden, können lichtdurchlässige Elemente in Wänden und Türen vorgesehen werden. Hier sind, ähnlich wie bei der Fensterverglasung, klare oder getönte Verglasungen oder transluzente Glaselemente dienlich. Nur in seltenen Fällen genügt in solchen Räumen allerdings diese Art der Beleuchtung. Sicherheitstechnische Gründe (Fluchtweg-/Sicherheitsbeleuchtung) und die Begehbarkeit verlangen in der Regel zusätzlich eine dauerhafte künstliche Beleuchtung.

Lichtmanagement

Lichtmanagement für die Tageslichtplanung schließt immer technische Bestandteile ein. Meist implementiert man mit dem Lichtmanagement auch die Zuschaltung der künstlichen Lichtquellen eines Raumes. Mit Hilfe der tageslichtabhängigen Beleuchtungssteuerung, z. B. der DALI-Steuerung (Digital Addressable Lighting Interface), kann ein selbstständig

○ **Hinweis:** Ein wesentlicher Nachteil lichtlenkender Systeme ist, dass sie nur mit der direkten Sonneneinstrahlung funktionieren; diffuses Himmelslicht (bei bedecktem Himmel) kann nicht weitergeleitet werden. Problematisch ist dies, da in Zeiten ohne Sonnenschein der Bedarf an Licht in Innenräumen größer ist. Somit ist hier je nach Standort abzuwägen, ob ein indirektes System sinnvoll eingesetzt werden kann. In Mitteleuropa sind die Sonnenstunden beispielsweise auf 45–60 % der Tagesstunden begrenzt.

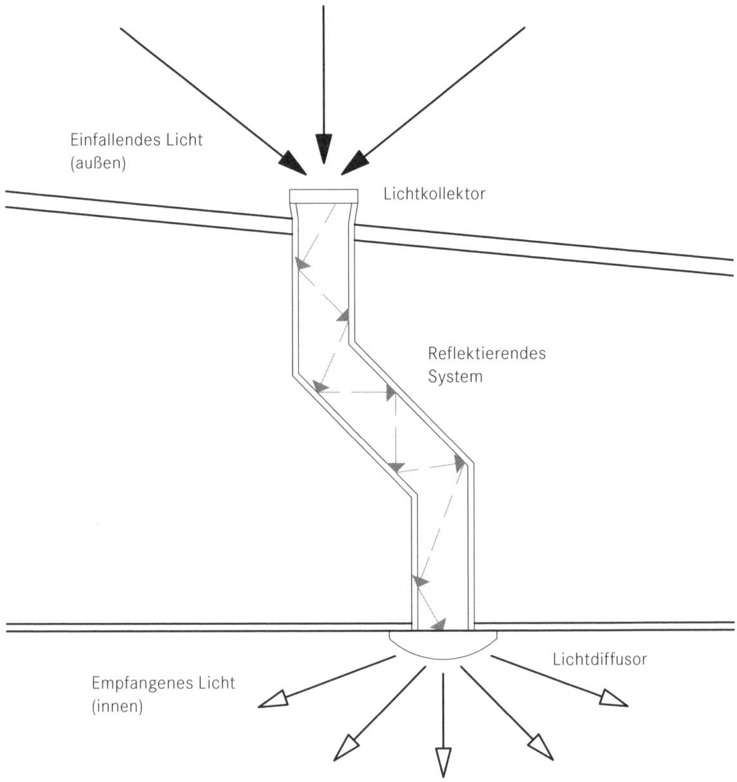

Abb. 9: Funktionsprinzip von Lichtkamin, Lightpipe und Sonnenleuchte

arbeitendes System das händische Lichtmanagement durch Schalten und Dimmen bedarfsgerecht unterstützen oder ersetzen. Über Sensoren werden Daten zur Raumhelligkeit aufgenommen, welche bei Erreichen von Grenzwerten das Zu- oder Abschalten von Raumbeleuchtung auslösen. Zur Anwendung kommt eine solche Beleuchtungssteuerung hauptsächlich in Büro und Gewerbe, da Lichtszenarien vorprogrammiert und Leuchtengruppen bestimmten Szenarien zugeordnet werden können. Jedoch wird die Steuerung auch im privaten Bereich immer öfter verbaut. Die DALI-Steuerung kann mit Hilfe bestimmter Schnittstellen wie den Bus-Systemen EIB (Europa) oder LON (USA) auch in ein übergeordnetes haustechnisches Gebäudemanagement integriert werden, in dem Sonnenschutz, Klimaanlagen, Raumlufttechnik, Heizung oder Kühlung abhängig voneinander gesteuert werden. > Abb. 10

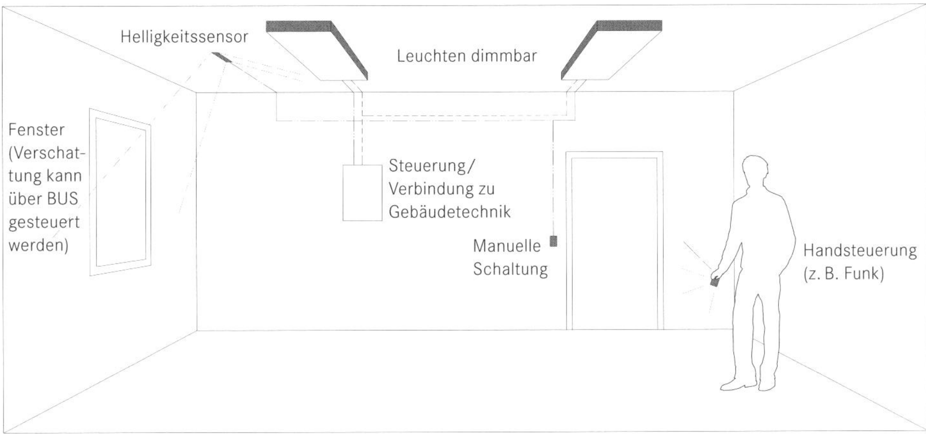

Abb. 10: Beispielhafter Aufbau einer DALI-Steuerung

Sonnenschutz und Blendschutz

Die äußeren Gegebenheiten wie benachbarte Bebauung, Vegetation, Gebäudeform oder Lage des Raumes im Gebäude können zur Reduzierung und Dosierung des Lichteinfalls in dem zu beplanenden Bereich führen. Reicht dies allerdings nicht aus, um den Licht- und Wärmeeintrag auf das notwendige Maß einzudämmen, werden zusätzliche Systeme zum Sonnen- oder Blendschutz benötigt. Diverse Systeme können vor der Fassade oder dem Fenster, innenliegend oder in der Fensterebene positioniert werden. Dabei kann es notwendig sein, das Sonnenlicht komplett zu blockieren, nur die direkte Einstrahlung abzuwenden oder einen bestimmten Teil des Lichtes zu filtern. Idealerweise ist das System individuell regelbar, sodass es an verschiedene Bedarfsfälle im Innenbereich und an die Wettersituation außen angepasst werden kann, eine ausreichende Lüftung auch im „geschlossenen" Zustand ermöglicht und leicht zu bedienen ist. Nicht zuletzt sind wirtschaftliche und konstruktive Aspekte zu betrachten.

Außenliegende Konstruktionen

Aus wärmeschutztechnischer Sicht bieten außenliegende Systeme den meisten Nutzen, da sie die Sonnenstrahlung bereits vor dem Fensterelement abfangen und so ein Aufheizen des in der Fassade liegenden Bauteils verhindern. Systeme wie Jalousien oder Raffstores nutzen starre oder bewegliche, in der Regel horizontale Lamellen, welche einen nutzungsoptimierten Anteil der Einstrahlung ab- oder umlenken. Durch reflektierende oder matte Beschichtungen der Lamellen kann Einfluss auf den umzulenkenden oder auszublendenden Anteil der Einstrahlung genommen werden. Besonders vorteilhaft ist die Möglichkeit, je nach Sonnenstand mit justierbaren Lamellen direkte Einstrahlung zu verhindern, gleichzeitig aber die Sicht nach außen weiterhin zu ermöglichen.

Abb. 11: Außenliegende Raffstores mit beschichteten Metall-Lamellen

Abb. 12: Markise zur Verschattung der Fensterelemente

Markisen arbeiten nach dem Prinzip, durch Schattenbildung auf die Fassadenöffnung die Einstrahlung zu verhindern oder zu begrenzen. > Abb. 12 Auch sie sind in der Regel ein- und ausfahrbar (Roll- und Faltmarkisen) und können zusätzlich auch für Wetterschutz sorgen. Die verwendeten Materialien, hauptsächlich Kunststoffgewebe wie Acryl oder Polyester, sowie verschiedene Einfärbungen bestimmen das Maß der Strahlungs- und Lichtdurchlässigkeit.

Für alle außenliegenden Konstruktionen ergibt sich ein erhöhter Reinigungsaufwand durch Witterungseinflüsse. Ebenso muss bei Lamellenkonstruktionen die Windanfälligkeit beachtet werden. Häufig werden aus diesem Grund Windwächter an der Fassade angebracht, welche bei Überschreiten von vordefinierten Grenzwerten das automatische Einfahren der Jalousien oder Markisen auslösen.

Abb. 13: Innenliegender Blendschutz durch vollständig oder teilweise geschlossene Plisseeanlage

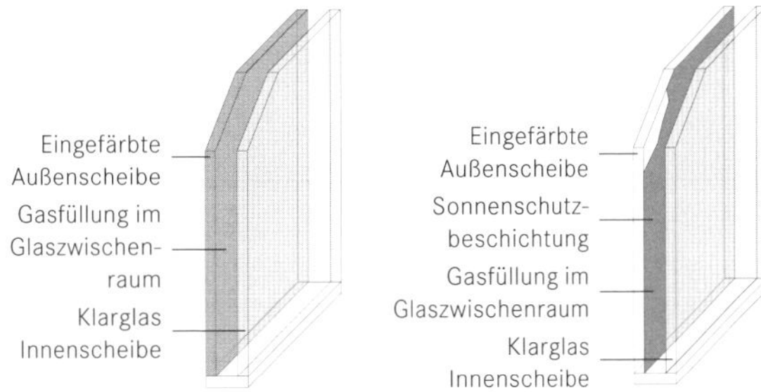

Abb. 14: Beispielaufbauten beschichteter und eingefärbter Verglasung

Innenliegende Konstruktionen

Bei den im Innenbereich installierten Systemen handelt es sich häufig um unmittelbar vor der Verglasung montierte Rollos oder Plissees. > Abb. 13 Auch herkömmliche Gardinen oder Vorhänge sorgen für Blendschutz und teilweise auch für Lichtstreuung. Wie bei den Markisen kann die Transparenz mit der Wahl des Materials und der Farbe bestimmt werden. Leichte Wartung, Reinigung und Montage sind Vorteile gegenüber außenliegenden Elementen. Häufig werden innen- und außenliegende Systeme kombiniert, um eine möglichst individuelle Anpassung an die gewünschte Lichtsituation vornehmen zu können.

Verglasung

Die gängigste Variante, mit Hilfe der Verglasung von Fensterelementen die Sonneneinstrahlung in Räume und Gebäude zu begrenzen, ist die Sonnenschutzverglasung. Bei der Herstellung von Sonnenschutzglas unterscheidet man das Verfahren, die Gläser einzufärben, wodurch ein Teil der einstrahlenden Sonnenenergie absorbiert wird, und das Verfahren, die Gläser zu beschichten, bei Mehrscheibenfenstern üblicherweise an der Innenseite der außenliegenden Scheibe. Letzteres hat eine Reflexion der Sonneneinstrahlung zur Folge. > Abb. 14 Eine Sonnenschutzverglasung

○ **Hinweis:** Auch durch Sonnenwächter, welche bei zu starkem Energieeintrag die Sonnenschutzelemente herunterfahren, entstehen für die Lichtplanung ungewollte Situationen. So muss gegebenenfalls trotz ausreichend vorhandenen Sonnenlichts bei heruntergefahrenen Raffstores in Innenräumen Kunstlicht benutzt werden. Derartige Konstellationen sind bei der Planung zu berücksichtigen.

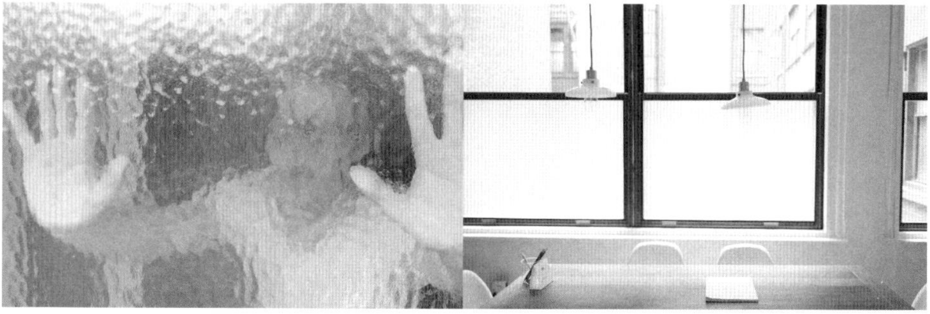

Abb. 15: Beispiele für Milch- und Kapillarglas

ermöglicht die Reduzierung der Sonneneinstrahlung um 50–80 %, die herstellerspezifischen Werte werden durch den g-Wert der jeweiligen Verglasung dargestellt. ○

Soll zusätzlich zum allgemeinen Sonnenschutz auch die Durchsicht durch die Verglasung vermieden werden, ohne jedoch den Lichttransport gänzlich zu unterbinden, kommen zumeist Milchglas oder transluzente Gläser zur Anwendung. Hierbei werden durch Ätzverfahren, Siebdruck, Sandstrahlen, verschiedenste Beschichtungen oder Folierung vielseitige Gestaltungsvarianten ermöglicht. Soll eine möglichst hohe Streuung des einfallenden Lichts erreicht werden, bietet Kapillarglas eine kostenintensive, aber gestalterisch interessante Variante. Hier ist im Glaszwischenraum eine transluzente Wärmedämmung aus einem Gewebe mit Hohlkammern eingebracht, wodurch ein hoher Transmissionsgrad der Gesamtkonstruktion erreicht wird.

○ **Hinweis:** Der g-Wert gibt den Gesamtenergiedurchlassgrad der Sonnenschutzverglasung an, also sowohl den direkten Transmissionsanteil der Sonnenenergie als auch den Energieanteil an Strahlungs- und Wärmeübertrag, welcher durch die Verglasung an den Raum abgegeben wird. Ein geringer g-Wert zeugt von hohem Sonnenschutz. Sonnenschutzgläser haben üblicherweise einen g-Wert von 0,3–0,5, was bedeutet, dass 30–50 % der Sonnenenergie den Innenraum erreichen. Hochwertige Gläser können heutzutage mit einem g-Wert bis zu 0,15 hergestellt werden.

Abb. 16: Doppelschalige Profilglaskonstruktion mit innenliegender, transluzenter Wärmedämmung

Abb. 17: Beispiel für deaktivierte und aktivierte schaltbare Verglasung

Eine spezielle Bauart transluzenter Gläser stellt das Profilglas dar. Es wird im Gussverfahren in einer U-Form hergestellt, wodurch es besonders stabil ist und in großen Bauhöhen realisiert werden kann. Neben der Anwendung als lichtstreuendes Element in einer Fassadenöffnung wird es auch häufig als Fassadenbekleidung eingesetzt. Als doppelschaliges Element in Verbindung mit einer transluzenten Dämmstoff-Einlage kann es darüber hinaus als nichttragendes Außenwand-Bauteil verbaut werden. > Abb. 16

Schaltbare Gläser reduzieren über ihre Sonnen- und Blendschutzfunktion hinaus auch den Wärmeeintrag, indem sie durch einen elektrischen oder thermischen Impuls die Farbe ändern oder eingetrübt werden. Im Gegensatz zu den dauerhaft eingefärbten Sonnenschutzgläsern sind sie im nicht aktivierten Zustand klar. Da sich verschiedene Varianten derzeit noch in der Entwicklung befinden und noch sehr kostenintensiv sind, werden sie im Wohnungsbau und bei Bürogebäuden bislang nur selten eingesetzt. > Abb. 17

KUNSTLICHT

Bei innenliegenden Räumen sind oftmals ausschließlich künstliche Lichtquellen einsetzbar und aufgrund der großen Vielfalt an Lichtfarben und vielseitigen Möglichkeiten der Ausrichtung, Steuerung und Modellierung sogar gewünscht. Allerdings ist ein dauerhafter Aufenthalt in nur mit künstlichen Lichtquellen ausgestatteten Räumen problematisch. Kunstlicht kann die Nutzung eines Raumes verdeutlichen, indem durch Gestaltung und Inszenierung Blickpunkte geschaffen oder gewohnte Situationen bewusst nachgestellt werden. Im Gegensatz zum Tageslicht ermöglicht Kunstlicht eine langfristig konstante Beleuchtung und Lichtverteilung.

Bei der Verwendung von Kunstlicht spielen Wirtschaftlichkeitsfaktoren und umwelttechnische Gesichtspunkte eine wichtige Rolle. Im Zuge von Lichtberechnungen und Lichtsimulationen müssen Lichtverteilung und Lichtmengen ebenso berücksichtigt werden wie der Stromverbrauch und die Nachhaltigkeit (Wartung und Entsorgung), um Kosten und Nutzen gegenüberzustellen. Darüber hinaus sind umfassende Normen und Richtlinien für diverse Lichtanwendungen vorhanden, mit denen sich der Planer auseinanderzusetzen hat.

Planungselemente zur Kunstlichtnutzung

Künstliche Lichtquellen

Künstliche Lichtquellen erzeugen Licht durch Zuführung eines elektrischen Stromflusses. Immer mehr Anforderungen verschiedenster Art haben zur Entwicklung unterschiedlicher Leuchtmittel geführt, die zu verschiedenen Zwecken eingesetzt werden können.

Temperaturstrahler

Leuchtmittel, welche über einen glühenden Metallfaden Licht erzeugen, werden als Temperaturstrahler bezeichnet. > Abb. 18 Energetisch sind Glühlampen oder Halogen-Glühlampen im Vergleich zu anderen Leuchtmitteln wenig effizient, da Lichtausbeute und Lebensdauer gering sind. Allerdings gehören die Temperaturstrahler zu den Lichtquellen, deren Licht als warm und somit zumeist angenehm empfunden wird. Das Licht erscheint bei Abwesenheit von natürlichem Licht zwar auch als weißes Licht, wird aber eine Fläche teilweise von Tageslicht und teilweise von einer Glühlampe beleuchtet, so ist die Farbwirkung deutlich gelblicher als die des Sonnenlichts. Die klassische Allgebrauchs-Glühlampe, die mittlerweile nicht mehr im Handel vertrieben werden darf, bildet den Ausgangspunkt aller Kunstlichtplanung und der Entwicklung moderner Leuchtmittel.

Entladungslampen

Entladungslampen erzeugen Licht, indem elektrischer Strom durch ein Gas geleitet wird, welches sich in einem abgeschlossenen Leuchtkörper befindet. > Abb. 19 Unterschieden wird dabei je nach Betriebsdruck zwischen Hochdruck-Entladungslampen (Halogen-Metalldampflampen, Natriumdampf-Hochdrucklampen, Quecksilberdampflampen) und Niederdruck-Entladungslampen (Induktionslampen, Leuchtstoff /Kompakt leuchtstofflampen, Natriumdampf-Niederdrucklampen). Speziell die Natriumdampf-Niederdrucklampe zeichnet sich durch eine deutlich höhere

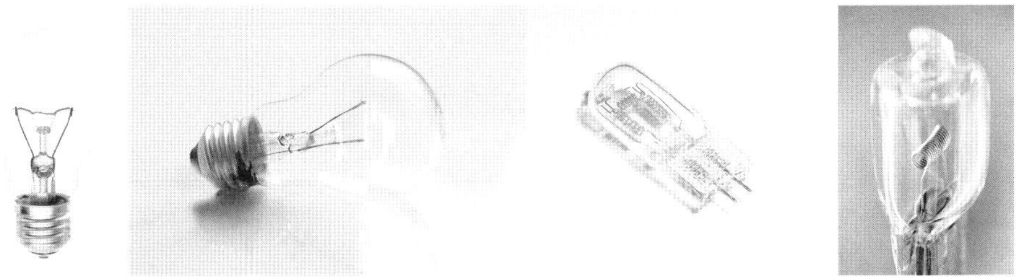

Abb. 18: Temperaturstrahler – herkömmliche Glühlampen und Halogen-Glühlampen

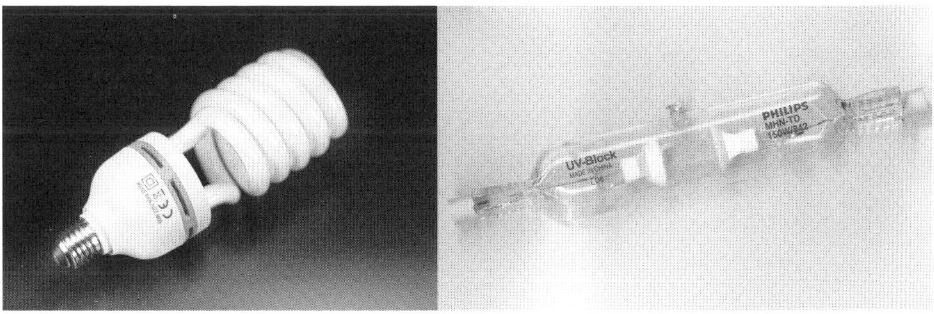

Abb. 19: Beispiele für Entladungslampen

Lebensdauer als Temperaturstrahler aus. Bei einer vergleichbaren Lichtmengenabgabe ist zudem der Energiebedarf erheblich geringer. Allerdings sind alle Entladungslampen hinsichtlich der Farbwiedergabe deutlich eingeschränkt. Während die Niederdruck-Entladungslampen, insbesondere in Form der Leuchtstoffröhre, im nicht privaten Bereich vielfältig eingesetzt werden, gelangen Hochdruck-Entladungslampen vor allem in Bereichen wie Straßen- oder Industriebeleuchtung zur Anwendung.

Elektrolumineszenz-Lampen

Bei Elektrolumineszenz-Lampen wird Strahlung durch den Aufbau von Spannung und Stromfluss auf einen Halbleiter erzeugt, ohne dabei thermische Energie wie bei den Temperaturstrahlern freizusetzen. Die Lichtquelle strahlt mit gleichmäßiger Leuchtdichte in alle Richtungen ab. Die gebräuchlichste Form ist die Leuchtdiode (LED), welche durch Filterung oder Auswahl des Halbleiterwerkstoffes verschiedene Farbtöne wiedergeben kann. In Form der Standard-Glühbirne hergestellte LED-Leuchten haben mittlerweile die Glühlampe abgelöst, sie werden mit den gleichen Fassungen und Gewinden produziert. > Abb. 20 Der höhere Materialpreis wird durch längere Lebensdauer und gleichmäßige Lichtverteilung wettgemacht. Sonderformen wie Organische Leuchtdioden (OLED) oder Elektro-Lumineszenz-Folien finden vorwiegend in der Computer- und Bildschirmtechnik Verwendung. Sie zeichnen sich durch hohe Biegsamkeit aus, Lichtstrom und Leuchtdichte sind geringer als bei den herkömmlichen LEDs. In der architektonischen Lichtplanung sind ihre Haupteinsatzgebiete Räume, welche gleichmäßig und flächig beleuchtet werden sollen.

Leuchten

Der Beleuchtungskörper, welcher zur Aufnahme des Leuchtmittels oder der Lampe dient, wird als Leuchte bezeichnet. Die Leuchten sind zumeist nicht auf eine Beleuchtungsart oder ein bestimmtes Leuchtmittel beschränkt, sondern können verschiedene, den Fassungen und Anschlüssen entsprechende Leuchtmittel aufnehmen. Eine Aufteilung in Kategorien ergibt sich nach der Montageart und dem Montageort. Aufgrund der immer höher werdenden Gestaltungsanforderungen kombinieren Hersteller heutzutage verschiedenste, nach Form und Design abgestimmte Leuchtentypen in einzelnen Baureihen.

Außenleuchten

Im Außenbereich kommen Außenleuchten verschiedenster Ausführung sowohl im privaten (Garten- und Wegebeleuchtung) als auch im öffentlichen Bereich zur Ausführung. Für öffentliche Funktionen wie Straßen- und Wegebeleuchtung werden hauptsächlich Mastleuchten („Laternen") > Abb. 21 oder über die Straße gespannte Hängeleuchten, verwendet. Im Privatgebrauch werden auch Wandleuchten als Eingangsbeleuchtung oder Strahler zur Akzentuierung von Hausfassaden eingesetzt.

In Parkbereichen und an öffentlichen Plätzen besteht ein größerer Gestaltungsspielraum. Beleuchtete oder selbstleuchtende Stelen, Pollerleuchten und (ausrichtbare) Strahler finden ebenso Verwendung wie Bodeneinbau- und Wandleuchten oder in Sockeln und Treppenstufen eingebaute Varianten. > Abb. 22 ○

○ **Hinweis:** Aufgrund des höheren Nutzeraufkommens werden Außenleuchten für öffentliche Bereiche auch in vandalismussicherer Ausführung hergestellt. Dies wird durch stabilere Materialien der Einfassungen und Befestigung sowie bruchsichere Abdeckungen der Leuchtmittel erreicht. Gegen Zerstörung durch bewusste Gewalteinwirkung können allerdings auch diese Materialien nicht schützen.

Abb. 20: Elektrolumineszenz-Lampen

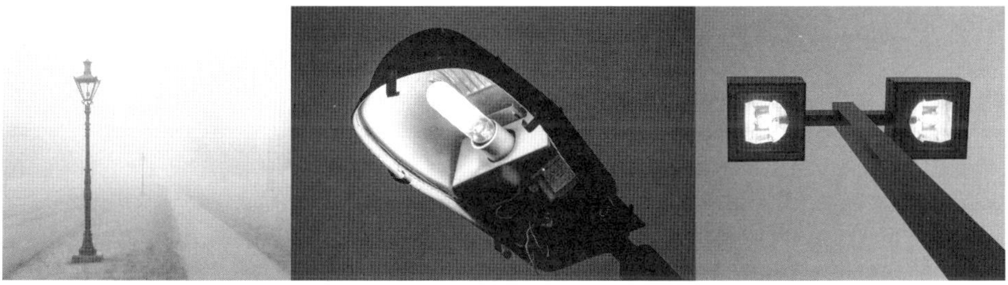

Abb. 21: Beispiele für Mastleuchten

Abb. 22: Pollerleuchteund Treppenbeleuchtung im öffentlichen Bereich

Tab. 7: IP-Schutzarten für Leuchten nach DIN EN 60529

Fremdkörperschutz/Berührungsschutz		Wasserschutz	
Ziffer	**Schutzklasse**	**Ziffer**	**Schutzklasse**
0	Nicht geschützt	0	Nicht geschützt
1	Geschützt gegen feste Fremdkörper > 50 mm, geschützt gegen großflächiges Berühren	1	Geschützt gegen Tropfwasser
2	Geschützt gegen feste Fremdkörper > 12 mm, geschützt gegen Berühren mit dem Finger	2	Geschützt gegen Tropfwasser (unter 15° Abweichung zur Senkrechten)
3	Geschützt gegen feste Fremdkörper > 2,5 mm, geschützt gegen Berühren mit Werkzeugen, Drähten usw.	3	Geschützt gegen Tropfwasser (unter 60° Abweichung zur Senkrechten)
4	Geschützt gegen feste Fremdkörper > 1 mm, geschützt gegen Berühren mit Werkzeugen, Drähten etc.	4	Geschützt gegen Spritzwasser
5	Geschützt gegen Staub, vollständig geschützt gegen Berühren unter Spannung	5	Geschützt gegen Strahlwasser
6	Dicht gegen Staub, vollständig geschützt gegen Berühren unter Spannung	6	Geschützt gegen schwere See
		7	Geschützt gegen die Folgen von Eintauchen
		8	Geschützt gegen Untertauchen

Bei der Wahl einer geeigneten Außenleuchte ist auf die notwendige Schutzart zu achten. Diese definiert, inwiefern die Leuchte gegen externe Einwirkungen (mechanisch und durch Wasser) geschützt ist. Die Angabe erfolgt dabei durch die Kennzeichnung „IP" sowie zwei darauffolgende Ziffern. > Tab. 7

Deckenleuchten

Die im privaten und gewerblichen Bereich am häufigsten verwendete Leuchtenform ist die Deckenleuchte. Diese erlaubt eine oftmals freie Positionierung und Zuordnung zu bestimmten Nutzungsbereichen und Funktionen. Wird die Leuchte deckenbündig verbaut, beispielsweise in einer abgehängten Decke, spricht man von einer Einbauleuchte. Eine Sonderform der deckeneingebauten Leuchten ist die Rasterleuchte. Innerhalb eines elementierten Deckensystems ersetzt die Rasterleuchte einzelne Deckenelemente oder bildet bei großflächigem Einsatz im Prinzip selbst die Decke. Im Gegensatz zu den eingebauten Leuchten bezeichnet man direkt auf der Decke montierte Leuchten mit sichtbarem Leuchtkörper als Anbauleuchte. Die Anbauleuchte gibt es in nahezu allen vorstellbaren Formen und Farben. > Abb. 23 Sie dient nicht nur als Lichtquelle, sondern stellt auch ein architektonisches Gestaltungselement dar. Eine weitere Sonderform der Deckenleuchte ist die Pendelleuchte (oder abgependelte Leuchte). Diese als Solitär oder gereiht von der Decke abgehängte Leuchte wird genutzt, um die Lichtquelle auf einen besonders hervorzuhebenden Bereich

Abb. 23: Beispiele für Deckenleuchten

Abb. 24: Beispiele für Wandleuchten

auszurichten oder in hohen Räumen wie mehrgeschossigen Foyers und Hallen eine zu breite Streuung des Lichts zu verhindern. In Privatwohnungen nutzt man diesen Leuchtentyp hauptsächlich über dem Esstisch, in Büros über Tischen in Konferenz- oder Besprechungsräumen. Die Pendelleuchten können aufgrund ihrer Lage im Raum sowohl Bereiche unterhalb der Leuchte als auch den Deckenbereich ausleuchten, wenn das gewählte Produkt eine Lichtdurchlässigkeit nach oben ermöglicht.

Wandleuchten

Wandleuchten werden in Innenräumen als Ergänzung der Grundbeleuchtung in ansonsten ungenügend ausgeleuchteten Räumen oder als Akzentbeleuchtung besonders zu betonender Bereiche eingesetzt. Die Abstrahlung ist in der Regel nach oben oder nach unten gerichtet, eine direkte Lichtführung in den Innenraum wird zumeist vermieden. Im Außenbereich wird die direkt abstrahlende Leuchte häufiger eingesetzt. > Abb. 24

Abb. 25: Beispiele für Stehleuchten

Abb. 26: Beispiele für Tischleuchten

Stehleuchten

Aus Gründen der Flexibilität werden in privaten Nutzungen oder in Büros Stehleuchten vorgesehen, welche nicht ortsgebunden montiert sind. Je nach Raumnutzung und Raumbelegung sind die Leuchten frei positionierbar. Für den Einsatz in Bestandsgebäuden mit niedrigen Raumhöhen, in denen keine abgehängten Decken oder Deckenanbauleuchten genutzt werden können, stellen Stehleuchten ebenso eine ideale Alternative dar. > Abb. 25

Tischleuchten

Ähnlich wie die Stehleuchten werden Tischleuchten als variabel positionierbare Beleuchtung eingesetzt, sie besitzen jedoch kleinere und noch flexiblere Formate. Die Schreibtischleuchte ist hierfür ein typisches Beispiel. Die Tischleuchten und Stehleuchten werden mittlerweile auch mit eingebauter Helligkeitssensorik und automatischer Dimmfunktion ausgestattet. > Abb. 26

Die allgemeine Beleuchtungssteuerung umfasst längst nicht mehr nur den herkömmlichen Lichtschalter, welcher maximal noch durch zusätzliche Dimmer ergänzt werden kann. Je nach Leuchte und Leuchtmittel sind Vorschaltgeräte, Transformatoren oder Zündauslöser notwendig, welche in der haustechnischen Planung berücksichtigt werden müssen. Ebenso ist die Integration in Gesamtsysteme der Gebäudetechnik geboten, wenn ein Zusammenspiel der künstlichen Beleuchtung mit anderen Funktionen wie der Gebäudeautomation oder der optimierten Tages- und Kunstlichtmischung vorgesehen ist.

Beleuchtungssteuerung

■

Sowohl die Positionierung der steuernden (Fühler, Melder usw.) und gesteuerten (Beleuchtung, Sonnenschutz, Lüftung usw.) Elemente als auch die Art der Steuerung sind mittlerweile sehr vielfältig. Die Steuerung kann durch zeitlich terminierte Systeme erfolgen, welche durch Vorprogrammierung uhrzeitbedingt arbeiten, oder durch Ein- und Ausschaltungen, die durch Bewegungsmelder veranlasst werden. Lichtabhängige Anlagen, welche im Innenraum oder mit Hilfe eines Außensensors tageslichtabhängig Beleuchtungszeiten und Beleuchtungsstärke regeln, sind eine weitere Möglichkeit.

■ **Tipp:** Wichtiger und leider häufig vernachlässigter Planungsbestandteil ist die sinnvolle Positionierung der Schalter und sonstigen Steuerelemente. Oftmals finden sich – und das nicht nur beim Bauen im Bestand – Lichtschalter nach Fertigstellung der Leistungen hinter Türblättern oder in sonstigen unzugänglichen Bereichen.

Planungsszenarien

Ziel der Lichtplanung ist es, die Planungselemente, welche zur Verwendung von Tageslicht und Kunstlicht zur Verfügung stehen, in die jeweilige Planungsaufgabe sinnvoll einzubinden und zu kombinieren. Dabei gibt es verschiedenste öffentliche oder private Einsatzgebiete, bei denen oftmals die Verwendung bestimmter Elemente von Vorteil ist, andere hingegen aus technischen Gründen nicht eingesetzt werden dürfen oder aus gestalterischer Sicht nicht eingesetzt werden sollten.

STRASSEN- UND AUSSENRAUMBELEUCHTUNG

Die Hauptaufgabe der Straßenbeleuchtung ist es, die Sicherheit der Verkehrsteilnehmer zu gewährleisten. Planungsgrundlage sind in Normen und Richtlinien enthaltene Werte, welche insbesondere bei Fußgängerverkehr anzuwenden sind. Die Bestandteile der üblichen Straßenbeleuchtung sind Trägersystem, Gehäuse, Vorschalt- oder Zündgeräte, Lichtlenksysteme (Spiegel) und das Leuchtmittel. Die häufigste Ausbildung ist die „Laterne" mit einem Mastträger mit aufgesetztem Gehäuse aus faserverstärktem Kunststoff. > Abb. 27 Die Betriebsgeräte zum Vorschalten oder Zünden sind notwendig, da als Leuchtmittel Natriumdampf- oder Quecksilberdampflampen und Leuchtstofflampen eingesetzt werden. Immer häufiger werden für moderne Straßenleuchten mittlerweile auch LED-Lampen vorgesehen. Die Verwendung der Hochdruck-Natriumdampflampen stellt derzeit noch die wirtschaftlichste Variante dar, da sie über eine sehr lange Lebensdauer verfügen und durch eine deutlich kompaktere Bauform als die der Niederdrucklampen den notwendigen Energieeinsatz minimieren.

Ein- und Abschalten der Straßenbeleuchtung erfolgt in der Regel über eine zentrale Steuerung, die nach zeitlicher Vorgabe oder mit Helligkeitssensoren bei Dämmerung den Einschaltvorgang auslöst.

Beleuchtung von Parkplätzen und Parkgaragen

Die oben dargestellten Bauformen der Straßenbeleuchtung lassen sich prinzipiell auch auf Parkplätze übertragen, sofern diese sich im Freien befinden. > Abb. 28 Die Mastleuchte ist auch hier die hauptsächlich verwendete Variante. Je nach Größe des Parkplatzes ist die Höhe der Lichtquelle anzupassen. Bei kleineren Parkplätzen sind Bauhöhen bis 4,50 m sinnvoll, bei größeren Flächen bis zu 12 m. Die Lichtführung sollte weniger gelenkt werden, das Licht sollte flächig abstrahlen, um eine gleichmäßige Lichtverteilung über die Gesamtfläche zu erreichen. Für alle Parkplatzbereiche gelten zudem Richtwerte > Tab. 8, die ein allgemeines Sicherheitsgefühl gewährleisten, da Gesichter entgegenkommender Personen erkannt werden müssen.

Abb. 27: Beispiele für Straßen- und Außenraumbeleuchtung

Abb. 28: Beispiele für Parkplatzbeleuchtung

Tab. 8: Notwendige Beleuchtungsstärken für Parkplätze und Parkgaragen

Einsatzgebiet	Beleuchtungsstärke [lx]
Parkplatz im Freien (halbzylindrische Beleuchtungsstärke)	1,5–5
Parkgarage/Parkhaus	10
Fahrwege/Stellplätze (mittlere Beleuchtungsstärke)	75
Ein- und Ausfahrten tagsüber	300
Ein- und Ausfahrten nachts	75

○ **Hinweis:** Für die Allgemeinbeleuchtung von Parkplätzen sind Richtwerte zu erreichen, welche an einem beliebigen Punkt des genutzten Raumes gemessen werden. Für das Sicherheitsempfinden bezieht sich die notwendige Beleuchtungsstärke auf einen halbzylindrischen Bereich in Höhe von 1,50 m, in welchem ein zum Betrachter gewandtes Gesicht angenommen wird.

Abb. 29: Beispiele für die Beleuchtung von Tiefgaragen und Parkhäusern

Bei Parkhäusern, insbesondere Tiefgaragen, ist die Planungsaufgabe differenzierter. Neben der Allgemeinbeleuchtung sind die Beleuchtung der Ein- und Ausfahrten, Stellplätze, Fahrwege und die Wegeführung für Fußgänger zu berücksichtigen. Um der Latenz des Auges zur Anpassung an die geänderte Helligkeit bei Ein- und Ausfahrt in die Parkgaragen entgegenzukommen, sind in diesen Übergangsbereichen verschiedene Beleuchtungsstärken für den Tag- und Nachtbetrieb notwendig. Durch weiße oder hell getönte Wand- und Deckenbeläge (ideal: neutralweiß) wird die Wirkung der Beleuchtung unterstützt. > Abb. 29

Beleuchtung von Parks und Plätzen

Bei der Beleuchtung von Parks und öffentlichen Plätzen ist die notwendige Beleuchtungsstärke zur Gewährleistung von Sicherheitsaspekten ein wichtiges Kriterium. Darüber hinaus können nur wenige gültige Gestaltungsaussagen getroffen werden. Eher liegen viele Einzelszenarien vor, welche mit Umgebung, Nutzung und Verkehrsaufkommen variieren. So kann z. B. nicht nur ein Platz selbst beleuchtet werden. Auch die umgebenden Gebäude können erhellt werden oder eine Lichtquelle darstellen. Neben den Leuchten zur Wegeführung können gestalterisch Einzelobjekte durch Licht oder spezielle Farbgebung hervorgehoben werden. > Abb. 30

Für das Erreichen der notwendigen Beleuchtungsstärken zur Allgemeinbeleuchtung kommen bei ausreichendem Platzangebot häufig Mastleuchten zum Einsatz. Diese können im Bedarfsfall durch Pollerleuchten sowie Einbau- und Anbauleuchten in Boden-, Wandbereichen und Treppen ergänzt werden, um den durch Menschen genutzten Raum zusätzlich zu erhellen. Wichtig ist die Verwendung von Leuchten mit geeigneter Schutzart für die zu erwartenden externen Einwirkungen.

Abb. 30: Beispiele für die Beleuchtung öffentlicher Flächen

ÖFFENTLICHE GEBÄUDE

Sind Bereiche öffentlich zugänglich, sind die Bedürfnisse vieler verschiedener Menschen zu berücksichtigen, unter anderem muss die Lichtgestaltung die Orientierung von Menschen mit verminderter Sehkraft unterstützen. Verschiedene Nutzungen und Typologien erzeugen zudem unterschiedliche Erwartungshaltungen, auf die mit der Lichtgestaltung eingegangen werden muss.

Beleuchtung von Eingangsbereichen und Foyers

Der Zugang zu öffentlichen Gebäuden wie Hotels, Bürogebäuden oder akademischen Einrichtungen erfolgt durch einen ausgewiesenen Eingangsbereich mit dahinterliegendem Empfang, häufig innerhalb eines Foyers, und den weiterführenden Erschließungs- und Nutzungsbereichen. Der eigentliche Eingang muss in der Architektur von außen klar erkennbar sein, und die Beleuchtung muss für Sichtbarkeit bei geringem oder nicht vorhandenem Tageslicht sorgen. > Abb. 31 Zudem ist der Eingang die Übergangszone von innen nach außen, wodurch in der Lichtplanung wiederum die latente Anpassung des Auges an die veränderte Lichtsituation beachtet werden muss. Hier haben sich tageslichtabhängige Steuerungen als sinnvoll erwiesen, welche im Tagbetrieb eine hohe Beleuchtungsstärke gewährleisten, im Nachtbetrieb die Beleuchtung in Richtung des dunklen Außenbereichs herunterregulieren.

Erfolgt der Zugang zum Gebäude oder die Weiterführung in die Empfangszone über Treppen oder Stufen, sind diese in dem Maße zu beleuchten, dass die Tritte sich klar voneinander abheben. Zudem können die Stufen auch einzeln mit Einbauleuchten oder Lichtbändern ausgestattet werden, um die Wegeführung zusätzlich zu verdeutlichen.

Im Foyer geht es generell um das Schaffen einer Allgemeinbeleuchtung zur Orientierung, ferner können durch weitere Akzentuierung Einzelbereiche wie Wände und Decken, Säulen oder Treppen hervorgehoben

Tab. 9: Notwendige Beleuchtungsstärken für öffentliche Bereiche

Bereich	Beleuchtungsstärke [lx]
Eingang/Foyer (je nach Personenfrequenz)	100–200
Treppen	150
Wartebereiche	500
Kassen/Theken/Tresen	300–500
Schaufenster	> 2000
Supermarkt/Baumarkt	> 1000
Speiseraum/Restauranttisch	200
Buffet/Selbstbedienungstheke	300

werden. Insbesondere in mehrgeschossigen Foyers werden Pendelleuchten und Deckenleuchten oft selbst zum gestalterischen Element, da für Form, Materialität und Farbe vielfältige Fabrikate gewählt werden können. Für Wegeführung und Orientierung eignen sich LED-Leuchtmittel, welche je nach Umgebungsgestaltung warmweiße oder reinweiße Lichtfarben erzeugen können. > Abb. 31

Sind in den Eingangsbereichen Rezeptionen, Empfangstheken oder Wartebereiche vorgesehen, sind diese gesondert zu betrachten, da hier eine höhere Beleuchtungsstärke als im umgebenden Raum erforderlich wird.

Beleuchtung von Museen und Ausstellungsräumen

Die Beleuchtung von Ausstellungsräumen stellt eine der komplexesten Aufgaben in der Lichtplanung dar. Die Architektur bestimmt die grundlegenden Konzepte, da bereits durch den Gebäudeentwurf definiert wird, ob eine reine Kunstlichtplanung erstellt werden muss oder ob in den Ausstellungsbereichen Tageslicht zur Verfügung steht. Die Grundrisse variieren von hallenartigen Räumen (zum Teil mit Einbauten oder mobilen Raumtrennungen) zu kleinen Einzelräumen mit klarer Wegeführung. Raummaße und -höhen sowie die Art der Exponate erfordern spezielle Planungen für den Einzelfall. Da in Museen und anderen Ausstellungsflächen vielfach keine dauerhaft gleichbleibenden Exponate vorhanden sind, sondern wechselnde Ausstellungen bedient werden müssen, ist eine hohe Flexibilität der Beleuchtung erforderlich (z. B. über Stromschienen, frei bewegliche Strahler, flexible Raster). > Abb. 32

Für die Allgemeinbeleuchtung empfiehlt sich eine diffuse Beleuchtung, was bedeutet, dass Maßnahmen zur Streuung von Tageslicht und Kunstlicht ergriffen werden müssen. So wird eine gleichmäßige Raumbeleuchtung bei minimaler Schattenbildung erreicht. Deckenleuchten oder Lichtdecken mit streuenden Abdeckungen (z. B. Milchglas) eignen sich hierzu besonders. Aufgrund der hohen Lebensdauer empfehlen sich Leuchtstofflampen, welche ausreichende Beleuchtungsstärken erreichen

Abb. 31: Beispiele für die Beleuchtung von Eingangsbereich und Foyer

Abb. 32: Beispiele für die Beleuchtung von Museen und Ausstellungen

und einen hohen Wirkungsgrad besitzen. Soll der Besucher sich innerhalb der Ausstellungsfläche ohne eine bestimmte Richtung frei bewegen können, reicht die allgemeine Beleuchtung zur Orientierung zunächst aus. Liegt ein Konzept vor, wie der Besucher durch die Ausstellung geführt werden soll, kann eine zusätzliche Anordnung von Wegeleuchten in Form von Boden- oder Wandeinbauleuchten oder Lichtleisten erfolgen.

Bei der weiteren Planung steht die Beleuchtung der Exponate im Vordergrund. Auch diese Planung hängt stark von Art und Materialität der Ausstellungsstücke ab. Gemälde und Bilder sind anders zu behandeln als Skulpturen und Vitrinen, immer häufiger werden auch Audio- oder Video-Installationen in Museen als unterstützende Medien oder als Exponate vorgefunden. Für alle Ausstellungsstücke gilt, dass sie über gerichtete Punktleuchten wie Strahler oder Downlights hervorgehoben werden. Zu beachten ist dabei, dass der Besucher durch die Leuchten zwar auf das Exponat aufmerksam werden soll, gleichzeitig aber keine Blendeffekte oder Reflexionen entstehen oder Schattenwürfe erzeugt werden. Strahlungseffekte, welche sowohl vom Tageslicht als auch von künstlichen Lichtquellen ausgehen und Ausstellungsstücke wie Gemälde auf Dauer

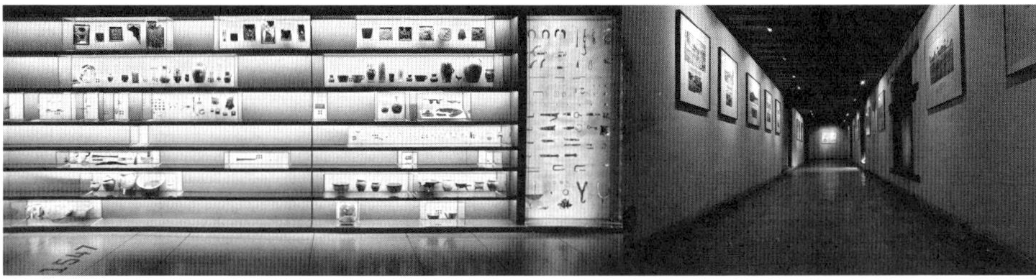

Abb. 33: Beleuchtung von Ausstellungsobjekten

beschädigen können, da sie chemische Prozesse der Materialien auslösen, sind durch eine geeignete Auswahl der Leuchtmittel und zusätzliche Filter der Infrarot- und ultravioletten Strahlung zu minimieren. Ist ein Exponat im Wandbereich positioniert, so sollte die Strahlung der zugehörigen Leuchte auf die untere Kante des Exponates in einem leichten Winkel von 25°–30° ausgerichtet werden.

Beleuchtung von Restaurants

Die Beleuchtung von Restaurants variiert stark mit der Art der Gastronomie. So erfordert eine Cafeteria mit Selbstbedienung andere Beleuchtungsstärken und Lichtfarben als ein gehobenes Restaurant mit kleinem Gastraum. Hier sind Planungsaufgaben für die Allgemeinbeleuchtung, Akzentbeleuchtung und die Beleuchtung von Theken und Tischen zu lösen. Auch die Außenbeleuchtung spielt bei Restaurants eine Rolle: Der Gastronomiebetrieb muss als solcher erkannt werden, darüber hinaus beeinflussen Art und Qualität der Lichtgestaltung die Erwartungshaltung der Kunden schon vor Betreten der Lokalität.

Die Allgemeinbeleuchtung erfolgt in der Regel über Deckenleuchten (als Einzelleuchten oder Stromschienen mit mehreren gerichteten Strahlern). Zusätzliche Umgebungsbeleuchtung und Raumgestaltung kann durch Wandleuchten erfolgen. Um verschiedene Nutzungsszenarien realisieren zu können, sollte in der Planung eine variable Beleuchtung vorgesehen werden, welche über eine Dimmfunktion oder teilweise ab- oder zuschaltbare Leuchten verfügt. Für Bereiche mit Selbstbedienung werden deutlich höhere Beleuchtungsstärken (200 lx) vorgesehen als in Restaurants mit Bedienung. Bei Letzteren werden durch ungleichmäßige Beleuchtungsstärken bestimmte Bereiche hervorgehoben. In Gasträumen wird die Allgemeinbeleuchtung im Betrieb in vielen Fällen durch die Akzentbeleuchtung unterstützt oder sogar übernommen. Die Möglichkeit, einzelne Raumbereiche, Säulen, Wände oder Einzelobjekte wie Bilder oder anderes anzustrahlen, ist im Gesamtkonzept einzuplanen. > Abb. 34 Dabei können Beleuchtungsstärke und Lichtfarbe stark variieren, und damit ist auch die Auswahl von Leuchten und Leuchtmitteln sehr groß. Für die Beleuchtung

Abb. 34: Beleuchtung von Gasträumen, Theken und Buffets

Abb. 35: Beleuchtung von Restauranttischen

eines Wandgemäldes sind völlig andere Maßnahmen zu ergreifen als für das Akzentuieren von Gläsern oder Porzellan.

Eine besonders helle, aber blendfreie Beleuchtung ist in Bereichen von Theken und Buffets vorzusehen. > Abb. 35 Diese Orte sind in der Regel die Hauptanlaufstellen der Gäste und stellen zudem Arbeitsflächen des Personals dar. Leuchtmittel mit hohem Farbwiedergabeindex sind notwendig, um die Sichtbarkeit der Speisen zur Frischebeurteilung durch den Gast zu ermöglichen. Dabei ist die Wärmestrahlung zu begrenzen. Hierfür besonders geeignet sind Niedervolt-Halogenlampen, welche in kleiner Bauform, dafür in größerer Anzahl eingebaut werden können und die mit Reflektoren auf die beschriebenen Bereiche ausrichtbar sind.

Abb. 36: Beispiele für Schaufensterbeleuchtung

Abb. 37: Beleuchtung von Verkaufsflächen

Restauranttische sind mit einer höheren Beleuchtungsstärke als die umgebenden Bereiche zu beleuchten. In den häufigsten Fällen geschieht dies über Pendelleuchten, welche 50 bis 70 cm über der Tischplatte installiert werden. Als Leuchtmittel werden Lampen mit hohem Farbwiedergabeindex benötigt, um sowohl die Speisen als auch andere am Tisch befindliche Personen gut erkennen zu können. Meist kommen Halogenlampen zum Einsatz, welche eine warmweiße Lichtfarbe erzeugen.

Beleuchtung von Verkaufsräumen und Präsentationsbeleuchtung

Bei der Beleuchtungsplanung für Verkaufsstätten steht normalerweise zunächst die Präsentationsfläche des Schaufensters im Fokus, da diese als Erste die Aufmerksamkeit der Kunden erregt. Hierbei sind hohe Beleuchtungsstärken über 1000 lx empfehlenswert. Zudem sind Leuchten mit guten Farbwiedergabeeigenschaften vonnöten, weswegen sich Hochdruck- und Niederdruck-Entladungslampen eignen. Im Regelfall werden Deckenleuchten eingesetzt, welche über veränderbare Systeme an die sich häufig verändernden Auslagen angepasst werden können.

Neben den breit streuenden Leuchten zur allgemeinen Beleuchtung werden Einzelprodukte über Punktleuchten, Strahler und Downlights gesondert akzentuiert. Durch die Wahl einer geeigneten Verglasung mit geringem Spiegelungsanteil wird Tag und Nacht eine ungehinderte Durchsicht auf die Auslage gewährleistet. > Abb. 36

Die Art der Verkaufsflächen bestimmt im Zusammenhang mit den zu verkaufenden Produkten die Beleuchtungsplanung. Der Mensch verbindet mit verschiedenen Beleuchtungsstärken und Lichtfarben ihm vertraute Szenarien. So rufen Verkaufsflächen, die mit hoher Beleuchtungsstärke der Allgemeinbeleuchtung ausgestattet sind, Assoziationen mit Discounter-Supermärkten oder Baumärkten hervor. Strahler und Einzelleuchten werden lediglich eingesetzt, um auf Sonderangebote oder besonders hochwertige Warenangebote hinzuweisen. Die gleichförmige Architektur und die scheinbar mit geringem Aufwand (da baulich unauffällig) geplante Beleuchtung suggerieren einen wirtschaftlichen Umgang mit Ressourcen, um dem Kunden bestmögliche Verkaufspreise bieten zu können. > Abb. 37 Mit geringeren Beleuchtungsstärken, wärmeren Lichtfarben und Akzentuierung von Teilbereichen wird Kunden unterbewusst vermittelt, dass es sich bei den dargebotenen Auslagen um Qualitätsware handelt, welche besonders hervorgehoben werden soll. Ebenso können in Theken mit Lebensmittelauslagen verschiedene Lichtfarben eingesetzt werden, die beim Kunden Frische und Hochwertigkeit suggerieren, beispielsweise weißes Licht bei Salat- und Gemüseauslagen oder Rottöne bei Fleischwaren. Da sich der Großteil der Verkaufsflächen in Geschäften befindet, deren Waren wöchentlich oder saisonal wechseln und somit auch neu positioniert werden, sind flexible Beleuchtungssysteme, insbesondere für die Akzentbeleuchtung, ratsam. ■

Die Kassen, Informationstheken und individuellen Verkaufstische für Kundengespräche (z. B. im Möbelhaus) sind gesondert zu behandeln, da hier zum einen die Wegeführung für die Kunden verdeutlicht wird, zum anderen Richtwerte für die Arbeitsplatzbeleuchtung eingehalten werden müssen, sofern sich dauerhaft Verkaufspersonal in diesen Bereichen aufhält.

■ **Tipp:** Je nach Produkt können durch Leuchtmittel und Lichtfarbe Blendeffekte und Reflexionen erzeugt oder vermieden werden. Kleidungsstücke und Möbel sollen üblicherweise ohne diese Effekte beleuchtet werden, wogegen bei ausgelegter Ware wie Schmuck oder Technik durch Glanz und Spiegelungen die Produkte hochwertiger und neuer wirken.

ARBEITSSTÄTTEN

Die häufigste Aufgabe der Lichtplanung ist die Beleuchtung von Arbeitsstätten. Sind bei der Lichtplanung für Wohnräume eher subjektive Empfindungen der Nutzer und gestalterische Aspekte maßgeblich, werden für Arbeitsplätze weitreichende und umfassende Anforderungen in Normen und Richtlinien gestellt, welche in der Planung zu berücksichtigen sind und welche oftmals das Planungsziel vorgeben. Sofern durch Vorgaben wie Raumorientierung und -ausstattung möglich, wird häufig eine Kombination von Tageslicht und Kunstlicht gewählt, um ein gleichbleibendes Helligkeitsniveau bei wechselnden Witterungsbedingungen und zu verschiedenen Tages- und Jahreszeiten zu erreichen.

Die Sehaufgabe bestimmt Art und Intensität der notwendigen Beleuchtung. Für einen Bildschirmarbeitsplatz in einem Einzelbüro werden andere Planungselemente benötigt, um die notwendigen Beleuchtungsfaktoren bereitzustellen, als in einer Industriehalle oder einem Labor.

Büroarbeitsplatz

Für Büroarbeitsplätze liegen in Normen und Richtlinien dezidierte Forderungen für notwendige Beleuchtungsstärken vor. So ist die Nennbeleuchtungsstärke für Kunstlicht mit 500 lx angegeben, für den Sonderfall des tageslichtorientierten Arbeitsplatzes liegt diese bei 300 lx. Neben der allgemeinen Raumbeleuchtung sind Arbeitsfläche oder Arbeitsbereich immer gesondert zu betrachten und, sofern über die allgemeine Beleuchtung die ausreichende Beleuchtungsstärke nicht erreicht werden kann, mit zusätzlichen Leuchten auszustatten. Größe und Lage der Fensterflächen geben die idealen Zonen für die Einrichtung eines Arbeitsplatzes im Büro vor, da die für die typischen Sehaufgaben notwendigen hohen Lichtdichten in Fensternähe erreicht werden, in tiefen Raumbereichen liegende Zonen sind dagegen eher für Ablagen, Schränke und sonstige Nutzungen mit weniger anspruchsvollen Sehaufgaben einzuplanen. Die Ausbreitung des Lichts im Innenraum kann mit Hilfe einfacher Regeln ermittelt werden. So sind Bereiche ausreichend hell, die innerhalb eines 30°-Winkels von der Oberkante und bei Oberlichtern unterhalb des Fensters liegen. Für die horizontale Ausbreitung kann von einem Ausbreitungswinkel von 45° seitlich des Fensters ausgegangen werden. > Abb. 38 Um einen Raum flexibel nutzbar gestalten zu können, sollte zudem die Fensterbreite mindestens 55 % der Raumbreite, der Fensterflächenanteil in der Fassadenfläche mindestens 30 % betragen. Auch äußere Einflüsse wie Nachbarbebauung, Bäume usw. sind zu berücksichtigen, da diese dafür sorgen können, dass die Lichtausbreitung nur eingeschränkt (in Richtung oder Intensität) gegenüber anderen, gleich orientierten Räumen möglich ist.

Die gewünschte und größtenteils notwendige Nutzung von Tageslicht für Arbeitsplätze führt dazu, dass üblicherweise Blendschutzmaßnahmen an allen Fensterflächen vorgenommen werden müssen und oftmals auch ein zusätzlicher Sonnenschutz erforderlich wird. Ebenso ist Blendung durch direkte oder reflektierende Einwirkungen von Leuchten zu vermeiden. Der Arbeitsplatz selbst, die Orientierung von Bildschirmen und

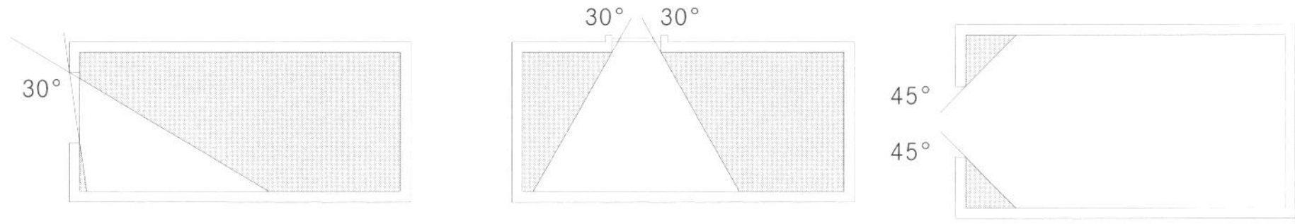

Schnitt Fenster in Außenfassade Schnitt Oberlicht Grundriss Fenster in Außenfassade

Abb. 38 Natürliche Belichtung eines Büroarbeitsplatzes

Abb. 39: Beleuchtung eines Büroarbeitsplatzes

Leuchten, sollte generell so angeordnet werden, dass die Blickrichtung des Nutzers parallel zu den Fensterflächen verläuft. Die Arbeitsumgebung (Schreibtisch, Wände und Decken) sollte mit hellen matten Oberflächen ausgestattet sein, die einen hohen Reflexionsgrad ohne Reflexblendungen gewährleisten. Der Hauptarbeitsbereich wird zudem mit einer individuell regelbaren Beleuchtung wie Schreibtischleuchten oder einzeln steuerbaren Stehleuchten ausgestattet, da neben den allgemein geregelten Mindestvorgaben die Nutzeranforderungen sehr unterschiedlich ausfallen. Für Büroflächen neben dem eigentlichen Arbeitsplatz, die aber ebenso komplexere Sehaufgaben wie Lesen oder Ähnliches ermöglichen sollen, sind zusätzliche Leuchten einzuplanen, um die notwendige Beleuchtungsstärke zu erreichen.

Idealerweise erfolgt die Regelung der zusätzlichen künstlichen Beleuchtung am Arbeitsplatz über eine Lichtsteuerung, die präsenz- und helligkeitsabhängig arbeitet. Bei Integrierung der Sonnenschutzmaßnahmen in die Steuerung kann ein sowohl wirtschaftliches als auch für den Arbeitskomfort optimal eingestelltes Lichtkonzept erarbeitet werden.

Abb. 40: Beleuchtung von Konferenzräumen

Ein immer häufiger zu planender Spezialfall ist der tageslichtorientierte Arbeitsplatz. Dies bedeutet, dass das Tageslicht für 70 % oder mehr der Nutzungszeit ohne Zuschaltung von Kunstlicht ausreichende Beleuchtung gewährleisten muss. Dieser Wert ist unmittelbar abhängig vom Tageslichtquotienten D, da ein höherer Tageslichtquotient eine geringere Abhängigkeit von ergänzender künstlicher Beleuchtung impliziert. Überschlägig kann davon ausgegangen werden, dass bei Tageslichtquotienten über 3 % ein tageslichtorientierter Arbeitsplatz qualitativ erreicht werden kann.

Konferenzraum/ Besprechung

Bei Besprechungsräumen muss die Lichtplanung sicherstellen, dass mit Hilfe der Ausleuchtung alle Gesprächsteilnehmer von jeder Position aus gut erkannt werden können. Der Besprechungstisch wird hier meist zentral von Decken- oder Pendelleuchten beleuchtet, die Leuchte sollte flächig abstreuen, ohne Blendeffekte zu generieren. > Abb. 40 Im Raum ist dafür zu sorgen, dass bereits durch die Allgemeinbeleuchtung und Oberflächenbeschaffenheit starke Helligkeitskontraste vermieden werden, da diese, auch wenn sie im peripheren Bereich liegen, für Ermüdungserscheinungen sorgen können.

Hallenarbeitsplatz

Bei Industriehallen mit Produktionsprozessen ist die Lichtplanung abhängig von der Art der Sehaufgabe und der Hallengeometrie. Bei hohen Hallen sind leistungsstarke Leuchten wie Hochdruck-Metalldampflampen, Natriumdampflampen oder Leuchtstofflampen notwendig, um eine ausreichende Lichtstärke im Arbeitsbereich zu erreichen. Bei weniger hohen Hallen (unter 6 m Höhe) sind Leuchtstofflampen ideal, welche in gerasterten Systemen oder Lichtbändern angeordnet werden. Bei Lichtbändern ist muss bedacht werden, dass sie parallel zu den Arbeitsflächen platziert werden, um Blendungen zu vermeiden. Für eine geeignete Ausleuchtung müssen zum Teil Beleuchtungsstärken von 1500 lx erreicht werden, um eine produktivitätsfördernde und unfallvermeidende

Abb. 41: Beleuchtung von Industriehallen

Arbeitsumgebung herzustellen. Für die meisten Industriearbeitsplätze sind Beleuchtungsstärken von 600 lx und neutralweiße Lichtfarben geeignet. Bei Emissionen durch den Hallenbetrieb (z. B. Staub) müssen die verwendeten Leuchten ausreichend geschützt werden.

Da in Hallenbereichen eine natürliche Beleuchtung über Fassadenöffnungen zumeist unmöglich ist, wird Tageslicht in der Regel über Oberlichter genutzt. > Abb. 41 Unter Berücksichtigung des vorhandenen Tageslichts ist eine Steuerung notwendig, die die wirtschaftliche Belastung durch dauerhafte Kunstlicht-Nutzung, welche einen nicht unerheblichen Faktor bei großen Betrieben darstellt, optimiert. Elektronische Vorschaltgeräte können die Wirtschaftlichkeit, insbesondere in Produktionsstätten mit Schichtbetrieb und hohen Einschaltzeiten, weiter erhöhen.

Bei Arbeiten in einer Lagerhalle sind generell geringere Beleuchtungsstärken notwendig als in Produktionshallen oder Hallen mit Industrieprozessen. Die Art und Nutzung der Halle gibt die notwendige Beleuchtungsstärke vor. > Tab. 10 Häufig werden, sofern die Beleuchtungsstärke der natürlichen Beleuchtung nicht ausreicht, Spiegelleuchten als Lichtbänder mit Leuchtstofflampen eingesetzt, die mit gerichteten Reflektoren Gänge,

Tab. 10: Notwendige Beleuchtungsstärken verschiedener Lagerarten

Lagerart	Beleuchtungsstärke [lx]
Lagerräume für großteiliges Lagergut	50
Lagerräume mit nicht gleichartigem Lagergut	100
Lagerräume mit Leseaufgaben	200
Versand- und Verpackungslager	300

Abb. 42: Beispiele für Lagerbeleuchtung

Regale und Lagergüter ausreichend beleuchten und vor Blendung bei direktem Hineinsehen schützen. Darüber hinaus ist eine Bewegungssteuerung bei nicht dauerhaft begangenen Lagerbereichen ratsam. Im Bereich von Schreibtischen und sonstigen Arbeitsplätzen mit komplexeren Sehaufgaben ist eine ergänzende Beleuchtung in Analogie zum Büroarbeitsplatz erforderlich.

NOT- UND SICHERHEITSBELEUCHTUNG

Um bei einem Störungsfall der allgemeinen Stromversorgung Orientierung und das Verlassen eines Gebäudes zu ermöglichen, wird für bestimmte Nutzungen eine Not- bzw. Sicherheitsbeleuchtung benötigt. Dies trifft für öffentliche Bereiche zu, in denen die Kennzeichnung und Sichtbarkeit der Rettungswege dauerhaft sichergestellt sein muss. In der Regel werden Rettungswege durch selbstleuchtende Rettungszeichen gekennzeichnet, welche im Batteriebetrieb oder über einen gesonderten, zum Funktionserhalt abgesicherten Stromkreis angesteuert werden. Auch Rettungswegzeichen oder Piktogramme, welche nicht elektrisch versorgt werden, aber über nachleuchtende Oberflächen verfügen, können zulässig sein, wenn dies im Brandschutzkonzept erläutert ist. > Abb. 43 Für die Fluchtwegbeleuchtung muss über 2 m Breite eine Mindest-Beleuchtungsstärke von 1 Lux gewährleistet werden. Um die Wegeführung zu erleichtern, sollte die Beleuchtungsstärke im Verlauf der Mittellinie des Fluchtwegs 40 Lux erreichen.

Für Arbeitsplätze mit besonderen Anforderungen, an denen bei Ausfall der Allgemeinbeleuchtung Unfälle möglich sind, muss die Sicherheitsbeleuchtung so dimensioniert werden, dass das Verlassen des Arbeitsplatzes und sogar das Beenden notwendiger Tätigkeiten ermöglicht wird.

Abb. 43: Beispiele für Not- und Sicherheitsbeleuchtung

PRIVATRÄUME

Anders als bei den vorangegangenen Planungsszenarien spielen bei der Beleuchtung von privaten Räumen normative Anforderungen eine geringere Rolle. Vielmehr beeinflussen hier Wünsche und Empfindungen der Bewohner und Nutzer die Planungsentscheidungen. Auch die Art, wie ein Raum genutzt wird, ist von Fall zu Fall unterschiedlich, sodass für gleiche Funktionen wie beispielsweise ein Wohnzimmer verschiedenste Sehaufgaben durch den Nutzer vorgegeben werden.

Hausbeleuchtung und Gartenbeleuchtung

Die Außenwirkung eines Gebäudes wird bei Dämmerung und nachts durch die Beleuchtung von Fassade, Garten und Eingangsbereich bestimmt. Über die gestalterischen Aspekte hinaus dient die Beleuchtung der Zuwegung und der Eingangssituation auch der Orientierung und Sicherheit. Verschiedene Eingangssituationen können diverse Leuchtenarten sinnvoll machen. So können bei vorhandenen Vordächern über der Haustür Einbau- und Anbauleuchten integriert, anderenfalls im Fassadenbereich Wandleuchten angeordnet werden. Die Zuwegung zu Gebäudeeingängen und Garagen sowie Stufen, Podeste und Außentreppen sollten in jedem Falle ausgeleuchtet werden. Hierzu eignen sich insbesondere Poller- und Sockelleuchten sowie bodenintegrierte Leuchten. Wichtig ist hierbei, dass auf gleichmäßige Ausleuchtung geachtet wird, um Hell-Dunkel-Kontraste im Wegebereich zu vermeiden und Hindernisse klar sichtbar zu machen. Dabei ist der Abstand zwischen den Leuchten der gewählten Höhe der Leuchtquelle und der Abstrahlrichtung anzupassen, bei Mastleuchten kann folglich ein größerer Abstand gewählt werden als bei Pollerleuchten. Auch die Hausnummer kann als selbstleuchtendes Objekt gestaltet oder über eine Einzelleuchte angestrahlt werden, sofern sie über die sonstige Beleuchtung nicht ausreichend sichtbar wird oder dauerhaft hervorgehoben werden soll. > Abb. 44

Abb. 44: Beleuchtung von Haus und Fassade

Anders als im halb öffentlichen Eingangsbereich kann im Gartenbereich mit größerer Kontrastbildung gearbeitet werden, um bestimmte Flächen und Objekte herauszustellen. In der Regel geht es eher um eine gerichtete Akzentuierung als um eine großflächige Allgemeinbeleuchtung. Durch helle und dunkle Bereiche kann die gewünschte Atmosphäre erreicht werden. Das allgemeine Sicherheitsempfinden kann durch die Verwendung von bewegungsgesteuerter Beleuchtung erhöht werden. Zur Beleuchtung von Bäumen oder Solitären wie Skulpturen eignen sich gerichtete Strahler, der Abstand muss jedoch an die Größe des Objektes oder an den hervorzuhebenden Bereich angepasst werden. Die Ausrichtung der Beleuchtung ist so zu planen, dass Blendungen vermieden werden.

Ebenso wie bei der Beleuchtung von öffentlichen Außenbereichen ist auch auf privaten Flächen unbedingt auf die Verwendung von Leuchten mit ausreichender Schutzart zu achten.

Bei der Auswahl der Leuchtmittel spielt die Art der Schaltung und die Dauer der Einschaltung eine übergeordnete Rolle. Soll ein Bereich wie die Haustür oder die Wegebeleuchtung dauerhaft beleuchtet bleiben, ist die Verwendung von wirtschaftlichen LEDs oder Kompaktleuchtstofflampen ratsam. Für die Schaltung können hierbei Dämmerungsschalter oder Zeitschalter verwendet werden, welche die Funktionsdauer automatisch regeln. Bei kürzeren Schaltzyklen, die z. B. durch einen Bewegungsmelder oder Tastschalter gesteuert werden, sind Halogenlampen oder Energiesparlampen sinnvoll. In Wegebereichen und bei Verwendung von Bewegungsmeldern sollten in jedem Falle Leuchtmittel verwendet werden, welche direkt nach Einschaltung ohne lange Vorschaltphase den vollen Lichtstrom abgeben, um die sofortige Begehbarkeit zu gewährleisten. ■

Wohnzimmer

Die geeignete Beleuchtung eines Wohnzimmers hängt sowohl von der Raumgeometrie, den Fensterflächen und der Einrichtung als auch von dem spezifischen Nutzerverhalten ab. Eine übergeordnete Allgemein-

Abb. 45: Wohnraumbeleuchtung

beleuchtung ist im Zusammenspiel mit der Platzbeleuchtung von Sofas und Sitzgruppen und der Akzentuierung von sonstigen Elementen zu planen. Die Sichtachsen sind zu definieren, um Blendungen auszuschließen und Positionen der Leuchten zu bestimmen. Reflexionen auf Objekten wie Fernsehern oder Bildern sollten natürlich vermieden werden.

Die Allgemeinbeleuchtung sollte getrennt von zusätzlichen Einzelleuchten schalt- und dimmbar sein. Die gewünschte Helligkeit sollte nicht durch eine Einzelleuchte, sondern mit Hilfe mehrerer sinnvoll verteilter Leuchten erreicht werden. Als Leuchtenarten sind in Wohnbereichen viele Varianten vorstellbar, Wand- und Deckenleuchten können ebenso verwendet werden wie Strahler an Stromschienen oder Stangensystemen. Besonders geeignet für allgemein als „gemütlich" empfundene Beleuchtung sind warmweiße Lichtfarben. Die Platzbeleuchtung kann durch dimmbare Einzelleuchten, Steh- oder Tischleuchten ergänzt werden, um dem Nutzer die Regulierung der gewünschten Helligkeit zu ermöglichen. Häufig werden auch Deckenfluter eingesetzt, welche das Niveau der Allgemeinbeleuchtung in Teilbereichen des Raumes erhöhen. Weitere Akzentbeleuchtungen von Kunstwerken, Pflanzen, Möbeln, Wand- und Deckenflächen können im Bedarfsfall über Downlights oder gerichtete Strahler vorgenommen werden. > Abb. 45

■ **Tipp:** Die Lichtplanung im Außenbereich von privaten Gebäuden ist bereits in einem frühen Planungsstadium vorzunehmen und zu koordinieren, da viele Bauteile der Elektroinstallation (Kabelwege, Anschlüsse an Unterverteilungen usw.) unter Putz bereits in einer frühen Bauphase verlegt werden müssen. Eine nachlaufende Außenanlagenplanung kurz vor Fertigstellung des Gebäudes hat in der Regel umständliche Nachinstallationen zur Folge.

Abb. 46: Beleuchtung des Esstisches

Esszimmer/Esstisch

Ähnlich wie in Restaurants und Cafés liegt das Hauptaugenmerk bei der Esszimmer-Beleuchtung auf dem Esstisch. Die Allgemeinbeleuchtung wird hier eher untergeordnet, muss aber die Raumnutzung und Orientierung gewährleisten, wenn der Esstisch nicht verwendet wird oder wenn die Esstischbeleuchtung nicht für die allgemeine Raumbeleuchtung mitgenutzt wird. Bei größeren Räumen sollte in jedem Fall eine zusätzliche Allgemeinbeleuchtung vorgesehen werden, die getrennt von der Tischbeleuchtung geschaltet werden kann. Anzahl und Gestaltung der Tischbeleuchtung ist der Größe, Form und dem Material des Tisches anzupassen. Häufig werden hier Pendelleuchten eingesetzt, welche in einer Abhanghöhe knapp über der Augenhöhe des Nutzers angeordnet werden sollten. Analog zu der vielfältigen Möbelauswahl sind Leuchten in nahezu jeder Form und Materialität lieferbar. > Abb. 46

Küche

In der Küche ist aufgrund der haushaltsbezogenen Tätigkeiten und des erhöhten Orientierungsbedarfs auch in Schränken und Regalen eine höhere Beleuchtungsstärke erforderlich als in sonstigen Wohnräumen. Dies gilt sowohl für die Allgemeinbeleuchtung als auch für die Beleuchtung von Arbeitsflächen. Die Allgemeinbeleuchtung sollte immer über mehrere Lichtquellen erfolgen, um ausreichende Helligkeit in allen Bereichen der Küche gewährleisten zu können. Zumeist werden hierfür Deckenleuchten als Anbau- oder Einbauleuchte mit warmweiß leuchtenden Leuchtmitteln eingesetzt. Für die Arbeitsflächen ist die Beleuchtungsstärke zu erhöhen, um ein für die Küchenarbeit geeignetes Helligkeitsniveau zu erreichen. Ebenso ist ein Farbwiedergabeindex $R_a > 90$ notwendig, um die Lebensmittel sowie deren Zustand und Qualität gut erkennen zu können. Die zusätzliche Arbeitsflächenbeleuchtung kann über gerichtete Strahler oder Downlights sowie Einzelspots erfolgen, welche z. B. unterhalb der Küchenoberschränke angeordnet werden. Die Position muss so gewählt werden, dass ein Schattenwurf durch den Nutzer während der Arbeit auf der Fläche weitestgehend vermieden wird. Auch ist eine Blendung der arbeitenden Personen auszuschließen. Im Bereich von Kochfeld und Herd ist

Abb. 47: Küchenbeleuchtung

ebenfalls eine zusätzliche Beleuchtung vonnöten, welche häufig durch eine in der Dunstabzugshaube integrierte Beleuchtung bereitgestellt wird. Wegen der teilweise intensiven Belastung durch Fett, Flüssigkeiten usw. sind leicht zu reinigende und demontierbare Leuchtenabdeckungen ideal. Küchenschränke können im Inneren auch separat beleuchtet werden, über Türkontakte lässt sich die Beleuchtung entsprechend schalten. Die Beleuchtung von Theken und Esstischen im Küchenbereich ist analog zu der oben stehenden Esstischbeleuchtung vorzunehmen. > Abb. 47 ○

Bad

Neben der Beleuchtung von Spiegelflächen und für Kosmetik genutzten Bereichen ist eine Allgemeinbeleuchtung mit hoher Beleuchtungsstärke und gutem Farbwiedergabeindex ($R_a > 90$) in Badezimmern von Vorteil. Je nach Materialität der Oberflächen (Fliesen glänzend oder matt, Fliesenfarbe, Anzahl und Größe der Spiegelflächen) kann es zu einem hohen Reflexionsgrad der Beleuchtung kommen. Aus diesem Grund sind Anzahl und Beleuchtungsstärke der Leuchten auch bei gleichen Raumproportionen durchaus variabel. Durch die Wahl des Leuchtmittels oder der Leuchtenabdeckung sollte das Licht gestreut werden, um Blenderscheinungen zu vermeiden.

○ **Hinweis:** Für den An- und Einbau von Leuchten in Einrichtungsgegenstände wie Küchenschränke, Regale oder sonstige Möbel ist es erforderlich, dass die gewählte Leuchte mit dem Prüfkennzeichen MM ausgestattet ist. Hierdurch ist sie als Gerät mit begrenzter Oberflächentemperatur definiert und gewährleistet den notwendigen Brandschutz.

Abb. 48: Badezimmerbeleuchtung und Spiegelleuchten

Abb. 49: Beleuchtung von Treppenläufen und Stufen

Für die Allgemeinbeleuchtung werden hauptsächlich Deckenleuchten eingesetzt, wobei auf die Aufenthaltsorte von Personen (vor dem Waschbecken, in der Badewanne) geachtet werden muss, um ungewollte Schattenwürfe oder Blendungen auszuschließen. Über den Spiegeln oder beidseitig daneben angeordnet werden weitere Leuchten mit lichtstreuenden Eigenschaften montiert. Da diese Leuchten eine höhere Beleuchtungsstärke erreichen müssen als die Allgemeinbeleuchtung, sind hier wirtschaftliche Leuchtmittel wie LEDs oder Energiesparlampen sinnvoll. > Abb. 48

Da Badezimmer Feucht- bzw. Nassbereiche darstellen, sind geeignete Leuchten mit ausreichender Schutzart zu wählen. Bereits bei der Elektroinstallation ist auf die Verwendung von zugelassenen Materialien zu achten. Die Allgemeinbeleuchtung muss zudem dafür sorgen, dass nasse Flächen klar erkennbar sind, um Unfällen vorzubeugen.

Treppen

Treppenbeleuchtungen sind als Verkehrswege zu betrachten. Somit ist es nicht zulässig, dass eine ausreichende Beleuchtungsstärke (100 Lux) unterschritten wird. Zunächst ist eine allgemeine und gleichmäßige Beleuchtung unabdingbar, eine zusätzliche Ausarbeitung oder Akzentuierung der einzelnen Stufen kann darüber hinaus installiert werden. Die allgemeine Beleuchtung einer Treppe sollte von oben über Wand- oder Deckenleuchten erfolgen. Um eine gleichmäßige Lichtverteilung zu erreichen, werden am besten mehrere breit strahlende oder lichtstreuende Leuchten verwendet. > Abb. 49

Auch die Lage der Treppe spielt bei der Lichtplanung eine Rolle. Insbesondere bei der Schaltung der Beleuchtung gibt es große Unterschiede, da ein allgemein zugängliches und durch mehrere Nutzer begangenes Treppenhaus eher über Einzelschalter oder Bewegungsmelder mit zeitgesteuerter Ausschaltung geregelt wird. Wichtig ist hier insbesondere die Verkehrssicherheit. Leuchten für Treppen, die innerhalb einer Nutzungseinheit liegen, können in Kombination mit der Beleuchtung des anliegenden Raumes zusammengeschaltet werden.

Schlusswort

Die erfolgreiche Planung von Licht erfordert in allen Phasen eine dezidierte Auseinandersetzung mit der Planungsaufgabe. Neben der Berücksichtigung von Wünschen der Bauherren, Erfordernissen aus Richtlinien und Normen, des Standorts und der Nutzung müssen vor allem die projektspezifischen Rahmenbedingungen im Entwurfsprozess immer wieder unter den Aspekten des Lichts überprüft und angepasst werden. Nach der Entwurfserstellung und der Beauftragung von ausführenden Fachfirmen muss auch im Bauablauf darauf geachtet werden, dass das geplante Zusammenspiel von Tages- und Kunstlicht sowie das Ineinandergreifen der einzelnen Planungselemente für die gewünschten Funktionen im späteren Betrieb normengerecht und sinnvoll installiert werden. Simulationen im Entwurfsprozess dienen zwar der Veranschaulichung der geplanten Maßnahmen für den Nutzer und als Absicherung, dass die geforderten Normwerte von Beleuchtungsstärken eingehalten werden, die tatsächlich gebaute Situation kann allerdings vom gewünschten Ergebnis abweichen. Somit ist der Planer gut beraten, immer ein gewisses Maß an Flexibilität in der Planung vorzuhalten, um entsprechend reagieren zu können.

Anhang

Literatur

RAUMKONDITIONIERUNG

Dirk Althaus: *Fibel zum ökologischen Bauen,* Bauwerk Verlag, Berlin 2000

Sophia und Stefan Behling: *Sol Power,* Prestel Verlag, München 1996

Klaus Daniels: *Low-Tech Light-Tech High-Tech,* Birkhäuser Verlag, 1998

Gerhard Hausladen, Michael de Saldanha, Petra Liedl, Christina Sager: *ClimaDesign,* Callwey Verlag, München 2004

Manfred Hegger, Matthias Fuchs, Thomas Stark, Martin Zeumer: *Energie Atlas,* 2. Auflage, Birkhäuser Verlag, Basel 2012

Thomas Laasch, Erhard Laasch: *Haustechnik,* Springer Vieweg, Wiesbaden 2013

Philipp Oswalt (Hrsg.): *Wohltemperierte Architektur,* Müller Verlag, Heidelberg 1995

Wolfram Pistohl: *Handbuch der Gebäudetechnik,* Band 2, 8. Auflage, Werner Verlag, Neuwied 2013

Christian Schittich (Hrsg.): *Solares Bauen,* 2. Auflage, Birkhäuser Verlag, Basel 2012

WASSERKREISLAUF IM GEBÄUDE

Klaus Bahlo, Gerd Wach: *Naturnahe Abwasserreinigung – Planung und Bau von Pflanzenkläranlagen,* Ökobuch Verlag, Staufen im Breisgau 2005

Gustav A. Boger, Thomas H. Klümper u. a.: *Praxis der Trinkwasserinstallation,* 1. Auflage, Krammer Verlag, Düsseldorf 2002

Karl-Heinz Böse: *Regenwasser für Garten und Haus. Grundlagen, Planung, Anlagenbau,* 6., verbesserte Auflage 2011, Ökobuch Verlag, Freiburg 2011

Dirk Bohne, Edwin Wellpott: *Technischer Ausbau von Gebäuden,* 10., aktualisierte Auflage, Springer Vieweg, Wiesbaden 2014

Herbert Dreiseitl, Dieter Grau (Hrsg.): *Wasserlandschaften. Planen, Bauen und Gestalten mit Wasser,* Birkhäuser Verlag 2006

Herbert Dreiseitl, Dieter Grau, Karl H. C. Ludwig (Hrsg.): *Waterscapes – Planen, Bauen und Gestalten mit Wasser,* Birkhäuser Verlag, Basel 2001

Hugo Feurich, Dieter Benno Bartz: *Sanitärtechnik,* 10. erweiterte Auflage, Krammer Verlag, Düsseldorf 2011

Alfons Gaßner, Uwe Wellmann: *Der Sanitärinstallateur,* 11., überarbeitete Auflage, Verlag Handwerk und Technik, Hamburg 2014

Wolfgang Geiger, Herbert Dreiseitl: *Neue Wege für das Regenwasser,* 3. Auflage, Oldenbourg Industrieverlag, München 2009

Detlef Glücklich (Hrsg.): *Ökologisches Bauen - Von Grundlagen zu Gesamtkonzepten,* DVA, München 2005
Christoph Jehle: *Wasser - Gewinnung, Nutzung, Entsorgung,* C. F. Müller Verlag, Heidelberg 2007
Thomas H. Klümper u. a.: *Wasserverwendung, Trinkwasserinstallation,* Oldenbourg Industrieverlag, München 2000
Klaus W. König: *Regenwassernutzung von A-Z, Anwenderhandbuch für Planer, Handwerker und Bauherren,* 6. Auflage, Mall: Donaueschingen 2002
Sibylle Kramer: *Bad und Sanitär. Grundlagen, Entwurf, Ausführung,* Detail, München 2014
Thomas Laasch, Erhard Laasch, Karl Volger: *Haustechnik - Grundlagen, Planung, Ausführung,* 13. Auflage, Springer Vieweg, Wiesbaden 2013
Axel Lohrer: *Basics Entwurfselement Wasser,* Birkhäuser Verlag, Basel 2008
Julia Wagner, Stefan Wilke (Hrsg.): *Neuartige Sanitärsysteme,* Bauhaus-Univ.-Verl., Kromsdorf 2015
Wolfram Pistohl: *Handbuch der Gebäudetechnik,* Band 1, 8. Auflage, Werner Verlag, Köln 2013
Thomas Sander: *Ökonomie der Abwasserbeseitigung,* Springer Verlag, Berlin 2003
Victor Steffens: *Vom Grundwasser zum Abwasser,* Software DVD-ROM, co.tec GmbH, 2007
Herbert Zierhut: *Sanitär-, Heizungs- und Klimatechnik - Trinkwasseranlagen, Entwässerungsanlagen, Sanitärräume,* 3. Auflage, Bildungsverlag EINS, 2008

ELEKTROPLANUNG

Bert Bielefeld: *Architektur planen*, Birkhäuser Verlag, Basel 2016
Dirk Bohne: *Technischer Ausbau von Gebäuden*, Verlag Springer Vieweg, Wiesbaden 2014
Wolfgang Burmeister; André Croissant; Matthias Kraner: *Das Baustellenhandbuch der Elektroinstallation*, Forum Verlag Herkert, Mering 2011
Andrea Deplazes: *Architektur konstruieren*, Birkhäuser Verlag, 4. erw. Auflage, Basel 2013
Georg Giebeler: *Atlas Sanierung*, Birkhäuser Verlag, Basel 2008
Gerhard Hausladen: *Ausbau Atllas*, Birkhäuser Verlag, Basel 2009
Ismail Kasikci: *Elektrotechnik für Architekten, Bauingenieure und Gebäudetechniker. Grundlagen und Anwendung in der Gebäudeplanung*, Verlag Springer Vieweg, Wiesbaden 2013
Jörn Krimmling; Uwe Deutschmann; André Preuß; Eberhard Renner (Hrsg.): *Atlas Gebäudetechnik. Grundlagen, Konstruktionen, Details*, 2. Auflage, Verlag Rudolf Müller, Köln 2014

Thomas Laasch; Erhard Laasch: *Haustechnik. Grundlagen - Planung - Ausführung*, 13. Auflage, Verlag Springer Vieweg, Wiesbaden 2015
RWE: *Bau-Handbuch*, 15. Ausgabe, Verlag EW Medien und Kongresse, Essen 2014

LICHTPLANUNG

Christina Augustesen, Ulrike Brandi Licht GmbH: *Praxis - Tageslicht | Kunstlicht*, Edition Detail, Institut für internationale Architektur-Dokumentation, München 2005
Ulrike Brandi, Christoph Geissmar-Brandi: *Lichtbuch: Die Praxis der Lichtplanung*, Birkhäuser Verlag, Basel 2001
Hans-Georg Buschendorf (Hrsg.): *Lexikon Licht- und Beleuchtungstechnik*, Verlag Technik, Berlin 1989
Doris Haas-Arndt, Fred Ranft: *Tageslichttechnik in Gebäuden*, Hüthig Jehle Rehm, Heidelberg 2007
Wolfram Pistohl, Christian Rechenauer, Birgit Scheuerer: *Handbuch der Gebäudetechnik*, Band 2: *Heizung | Lüftung | Beleuchtung | Energiesparen*, 8. Auflage, Köln 2013
Hans Rudolf Ris: *Beleuchtungstechnik für Praktiker*, VDE VERLAG, Berlin 2015
Wolfgang M. Willems (Hrsg.): *Lehrbuch der Bauphysik: Schall - Wärme - Feuchte - Licht - Brand - Klima*, 7. Auflage, Springer Vieweg, Wiesbaden 2013

Normen und Richtlinien

RAUMKONDITIONIERUNG

DIN 1946	„Raumlufttechnik“, Teil 2: „Gesundheitstechnische Anforderungen (VDI-Lüftungsregeln)“, 1994-01 (zurückgezogen)
DIN EN 12831	„Heizsysteme in Gebäuden - Verfahren zur Berechnung der Norm-Heizlast“, Bbl.1 „Nationaler Anhang“, 2008-07 mit Berichtigung 2010-11
DIN EN 15251	„Eingangsparameter für das Raumklima zur Auslegung und Bewertung der Energieeffizienz von Gebäuden - Raumluftqualität, Temperatur, Licht und Akustik“, 2012-12
DIN EN ISO 7730	„Ergonomie der thermischen Umgebung - Analytische Bestimmung und Interpretation der thermischen Behaglichkeit durch Berechnung des PMV- und des PPD-Indexes und Kriterien der lokalen thermischen Behaglichkeit (ISO 7730:2005)“, 2006-05 mit Berichtigung 2007-06
DIN V 18599	„Energetische Bewertung von Gebäuden - Berechnung des Nutz-, End- und Primärenergiebedarfs für Heizung, Kühlung, Lüftung, Trinkwarmwasser und Beleuchtung“, Teil 1: „Allgemeine Bilanzierungsverfahren, Begriffe, Zonierung und Bewertung der Energieträger“, 2011-12 mit Berichtung 2013-05
DIN EN 13779	„Lüftung von Nichtwohngebäuden - Allgemeine Grundlagen und Anforderungen für Lüftungs- und Klimaanlagen und Raumkühlsysteme“, 2007-09
VDI 2078	„Berechnung der thermischen Lasten und Raumtemperaturen (Auslegung Kühllast und Jahressimulation)“ 2015-06
VDI 2050 Blatt1	„Anforderungen an Technikzentralen - Technische Grundlagen für Planung und Ausführung“ 2013-11

WASSERKREISLAUF IM GEBÄUDE

DIN EN 752	Entwässerungssysteme außerhalb von Gebäuden
DIN EN 805	Anforderung an Wasserversorgungssysteme und deren Bauteile außerhalb von Gebäuden
DIN EN 806-2	Technische Regeln für die Trinkwasser-Installation
DIN EN 1717	Schutz des Trinkwassers vor Verunreinigungen in Trinkwasser-Installationen und allgemeine Anforderungen an Sicherheitseinrichtungen zur Verhütung von Trinkwasserverunreinigung durch Rückfließen
DIN EN 12056	Schwerkraftentwässerungsanlagen innerhalb von Gebäuden
DIN EN 12255	Kläranlagen, Teil 5: Abwasserbehandlung in Teichen

ELEKTROPLANUNG

Zur Minimierung des technischen Risikos bzw. zum Schutz aller Beteiligten beim Umgang mit elektrotechnischen Komponenten sind Elektroinstallationen in den meisten Staaten durch umfangreiche Planungsregeln normiert. Während vor Jahrzehnten Normen vor allem national erarbeitet wurden, gilt heute, dass Initiativen zentral über die International Electrotechnical Commission (IEC) eingebracht und anschließend von der Region beziehungsweise vom Land in die nationale Normung überführt werden.

Nur wenn die IEC an der Bearbeitung nicht interessiert ist bzw. zeitliche Einschränkungen vorliegen, wird ein Normenentwurf regional bearbeitet. Gegebenenfalls sind bei der Planung und Errichtung von Gebäuden darüber hinaus spezifische Vorgaben des Gebäude- und Anlagenbetreibers (z. B. Werksvorschriften) und des zuständigen Verteilnetzbetreibers (VNB) zu beachten und einzuhalten.

Eine Übersicht über die wichtigsten Normen und Normungsinstitute gibt > Tab. 10

Tab. 10: Übersicht Normen und Normungsinstitute

Regional	Amerika	Europa	Australien	Asien	Afrika
	PAS	**CENELEC**			
National	USA: ANSI	D: DIN VDE	AUS: SA	CN: SAC	SA: SABS
	CA:SCC	I: CEI	NZ: SNZ	IND: BIS	
	BR: COBEI	F: UTE	...	J: JISC	
	...	GB: BS		...	
		...			

ANSI	American National Standards Institute
BIS	Bureau of Indian Standards
BS	British Standards
CENELEC	Europäisches Komitee für elektrotechnische Normung; engl.: European Committee for Electrotechnical Standardization (franz. Comité Européen de Normalisation Electrotechnique)
CEI	Comitato Elettrotecnico Italiano
COBEI	Comitê Brasileiro de Eletricidade, Eletrônica, Iluminação e Telecomunicações
DIN VDE	Deutsche Industrie Norm Verband deutscher Elektrotechniker
EN	European Norm
IEC	International Electrotechnical Commission
JISC	Japanese Industrial Standards Committee
PAS	Pacific Area Standards
SA	Standards Australia
SABS	South African Bureau of Standards
SAC	Standardization Administration of China
SCC	Standards Council of Canada
SNZ	Standards New Zealand
UTE	Union Technique de l'Electricité et de la Communication

LICHTPLANUNG

Europäische Normen
DIN EN 1838 „Notbeleuchtung“
DIN EN 12464-1:2011-08 Titel (deutsch): „Licht und Beleuchtung - Beleuchtung von Arbeitsstätten“ - Teil 1: Arbeitsstätten in Innenräumen; Deutsche Fassung EN 12464-1:2011
DIN EN 12464-2:2014-05 Titel (deutsch): „Licht und Beleuchtung - Beleuchtung von Arbeitsstätten“ - Teil 2: Arbeitsplätze im Freien; Deutsche Fassung EN 12464-2:2014
DIN EN 12665 „Licht und Beleuchtung - Grundlegende Begriffe und Kriterien für die Festlegung von Anforderungen an die Beleuchtung“
DIN EN 13032 „Licht und Beleuchtung - Messung und Darstellung photometrischer Daten von Lampen und Leuchten“
DIN EN 13201 „Straßenbeleuchtung“
DIN EN 60529:2014-09 „Schutzarten durch Gehäuse“ (IP-Code) (IEC 60529:1989 + A1:1999 + A2:2013); Deutsche Fassung EN 60529:1991 + A1:2000 + A2:2013
DIN EN 60598-1:2015-10; VDE 0711-1:2015-10; „Leuchten“- Teil 1: Allgemeine Anforderungen und Prüfungen (IEC 60598-1:2014, modifiziert); Deutsche Fassung EN 60598-1:2015

Deutsche Vorschriften und Normen
DIN 5034 „Tageslicht in Innenräumen“
DIN 5035 „Beleuchtung mit künstlichem Licht“

Richtlinien
VDI 6011 „Lichttechnik; Optimierung von Tageslichtnutzung und künstlicher Beleuchtung: Grundlagen und allgemeine Anforderungen“
ASR A3.4 „Beleuchtung“

Bildnachweise

RAUMKONDITIONIERUNG
Zeichnungen
Barbara Raaff, Oliver Klein

WASSERKREISLAUF IM GEBÄUDE
Fotos
Alle Fotos von Doris Haas-Arndt

Zeichnungen
Jenny Pottins
Simon Kassner
Helen Weber
Sebastian Bagsik
Indira Schädlich

ELEKTROPLANUNG
Abb. 9, 11, 12: Bert Bielefeld: *Architektur planen*, Birkhäuser Verlag, Basel 2016
Abb. 33: Busch-Jäger Elektro, GmbH: *Produktkatalog*, Lüdenscheid 2016
Alle anderen Abbildungen: der Autor

LICHTPLANUNG
Abbildung 6, links: Feans, flickr.com
Abbildung 7, links: Roman Pfeiffer, flickr.com
Abbildung 17: Sebastian Terfloth, User:Sese_Ingolstadt - Eigenes Werk, Lizenziert unter CC BY-SA 3.0 über Wikimedia Commons - https://commons.wikimedia.org/wiki/File:Lounge_ICE_3.jpg
Abbildung 19, rechts, User Ozguy89, Lizenziert unter GNU Free Documentation License, Transferred from en.wikipedia to Commons by User:Wdwd using CommonsHelper, - https://commons.wikimedia.org/wiki/File:150_Watt_Metal_Halide.jpg
Abbildung 25, Mitte: Walter Schärer, flickr.com, bearbeitet
Abbildung 33, links: C MB 166, flickr.com
Abbildung 43, rechts: David Hollnack
Der Autor dankt Bogdan Napieralski für die Hilfe bei der Erstellung der Fotografien zu Abb. 4, Mitte; 22, rechts; 27; 28; 30 links und rechts.

Die Autoren

RAUMKONDITIONIERUNG

Oliver Klein, Dipl.-Ing., ist freiberuflicher Architekt, Energieberater und Energieeffizienz-Experte (dena) und beschäftigt sich auch in Forschung und Lehre intensiv mit der Rolle der Gebäudetechnik als integraler Bestandteil einer energiesparenden Architektur.

Jörg Schlenger, Dr. Ing., ist Senior Projektpartner und Teamleiter für Energieeffizienz- und Nachhaltigkeitsberatung bei Drees & Sommer Advanced Building Technologies im Bereich Energiedesign/-management am Standort Frankfurt/M.

WASSERKREISLAUF IM GEBÄUDE

Prof. Dr.-Ing. Doris Haas-Arndt, Professorin an der Fachhochschule des Mittelstands, Standort Pulheim, für die Fachgebiete Energiesparendes Bauen, Gebäude- und Umwelttechnik, Bausanierung und Baukonstruktion.

ELEKTROPLANUNG

Prof. Dr. sc. techn. (ETH) Peter Wotschke lehrt an der Hochschule für Wirtschaft und Recht Berlin Bauwirtschaft und Baubetrieb und ist Vorsitzender des Vorstandes der BMC Baumanagement & Controlling AG Berlin.

LICHTPLANUNG

Dipl.-Ing. Architekt Roman Skowranek, arbeitet als Architekt in Dortmund.

EBENFALLS IN DIESER REIHE BEI BIRKHÄUSER ERSCHIENEN:

Entwerfen

Basics Barrierefrei Planen
Isabella Skiba, Rahel Zuger
ISBN 978-3-0356-1008-6

Basics Entwerfen und Wohnen
Jan Krebs
ISBN 978-3-03821-521-9

Basics Entwurfsidee
Bert Bielefeld, Sebastian El khouli
ISBN 978-3-0346-0675-2

Basics Materialität
M. Hegger, H. Drexler, M. Zeumer
ISBN 978-3-0356-0302-6

Basics Methoden der Formfindung
Kari Jormakka
ISBN 978-3-0356-1032-1

Basics Raumgestaltung
Ulrich Exner, Dietrich Pressel
ISBN 978-3-0356-1001-7

Als Kompendium erschienen:
Basics Entwurf
Bert Bielefeld (Hrsg.)
ISBN 978-3-03821-558-5

Darstellungsgrundlagen

Basics Architekturfotografie
Michael Heinrich
ISBN 978-3-03821-522-6

Basics CAD
Jan Krebs
ISBN 978-3-7643-8086-1

Basics Freihandzeichnen
Florian Afflerbach
ISBN 978-3-03821-543-1

Basics Modellbau
Alexander Schilling
ISBN 978-3-0346-0677-6

Basics Technisches Zeichnen
Bert Bielefeld, Isabella Skiba
ISBN 978-3-0346-0676-9

Als Kompendium erschienen:
Basics Architekturdarstellung
Bert Bielefeld (Hrsg.)
ISBN 978-3-03821-528-8

Konstruktion

Basics Betonbau
Katrin Hanses
ISBN 978-3-0356-0361-3

Basics Dachkonstruktion
Tanja Brotrück
ISBN 978-3-7643-7682-6

Basics Fassadenöffnungen
Roland Krippner, Florian Musso
ISBN 978-3-7643-8465-4

Basics Glasbau
Andreas Achilles,
Diane Navratil
ISBN 978-3-7643-8850-8

Basics Holzbau
Ludwig Steiger
ISBN 978-3-0346-1329-3

Basics Mauerwerksbau
Nils Kummer
ISBN 978-3-7643-7643-7

Basics Stahlbau
Katrin Hanses
ISBN 978-3-0356-0364-4

Basics Tragsysteme
Alfred Meistermann
ISBN 978-3-7643-8091-5

Als Kompendium erschienen:
Basics Baukonstruktion
Bert Bielefeld (Hrsg.)
ISBN 978-3-0356-0371-2

Berufspraxis

Basics Ausschreibung
Tim Brandt,
Sebastian Franssen
ISBN 978-3-03821-518-9

Basics Bauleitung
Lars-Phillip Rusch
ISBN 978-3-03821-519-6

Basics Kostenplanung
Bert Bielefeld, Roland Schneider
ISBN 978-3-03821-530-1

Basics Projektplanung
Hartmut Klein
ISBN 978-3-7643-8468-5

Basics Terminplanung
Bert Bielefeld
ISBN 978-3-7643-8872-0

Als Kompendium erschienen:
Basics Projekt Management
Architektur
Bert Bielefeld (Hrsg.)
ISBN 978-3-03821-461-8

Städtebau

Basics Stadtanalyse
Gerrit Schwalbach
ISBN 978-3-7643-8937-6

Basics Stadtbausteine
Th. Bürklin, M. Peterek
ISBN 978-3-0356-1002-4

Bauphysik und Haustechnik

Basics Elektroplanung
Peter Wotschke
ISBN 978-3-0356-0931-8

Basics Lichtplanung
Roman Skowranek
ISBN 978-3-0356-0929-5

Basics Raumkonditionierung
Oliver Klein, Jörg Schlenger
ISBN 978-3-7643-8663-4

Basics Wasserkreislauf im Gebäude
Doris Haas-Arndt
ISBN 978-3-0356-0565-5

Landschaftsarchitektur

Basics Entwurfselement Pflanze
Regine Ellen Wöhrle,
Hans-Jörg Wohrle
ISBN 978-3-7643-8657-3

Basics Entwurfselement Wasser
Axel Lohrer, Cornelia Bott
ISBN 978-3-7643-8660-3

Reihenherausgeber: Bert Bielefeld
Konzept: Bert Bielefeld, Annette Gref
Projektkoordination: Silke Martini, Lisa Schulze
Layout und Covergestaltung: Andreas Hidber
Satz: Sven Schrape
Herstellung: Heike Strempel

Library of Congress Cataloging-in-Publication data
A CIP catalog record for this book has been applied for at the Library of Congress.

Bibliografische Information der Deutschen Nationalbibliothek
Die Deutsche Nationalbibliothek verzeichnet diese Publikation in der Deutschen Nationalbibliografie; detaillierte bibliografische Daten sind im Internet über http://dnb.dnb.de abrufbar.

Dieses Buch ist auch in englischer Sprache erschienen (ISBN 978-3-0356-0928-8).

Postfach 44, 4009 Basel, Schweiz
Ein Unternehmen der Walter de Gruyter GmbH, Berlin/Boston

Gedruckt auf säurefreiem Papier, hergestellt aus chlorfrei gebleichtem Zellstoff. TCF ∞

Printed in Germany

ISBN 978-3-0356-0927-1

9 8 7 6 5 4 3 2 1

www.birkhauser.com